卷烟烟气
有害成分风险评估

谢复炜
尚平平 主编
李 翔

中国轻工业出版社

图书在版编目（CIP）数据

卷烟烟气有害成分风险评估/谢复炜，尚平平，李翔主编. —北京：中国轻工业出版社，2020. 11

ISBN 978-7-5184-3130-4

Ⅰ. ①卷… Ⅱ. ①谢… ②尚… ③李… Ⅲ. ①烟气分析（烟草）—有害物质—风险评价—研究 Ⅳ. ①TS41

中国版本图书馆 CIP 数据核字（2020）第 146570 号

责任编辑：张　靓　王宝瑶
策划编辑：张　靓　　责任终审：张乃柬　　封面设计：锋尚设计
版式设计：砚祥志远　　责任校对：朱燕春　　责任监印：张　可

出版发行：中国轻工业出版社（北京东长安街 6 号，邮编：100740）
印　　刷：三河市万龙印装有限公司
经　　销：各地新华书店
版　　次：2020 年 11 月第 1 版第 1 次印刷
开　　本：720×1000　1/16　印张：23. 75
字　　数：330 千字
书　　号：ISBN 978-7-5184-3130-4　　定价：88. 00 元
邮购电话：010-65241695
发行电话：010-85119835　传真：85113293
网　　址：http：//www. chlip. com. cn
Email：club@ chlip. com. cn
如发现图书残缺请与我社邮购联系调换
190206K4X101ZBW

本书编委会

前言
PREFACE

随着经济发展、科学技术进步和人们认知水平的不断提高，越来越多的化学物质被证实对人类健康有影响。为加强化学物质管理，明确化学物质对生态环境和人体健康的风险概率与程度，美国、欧盟和中国相继建立了化学物质风险评估体系。化学物质的风险评估是综合环境或食品中化学物质浓度、毒理学资料、人群暴露情况等信息对化学物质危害性进行的定性或定量评估。

卷烟烟气是含有 6000 多种化学物质的复杂气溶胶，其中可能导致烟草相关疾病的烟气有害成分有 100 多种，且这些有害物质主要存在于焦油中。自20 世纪 50—60 年代，卷烟烟气焦油量作为衡量卷烟危害性的指标受到世界各国关注，随着《世界卫生组织烟草控制框架公约》在世界各国的签署和生效，越来越多的国家制定了对卷烟烟气有害成分，特别是焦油的管制规定。《中华人民共和国烟草专卖法》第五条规定：国家加强对烟草专卖品的科学研究和技术开发，提高烟草制品的质量，降低焦油和其他有害成分的含量。

随着对吸烟与健康问题的关注程度逐渐加强，识别卷烟烟气中有害成分、评估卷烟烟气的健康危害性以降低卷烟烟气所产生的健康风险等研究工作也不断深入。2003 年，Fowles 和 Dybing 首次采用风险评估方法，对卷烟烟气有害成分的危害性进行了评估和排序。2008 年，世界卫生组织发布了《烟草制品管制科学基础报告：WHO 研究组第二份报告》，借鉴 Fowles 和 Dybing 的评估方法，提出了优先管控的 9 种有害成分名单。2009 年，中国烟草总公司郑州烟草研究院、军事医学科学院放射与辐射医学研究所和南开大学等科研院所采用风险评估方法，提出了卷烟烟气中优先管控的 7 种有害成分名单，并建立了危害性指数评价方法。自此，卷烟烟气有害成分风险评估研究发展迅速，评估方法越发完善和高效，为烟草制品的风险管控提供了科学依据。

本书以风险评估为主题，注重理论实践相结合，从卷烟烟气的有害成分、风险评估框架和技术、风险评估案例等方面，系统阐述了卷烟烟气有害成分的风险评估。本书共分为四个部分：第一部分，主要介绍分析技术和毒理学研究的发展促进了卷烟烟气有害成分的鉴定，并形成了一系列用于管控的有害成分名单，同时介绍了中国烟草行业主要管控的 7 种有害成分的毒性特点；

第二部分，主要介绍了美国、欧盟及中国风险评估体系的发展状况、评估流程和关键技术，为卷烟烟气有害成分的风险评估提供科学依据；第三部分，主要介绍了国内外卷烟烟气有害成分风险评估的研究进展，以风险评估结果对卷烟烟气有害成分进行危害排序，为烟草管控提供理论依据；第四部分，主要介绍了卷烟烟气代表性有害成分的点评估和概率评估的风险评估研究案例，系统介绍了有害成分风险评估的方法和步骤。

本书在编写过程中虽力求完美，但风险评估涉及多学科领域内容，知识广泛、体系庞大，由于编者水平所限，书中难免有不妥之处，恳请各位读者提出宝贵意见和建议，以便我们在今后的研究工作中进一步改进和提高。

编者

目录

CONTENTS

1 卷烟烟气有害成分

1492 年，哥伦布发现美洲新大陆时发现了烟草，并将烟草带回了欧洲，1600 年前后，烟草被引入世界各地。1881 年，邦萨克卷烟机的诞生，使烟草告别手卷烟时代，进入了工业化时代。中国是世界烟草大国，中国烟叶总产量约占世界烟叶总产量的四分之一，从 1980 年起，中国烟叶种植面积和产销量均居世界第一位。中国烟草种植分布广泛，其中种植面积最大、产量最多的是烤烟，其次是晾晒烟、白肋烟、香料烟和黄花烟。

烟草制品是以烟草为原料制成的嗜好性消费品，分为燃吸类烟草制品和非燃吸类烟草制品，前者包括卷烟、雪茄、水烟、旱烟等，后者包括鼻烟、嚼烟等。两种烟草制品的暴露途径和物质存在差异，使用燃吸类烟草制品是经呼吸系统暴露烟气，使用非燃吸类烟草制品主要是经消化系统暴露烟草。目前，卷烟是中国烟草制品的主要消费形式，共有 3 亿多传统卷烟吸烟者。早在 18 世纪，吸烟与健康的关系就引起了医学界的重视，最早的吸烟与健康研究是 1761 年英国医生约翰·希尔发布的鼻烟使用者患鼻部肿瘤的报告。从 20 世纪 50 年代开始，世界范围的吸烟与健康研究发展迅速。

同时，卷烟烟气提取物或冷凝物的毒性作用也促进了烟草和烟气化学成分分析的发展。20 世纪 50 年代，鉴于分析技术的限制，虽然烟草烟气被认为是极其复杂的混合物，但人们对它的组成却知之甚少，仅鉴定并报道了不到 100 种物质。随着分析技术的提高，如图 1-1 所示，烟草和烟气中鉴定出的化学成分呈逐年增加趋势，截至 2012 年，烟草和烟气中鉴定出的化学成分分别是 5596 和 6010 种，其中烟草和烟气共有的为 2215 种，其余的为 9391 种。

表 1-1 是 Rodgman 等对 2008 年报道的烟草和烟气中的主要化学成分进行的总结，从烟草中鉴定出的化学成分将近 5000 种，而从卷烟烟气中鉴定出的化学成分超过 5000 种。如表 1-1 所示，烟草和烟气中的化学成分主要有烃类，如烷烃、烯烃和炔、烯类化学物质等；含氧化学物质，如植物甾醇和衍

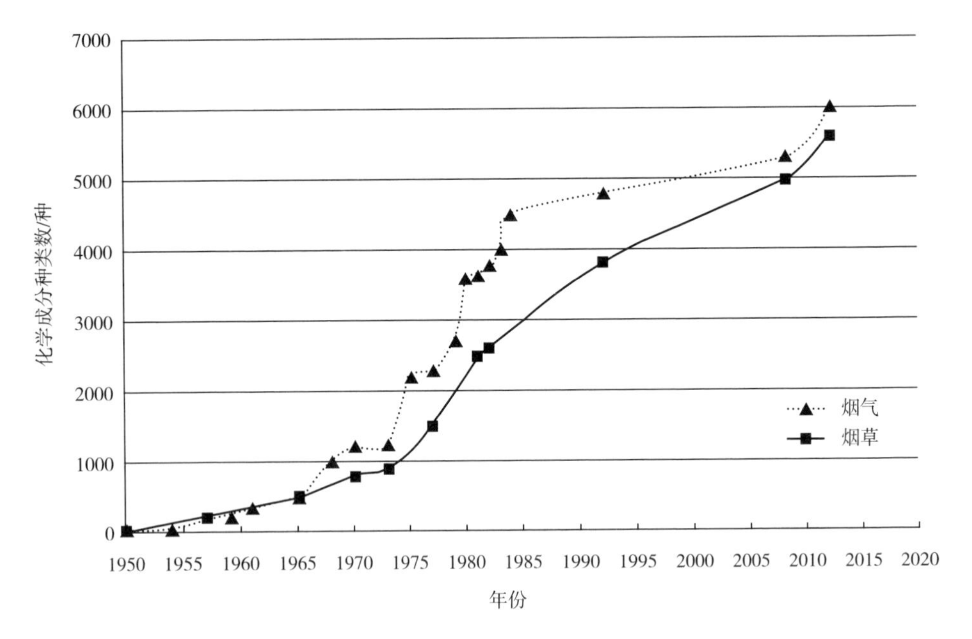

图 1-1 自 1950 年以来报道的烟草和烟气中鉴定出的化学成分

生物、醛、酮、羧酸等；含氮组分，如腈、蛋白质和胺、酰胺、酰亚胺类、亚硝胺等；杂类化合物，如硫化物、含卤素和固定气体以及金属、非金属和离子与农药残留物等。就烟草中已鉴定的成分而言，其质量占烟草质量的 98.7%以上，而已鉴定出的烟气中化学成分的质量则超过烟气质量的 99%。

表 1-1　　烟草和烟气中的化学成分（2008 年）

化学成分	烟草中成分/种	烟气中成分/种
烃类		
烷烃	20	31
烯烃和炔	16	320
烯类化合物	42	76
单环芳烃	8	58
多环芳烃	12	570
小计	98	1055
含氧组分		
醇	875	542
植物甾醇和衍生物	63	9

续表

化学成分	烟草中成分/种	烟气中成分/种
醛	119	62
酮	418	514
羧酸	368	275
脂类和树脂	—	—
氨基酸	69	1
酯	388	123
内酯	133	118
酸酐	6	7
碳水化合物	230	6
酚类	107	363
醌	14	26
醚	466	392
小计	3256	2438
含氮类化合物		
腈	9	111
蛋白质和胺	198	177
酰胺类	88	106
酰亚胺类	19	44
N-亚硝胺	13	15
硝基烷烃、硝基苯和硝基酚	17	54
氮杂芳烃类	219	642
内酰胺类	20	82
噁唑类	14	41
α-芳烃、杂芳烃衍生物和 *N*-杂环胺	56	265
小计	653	1537
杂类化合物		
硫化物	133	99
含卤素和固定气体	70	133
金属、非金属和离子	125	13
杀虫剂残留物	188	4
酶	469	0
自由基	0	32
小计	985	281
总计	4994	5311

1.1 卷烟烟气的物理化学特性

卷烟烟气是含有6000多种化学成分的复杂气溶胶，根据燃烧状态的不同，烟气分为主流烟气（main stream smoke，MS）和侧流烟气（side stream smoke，SS）；烟气中的化学成分也存在两种形成途径：一种是原形挥发，另一种是热裂解。卷烟烟气由气相和粒相两部分组成，其化学成分主要基于吸烟机的抽吸，能截留在剑桥滤片上的是卷烟烟气的粒相部分，通过剑桥滤片的是气相部分。

1.1.1 主流烟气和侧流烟气

卷烟一般有两种燃烧方式：吸燃和阴燃。其中吸燃是烟支在被抽吸的瞬间进行的燃烧，阴燃是烟支在两次抽吸之间，无抽吸状态下进行无火焰的缓慢燃烧，伴随温度上升和产生烟气。如图1-2所示，这两种不同燃烧方式也产生两种卷烟烟气的组成形式——主流烟气和侧流烟气。卷烟主流烟气是烟支在吸燃时形成的气溶胶通过烟气柱从滤棒末端吸出的烟气，卷烟侧流烟气是由烟支阴燃时产生的不经过烟气柱而直接进入空气的烟气和烟支在吸燃时由卷烟纸透出的烟气组成。卷烟侧流烟气和吸烟者口腔呼出的烟气在环境空气中混合、稀释和陈化就构成了环境烟草烟气（environmental tobacco smoke，ETS），这是卷烟烟气的另一种存在形式。

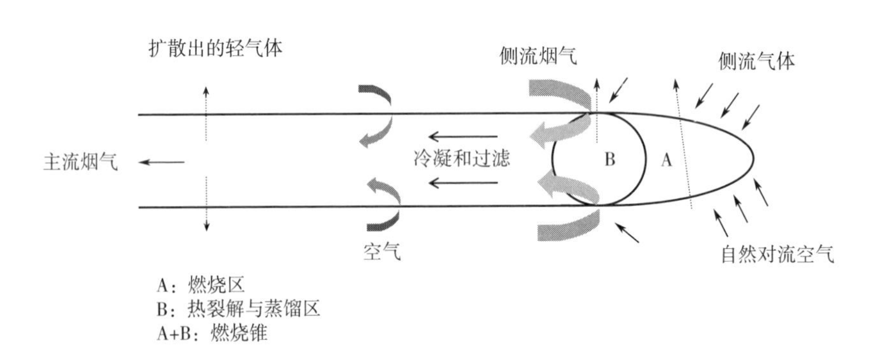

图1-2 燃烧时的卷烟

卷烟烟气的化学成分取决于卷烟在抽吸时的两种途径：一是烟草中易挥发性成分蒸发直接转移到烟气中；二是源于烟草成分的烟气的热裂解，其中热裂解涉及氧化、还原、芳构化、水化、脱水、缩合、环化、集合、解聚等多种反应。在抽吸过程中，燃烧区温度高达900℃时，会产生碳氧化物、水、一氧化氮等气体部分，大多数主流烟气成分的热裂解发生在距离燃烧锥3~

4mm 的烟丝棒上，温度范围是 500～650℃。在阴燃过程中，燃烧锥的温度是 500～600℃，在这个温度范围中侧流烟气从烟草中释放出来。

1.1.2　卷烟烟气的气相和粒相部分

卷烟烟气是由气态、蒸汽态和固态物质组成的复杂气溶胶，目前世界各国政府及烟草公司对卷烟主流烟气中化学成分的检测，通常有三种不同的吸烟机测试方法。

（1）国际标准化组织（International Organization for Standardization，ISO）或美国联邦贸易委员会（Federal Trade Commission，FTC）的标准抽吸模式（简称 ISO 抽吸模式），抽吸容量 35mL/口，持续时间 2s，抽吸频率 60s，滤棒通风孔不封闭。

（2）加拿大卫生部深度抽吸（Health Canada Intense，HCI）模式，抽吸容量 55mL/口，持续时间 2s，抽吸频率 30s，滤棒通风孔 100%封闭。

（3）美国马萨诸塞州抽吸模式，抽吸容量 45mL/口，持续时间 2s，抽吸频率 30s，滤棒通风孔 50%封闭。

通常把在室温下能通过剑桥滤片的主流烟气部分称为气相物质，被截留的烟气部分称为湿总粒相物（wet total particle matter，WTPM），校正含水率（减去水分）的称为总粒相物（total particle matter，TPM）。从总粒相物中除去烟碱（也称尼古丁）剩余的混合物则是“焦油”。

1.2　烟草和烟气中有害成分名单

烟草和烟气中的 9000 多种化学物质中，有害和致癌成分仅占极小部分。1954 年，Cooper 等首次从卷烟烟气中分离鉴定出苯并[a]芘｛benzo[a]pyrene，B[a]P｝，这是在烟草烟气中鉴定出的第一种致癌成分。自此，烟草烟气有害成分的分析鉴定研究得到了广泛开展。尽管报道的卷烟烟气有害成分超过 100 种，但对其中相当多化学物质有害与否还存在很多争议。20 世纪 60 年代以来，各个研究机构和研究人员纷纷根据自己的研究提出各自的烟草和烟气中有害成分名单，表 1-2 是对主要的有害成分名单的总结，其中影响较大的名单有 7 个。

（1）Hoffmann 于 1990 年提出的烟草和烟气中的 43 种致癌物名单。

（2）加拿大政府于 1998 年提出的烟草和烟气中 46 种致癌物名单。

（3）Hoffmann 于 2001 年提出的卷烟烟气中的 69 种致癌物名单。

（4）Rodgman 于 2002 年提出的卷烟烟气中的 149 种有害成分名单。

（5）《世界卫生组织烟草控制框架公约》（World Health Organization Framework Convention on Tobacco Control，WHO FCTC）于 2015 年提出的卷烟主流烟气 39 种代表性有害成分名单。

（6）谢剑平等于 2009 年提出的卷烟主流烟气 7 种代表性有害成分名单。

（7）美国食品与药物管理局（Food and Drug Administration，FDA）于 2012 年提出的烟草制品和烟草烟气中 93 种有害和潜在有害成分名单。

以下对这 7 个名单进行简要介绍。

表 1-2　烟草和烟气中有害成分名单

年份	提出者	名单名称	有害成分数量/种
1964	美国公共健康服务部咨询委员会		
1990	Hoffmann 和 Hecht	烟草和烟气中的致癌物	43
1993	Hoffmann 等	烟草和烟气中的致癌物	41
—	—	美国消费产品毒性测试名单	19
1997	Hoffmann 和 Hoffmann	烟草和烟气中的致癌物	60
1998	Hoffmann 和 Hoffmann	无滤嘴卷烟主流烟气中的毒性物质	82
—	加拿大政府	烟草和烟气中的致癌物	46
2001	Hoffmann 等	卷烟烟气中的致癌物（“69 种成分”修改名单）	69
—	Hoffmann 等	卷烟烟气中的有害成分	82
2002	Rodgman 和 Green	卷烟烟气中的有害成分	149
2003	Rodgman 和 Green	卷烟主流烟气中的致癌物风险排序	62
—	Fowles 和 Dybing	卷烟主流烟气中有害成分（致癌和非致癌）	158
2004	Baker 和 Bishop	卷烟烟气中的有害成分	44
2008	世界卫生组织	卷烟主流烟气中代表性有害成分	9+9
2009	谢剑平等	卷烟主流烟气中代表性有害成分	7
—	Rodgman 等	烟草、烟气和烟草替代物烟气中的 Hoffmann 分析物	110
2012	美国食品与药物管理局（FDA）	烟草制品和烟草烟气中有害和潜在有害成分	93
2015	WHO FCTC	烟草制品有害成分优先管控清单	39
2018	加拿大卫生部	卷烟和小雪茄烟气中的致癌物	>70

1.2.1 Hoffmann 的烟草和烟气中 43 种致癌物名单

第一份卷烟烟气有害成分名单收录在 1964 年美国公共健康服务部咨询委员会有关吸烟与健康的报告中。自第一份名单出现后，几乎每年都有新的主流烟气有害物质名单发表，或是以前发表过的名单的修订版公布。最著名的是 Hoffmann 和 Hecht 于 1990 年公布的烟草和烟气中 43 种致癌物有害成分名单（表 1-3）。

表 1-3 Hoffmann 的烟草和烟气中 43 种致癌物名单（1990 年）

类别	致癌物	类别	致癌物
多环芳烃（11 种）	苯并[a]蒽	亚硝胺（9 种）	*N*-二甲基亚硝胺
	苯并[b]荧蒽		*N*-甲基乙基亚硝胺
	苯并[j]荧蒽		*N*-二乙基亚硝胺
	苯并[k]荧蒽		*N*-亚硝基吡咯烷
	苯并[a]芘		*N*-亚硝基二乙醇胺
	䓛		*N*' -亚硝基降烟碱
	二苯并[a，h]蒽		4-（*N*-甲基亚硝胺基）-1-（3-吡啶基）-1-丁酮
	二苯并[a，i]芘		*N*-亚硝基假木贼碱
	二苯并[a，l]芘		*N*-亚硝基吗啉
	茚并[1，2，3-cd]芘	芳香胺（3 种）	1-甲基苯胺
	5-甲基䓛		2-氨基萘
杂环烃（4 种）	喹啉		4-氨基联苯
	二苯并[a，h]吖啶	醛（3 种）	甲醛
	二苯并[a，j]吖啶		乙醛
	7H-二苯并[c，g]咔唑		巴豆醛
无机化学物质（7 种）	肼	其他有机化学物质（6 种）	苯
	砷		丙烯腈
	镍		1，1-二甲肼
	铬		2-硝基丙烷
	镉		氨基甲酸乙酯
	铅		氯乙烯
	钋-210		

1.2.2 加拿大政府的烟草和烟气中 46 种致癌物名单

1998 年，加拿大政府通过立法，要求卷烟生产商定期检测卷烟主流烟气中 46 种有害成分（表 1-4）的含量，并将结果向社会公布。这一名单实际是一个修正的 Hoffmann 名单，在世界范围内有很大的影响，名单中的有害成分得到了医学界和烟草行业的普遍认可。

表 1-4　　加拿大政府的烟草和烟气中 46 种致癌物名单

类别	致癌物
芳香胺（4 种）	3-氨基联苯
	4-氨基联苯
	1-氨基萘
	2-氨基萘
挥发性有机化学物质（5 种）	1-3-丁二烯
	异戊二烯
	丙烯腈
	苯
	甲苯
半挥发性有机化学物质（3 种）	吡啶
	喹啉
	苯乙烯
常规有害成分（3 种）	焦油
	烟碱
	CO
羰基化学物质（8 种）	甲醛
	乙醛
	丙酮
	丙烯醛
	丙醛
	巴豆醛
	2-丁酮
	丁醛
无机化学物质（4 种）	氰化氢
	氨
	NO
	NO_x
有害元素（7 种）	汞
	镍
	铅
	镉
	铬
	砷
	硒
挥发性酚类成分（7 种）	对苯二酚
	间苯二酚
	邻苯二酚
	苯酚
	间-甲酚
	对-甲酚
	邻-甲酚
亚硝胺（4 种）	*N*-亚硝基降烟碱
	N-亚硝基新烟碱
	N-亚硝基假木贼碱
	4-（*N*-甲基亚硝胺基）-1-（3-吡啶基）-1-丁酮
多环芳烃（1 种）	苯并[a]芘

与 Hoffmann 的"43 种致癌物"名单相比，加拿大政府名单中只有 1 种多环芳烃，采用苯并[a]芘作为多环芳烃的代表，亚硝胺类化学物质包括 4 种烟草特有亚硝胺，此外还有 4 种无机化学物质、8 种羰基化学物质、7 种有害元素、4 种芳香胺、5 种挥发性有机化学物质、3 种半挥发性有机化学物质、7 种挥发性酚类成分以及 3 种常规有害成分。这 46 种有害成分的来源和产生有很大的区别，主要可以分为以下三种类型。

（1）苯并[a]芘、4 种无机化学物质（气体成分）、8 种羰基化学物质、5 种挥发性有机化学物质、7 种挥发性酚类成分以及焦油、一氧化碳。它们主要是在烟草燃烧过程中由一些大分子化学物质燃烧和热裂解生成。

（2）芳香胺和半挥发性有机化学物质，一部分是由烟草直接转移到烟气中，另一部分也是由一些大分子化学物质燃烧和热裂解生成。

（3）烟草特有的亚硝胺和有害成分主要是由烟草直接转移到烟气中。

1.2.3　Hoffmann 的卷烟烟气中 69 种致癌物名单

随着研究的发展，Hoffmann 等又发表了补充和修订的烟气有害物质名单。表 1-5 为 Hoffmann 在 2001 年发表的卷烟烟气中的 69 种致癌物名单。

表 1-5　Hoffmann 卷烟烟气中 69 种致癌物名单

类别	致癌物	类别	致癌物
多环芳烃（10 种）	苯并[a]蒽	亚硝胺（10 种）	N-二甲基亚硝胺
	苯并[b]荧蒽		N-甲基乙基亚硝胺
	苯并[j]荧蒽		N-二乙基亚硝胺
	苯并[k]荧蒽		N-二正丙基亚硝胺
	苯并[a]芘		N-二正丁基亚硝胺
	二苯并[a，h]蒽		N-亚硝基吡咯烷
	二苯并[a，i]芘		N-亚硝基吡咯烷
	二苯并[a，l]芘		哌啶
	茚并[1，2，3-cd]芘		N-亚硝基降烟碱
	5-甲基䓛		4-（N-甲基亚硝胺基）-1-（3-吡啶基）-1-丁酮

续表

类别	致癌物
芳香胺（4 种）	2-甲基苯胺
	2，6-二甲基苯胺
	2-氨基萘
	4-氨基联苯
杂环胺（8 种）	2-氨基-9H-吡啶开［2，3-b］吲哚
	2-氨基-3-甲基-9H-吡啶开［2，3-b］吲哚
	2-氨基-3-甲基-3 氢-咪唑开［4，5-f］喹啉
	3-氨基-1，4-二甲基-5H-吡啶开［4，3-b］吲哚
	3-氨基-1-甲基-5H-吡啶开［4，3-b］吲哚
	2-氨基-6-甲基二吡啶开［1，2-α：3’2’-d］咪唑
	2-氨基-吡啶开［1，2-α：3’2’-d］咪唑
	2-氨基-3-甲基-6-苯基咪唑开［4，5-f］吡啶
无机化学物质（9 种）	肼
	砷
	铍
	镍
	铬
	镉
	钴
	铅
	钋-210
硝基烃（3 种）	硝基甲烷
	硝基丙烷
	硝基苯
醛（2 种）	甲醛
	乙醛
挥发烃（4 种）	1，3-丁二烯
	异戊二烯
	苯
	苯乙烯
酚（3 种）	儿茶酚
	咖啡酸
	甲基丁子香酚
其他有机化学物质（10 种）	乙酰胺
	丙烯酰胺
	丙烯腈
	氯乙烯
	滴滴涕
	滴滴伊
	1，1-二甲肼
	氨基甲酸乙酯
	环氧乙烷
	环氧丙烷
杂环烃（6 种）	呋喃
	喹啉
	二苯并[a，h]吖啶
	二苯并[a，j]吖啶
	7H-二苯并[c，g]咔唑
	苯并[b]呋喃

Hoffmann 发表的 69 种有害成分名单中主要包括 10 种多环芳烃、6 种杂环烃、10 种亚硝胺、4 种芳香胺、8 种杂环胺、2 种醛、3 种酚、4 种挥发烃、3

种硝基烃，还有 10 种其他有机化学物质和 9 种无机化学物质。

尽管 Hoffmann 等对烟草和烟气有害成分的研究比较详尽和权威，但他提出的有害成分名单仍然存在争议，比如他采用的烟气数据均为无滤嘴卷烟的数据，而且一些分析方法还可能存在人为生成物。

1.2.4 Rodgman 的卷烟烟气中 149 种有害成分名单

2002 年，Rodgman 和 Green 对烟气中已报道的有害成分进行了总结，认为在卷烟烟气中共存在 149 种有害成分（表 1-6）。这 149 种化学物质的有害性甄别主要依据以下几个方面。

（1）1993 年美国消费产品毒性测试名单（19 种）。

（2）加拿大政府的烟草和烟气中致癌物名单（46 种）。

（3）国际癌症研究机构（International Agency for Research on Cancer, IARC）致癌性物质名单（83 种）。

（4）美国国家环境保护局（United States Environmental Protection Agency, US EPA）化学物质毒性发布清单（92 种）。

表 1-6　　Rodgman 的烟草和烟气中 149 种有害成分名单

类别	有害成分	CAS 号	美国 CPSC	加拿大卫生部	IARC 分组	US EPA	其他
多环芳烃（26 种）	二氢苊	83-32-9					X
	苊	208-96-8					X
	蒽	120-12-7				X	
	苯并[a]蒽	56-55-3			2A	X	
	苯并[b]荧蒽	205-99-2			2B	X	
	苯并[a]芘	50-32-8	X	X	1	X	
	苯并[c]菲	195-19-7			3		
	苯并[e]芘	192-97-2			3		
	苯并[g,h,i]苝	191-24-2				X	
	苯并[j]荧蒽	205-82-3			2B	X	
	苯并[k]荧蒽	207-08-9			2B	X	
	二苯并[a, i]芘	189-55-9			2B	X	
	䓛	218-01-9			3	X	
	5-甲基䓛	3697-24-3			2B	X	

续表

类别	有害成分	CAS 号	美国 CPSC	加拿大卫生部	IARC 分组	US EPA	其他
多环芳烃（26 种）	二苯并[a，h]蒽	53-70-3			2A	X	
	二苯并[a]芘	189-64-0			2B	X	
	二苯并[a，l]芘	191-30-0			2B	X	
	荧蒽	206-44-0					X
	芴	86-73-7					X
	茚并[1，2，3-cd]芘	193-39-5			2B	X	
	萘	91-20-3				X	
	1-甲基萘	90-12-0					X
	2-甲基萘	91-57-6					X
	二苯并[a，e]芘	192-65-4			2B	X	
	菲	85-01-8				X	
	芘	129-00-0				X	
氮杂芳烃（14 种）	7H-二苯并[c，g]咔唑	194-59-2			2B	X	
	假木贼碱	494-52-0					X
	咔唑	86-74-8					X
	9-甲基咔唑	1484-12-4					X
	二苯并[a，h]吖啶	226-36-8			2B	X	
	二苯并[a，j]吖啶	224-42-0			2B	X	
	吲哚	120-72-9					X
	1-甲基吲哚	603-76-9					X
	吡啶	110-86-1		X		X	
	3-乙烯基吡啶	1121-55-7					X
	2-甲基吡啶	109-06-8				X	
	3-甲基吡啶	108-99-6					X
	4-甲基吡啶	108-89-4					X
	喹啉	91-22-5		X		X	
芳香胺（7 种）	苯胺	62-53-3			3	X	
	2，6-二甲基苯胺	87-62-7			2B	X	
	2-甲基苯胺	95-53-4			2B	X	

续表

类别	有害成分	CAS 号	美国 CPSC	加拿大卫生部	IARC 分组	US EPA	其他
芳香胺（7 种）	3-氨基联苯	2243-47-2		X			
	4-氨基联苯	92-67-1		X	1	X	
	1-氨基萘	134-32-7		X		X	
	2-氨基萘	91-59-8		X	1	X	
N-杂环胺（23 种）	2-氨基-9H-吡啶［2，3-b］吲哚（AαC）	26148-68-5			2B		
	2-氨基-6-甲基二吡啶［1，2-A：3′，2′-D］咪唑盐酸盐水合（Glu-p-1）	67730-11-4			2B		
	2-氨基二吡啶并［1，2-A：3′，2′-D］咪唑盐酸盐（Glu-p-2）	67730-10-3			2B		
	2-氨基-3-甲基-3H-咪唑并喹啉（IQ）	76180-96-6			2A		
	2-氨基-3-甲基-9H-吡啶［2，3-b］吲哚（Me AαC）	68006-83-7			2B		
	2-氨基-3，4-二甲基-3H-咪唑并喹啉（Me IQ）	77094-11-2			2B		
	2-氨基-1-甲基-6-苯基咪唑［4，5-b］吡啶（PhIP）	105650-23-5			2B		
	1，4-二甲基-9H-吡啶并［4，3-b］吲哚-3-胺（Trp-p-1）	62450-06-0			2B		
	3-氨基-1-甲基-5H-吡啶［4，3-B］吲哚（Trp-p-2）	62450-07-1			2B		

续表

类别	有害成分	CAS 号	美国 CPSC	加拿大卫生部	IARC 分组	US EPA	其他
N-杂环胺（23 种）	N-亚硝胺						
	4-（N-甲基亚硝胺基）-1-（3-吡啶基）-1-丁酮	64091-91-4	X	X	1		
	N-亚硝基假木贼碱	37620-20-5		X	3		
	N-亚硝基新烟草碱	71267-22-6		X	3		
	N'-亚硝基降烟碱	16543-55-8	X	X	1	X	
	N-亚硝基二乙醇胺	1116-54-7			2B		
	N-二乙基亚硝胺	55-18-5	X		2A	X	
	N-二甲基亚硝胺	62-75-9	X	X	2A	X	
	N-二正丁基亚硝胺	924-16-3			2B	X	
	N-二正丙基亚硝胺	621-64-7			2B	X	
	N-甲基乙基亚硝胺	10595-95-6			2B		
	N-甲基正丁基亚硝胺	7068-83-9				X	
	N-亚硝基哌啶	100-75-4			2B	X	
	N-亚硝基吡咯烷	930-55-2	X	X	2B		
醛类（7 种）	乙醛	75-07-0	X	X	2B	X	
	丙烯醛	107-02-8	X	X	3	X	
	丁醛	123-72-8		X		X	
	巴豆醛	123-73-9		X	3	X	
	甲醛	50-0-0		X	2A	X	
	糠醛	98-01-1					X
	丙醛	123-38-6	X	X		X	
酸类（3 种）	乙酸	64-19-7					X
	甲酸	64-18-6				X	
	丙酸	79-09-4					X
酮类（3 种）	2，3-丁二酮	57-71-6					X
	2-丁酮	78-93-3		X		X	
	丙酮	67-64-1		X			

续表

类别	有害成分	CAS 号	美国 CPSC	加拿大卫生部	IARC 分组	US EPA	其他
酚类（9 种）	咖啡酸	331-39-5			2B		
	儿茶酚	120-80-9	X	X	2B	X	
	甲基丁子香酚	93-15-2					X
	对苯二酚	123-31-9		X		X	
	苯酚	108-95-2	X	X		X	
	2-甲基苯酚	95-48-7		X		X	
	3-甲基苯酚	108-39-4		X		X	
	4-甲基苯酚	106-44-5		X		X	
	间苯二酚	108-46-3		X		X	
挥发性碳氢化合物（6 种）	苯	71-43-2	X	X	1	X	
	1，3-丁二烯	106-99-0	X	X	2A	X	
	d-苧烯	5989-27-5					
	异戊二烯	78-79-5	X	X	2B	X	
	苯乙烯（乙烯基苯）	100-42-4		X	2B		
	甲苯	108-88-3	X	X		X	
多氯杂环化合物（2 种）	多氯二苯并-*p*-二噁英				1	X	
	多氯二苯并呋喃				3	X	
硝基有机化合物（3 种）	硝基苯	98-95-3			2B	X	
	硝基甲烷	75-52-5			2B		
	2-硝基丙烷	79-46-9			2B	X	
其他有机化合物（31 种）	乙酰胺	60-35-5			2B	X	
	丙烯酰胺	79-06-1			2A	X	
	乙腈	75-05-8				X	
	丙烯腈	107-13-1		X	2B	X	
	苯并［b］呋喃	271-89-6			2B		
	二硫化碳	75-15-0				X	
	一氧化碳	630-08-0	X	X			
	四硫化碳	463-58-1				X	

续表

类别	有害成分	CAS号	美国CPSC	加拿大卫生部	IARC分组	US EPA	其他
其他有机化合物（31种）	氰	460-19-5					X
	滴滴伊	72-55-9			2B		
	滴滴涕	50-29-3			2B		
	二甲胺	124-40-3				X	
	氨基甲酸乙酯（尿烷）	51-79-6			2B	X	
	环氧乙烷	75-21-8			1	X	
	亚乙基硫脲	96-45-7			2B	X	
	呋喃	110-00-9			2B		
	γ-丁内酯	96-48-0					X
	1，1-二甲基肼	57-14-7			2B	X	
	氰氢酸	74-90-8	X	X		X	
	硫化氢	7783-06-4					X
	羰基镍	13463-39-3					X
	马来酰肼	123-33-1					X
	甲醇	67-56-1				X	
	甲酸甲酯	107-31-3					X
	异氰酸甲酯	624-83-9				X	
	甲胺	74-89-5					X
	邻苯二甲酸二（2-乙基己基）酯	117-81-7				X	
	环氧丙烷	75-56-9			2B	X	
	醌	106-51-4				X	
	乙酸乙烯酯	108-05-4			2B	X	
	氯乙烯	75-01-4			1	X	
无机化合物（4种）	氨	7664-41-7		X		X	
	肼	302-01-2			2B	X	
	氧化氮	10102-43-9	X	X			
	二氧化硫	7446-09-5					
金属（11种）	砷	7440-38-2		X	1	X	
	铍	7440-41-7			1	X	

续表

类别	有害成分	CAS 号	美国 CPSC	加拿大卫生部	IARC 分组	US EPA	其他
金属（11 种）	镉	7440-43-9		X	1	X	
	铬	7440-47-3		X	1	X	
	铬 VI	1333-82-0			1	X	
	钴	7440-48-4			2B	X	
	铅	7439-92-1		X	2B	X	
	汞	7439-97-6		X		X	
	镍	7440-02-0		X	1	X	
	^{210}钋（pCi）	7440-08-6			1		
	硒	7782-49-2		X		X	

注：IARC 癌症分级："1" 为确定的人类致癌物；"2A" 为可能的人类致癌物；"2B" 为疑似的人类致癌物；

X：表明此成分为所列名单中的化学物质。

在上述 149 种有害成分中，种类最多的为多环芳烃类化合物（26 种），氮杂芳烃、*N*-亚硝胺和重金属类的化学成分也比较多，其余的有害成分还包括芳香胺、*N*-杂环胺、醛类、酮类、酸类、酚类、挥发性碳氢化合物、多氯杂环化合物、硝基化合物、无机化合物和一些其他有机化合物，类别分类见表 1-7。

表 1-7　　烟草和烟气中的有害成分分类

有害成分类别	数量	有害成分类别	数量
多环芳烃	26	挥发性碳氢化合物	6
氮杂芳烃	15	多氯杂环化合物	2
醛类	7	硝基有机化合物	3
酸类	3	其他有机化合物	31
酮类	3	芳香胺	7
酚类	9	*N*-亚硝胺	13
无机化合物	4	*N*-杂环胺	9
金属	11		
总计	149		

1.2.5 Fowles 和 Dybing 的 158 种有害成分名单

Fowles 和 Dybing 根据国际癌症研究机构（IARC）、加拿大政府报告、美国加利福尼亚州环境保护署（Cal EPA）和美国国家环境保护局（US EPA）毒理学数据库提供的资料，筛选了有毒理学数据的卷烟烟气主要有害成分 158 种（表 1-8），其中有 10 种 1 级致癌物，8 种 2A 级致癌物，35 种 2B 级致癌物，即确定的、可能的和疑似的致癌物共计 53 种；52 种 3 级致癌物，即对人类致癌性不可分类的为 52 种；另有 53 种有害成分 IARC 未给出分级。

表 1-8　　卷烟烟气 158 种主要有害成分名单

序号	有害成分	IARC 分级	序号	有害成分	IARC 分级
1	1-氨基萘	—	23	硫化氢	—
2	2-氨基萘	1	24	对苯二酚	3
3	3-氨基联苯	—	25	茚并［1，2，3-c，d］芘	2B
4	3-乙烯基吡啶	—	26	异戊二烯	2B
5	4-氨基联苯	1	27	铅	2B
6	乙醛	2B	28	m-+p-甲酚	—
7	乙酰胺	2B	29	马拉息昂	3
8	乙酸	—	30	马来酰肼	3
9	丙酮	—	31	汞	—
10	丙烯醛	3	32	甲醇	3
11	丙烯腈	2B	33	甲基丙烯酸酯	3
12	氨	—	34	甲基儿茶酚	—
13	苯胺	3	35	氯甲烷	—
14	临氨基苯甲醚	2B	36	1-甲基䓛	3
15	二苯并[cd，jk]芘	3	37	2-甲基䓛	3
16	蒽	3	38	3-甲基䓛	3
17	砷	1	39	4-甲基䓛	3
18	苯并[a]吖啶	3	40	5-甲基䓛	2B
19	苯并[c]吖啶	3	41	6-甲基䓛	3
20	苯并[a]蒽	2A	42	丁酮	—
21	苯	1	43	甲胺	—
22	苯并[a]芴	3	44	2-甲基荧蒽	3

续表

序号	有害成分	IARC 分级	序号	有害成分	IARC 分级
45	苯并[b]芴	3	73	3-甲基荧蒽	3
46	苯并[c]芴	3	74	1-甲基菲	3
47	苯并[g，h，i]苝	3	75	甲基异氰酸酯	—
48	苯并[c]菲	3	76	甲基嘧啶	—
49	苯并[a]芘	2A	77	2-甲基嘧啶	—
50	苯并[e]芘	3	78	3-甲基嘧啶	—
51	苯并[b]荧蒽	2B	79	4-甲基嘧啶	—
52	苯并[j]荧蒽	2B	80	1-甲基吡咯烷	—
53	苯并[k]荧蒽	2B	81	镍	1
54	苯并[g，h，i]荧蒽	3	82	烟碱	—
55	铍	1	83	一氧化氮	—
56	环己烷	—	84	二氧化氮	—
57	1，3-丁二烯	2A	85	1-硝基-*N*-丁烷	—
58	丁醛	—	86	乙烷	—
59	丁内酯	3	87	硝基甲烷	—
60	镉	1	88	1-硝基-*N*-戊烷	—
61	环己烯亚胺	3	89	1-硝基丙烷	—
62	咔唑	3	90	2-硝基丙烷	2B
63	一氧化碳	—	91	*N*-亚硝基假木贼碱	3
64	儿茶酚	2B	92	*N*-亚硝基新烟草碱	3
65	多氯二苯并-*P*-二噁英和二苯并呋喃（混合物）	1	93	4-（*N*-甲基亚硝氨基）-1-（3-吡啶基）-1-丁酮	2B
66	胆甾醇	3	94	*N*-亚硝胺-*N*-二丁胺	2B
67	铬	1	95	*N*-亚硝基二乙醇胺	2B
68	苯并[a]菲	3	96	*N*-亚硝基二乙基乙胺	2A
69	晕苯	3	97	*N*-亚硝胺二甲胺	2A
70	香豆素	3	98	*N*-亚硝胺乙烷甲胺	2B
71	巴豆醛	3	99	*N*-亚硝基吗啉	2B
72	环己烷	—	100	*N'*-亚硝基降烟碱	2B

续表

序号	有害成分	IARC 分级	序号	有害成分	IARC 分级
101	环戊烷	—	130	*N*-亚硝基哌啶	2B
102	二氯二苯三氯乙烷	2B	131	*N*-亚硝基-*N*-丙烷	2B
103	苯并[a, h]吖啶	2B	132	*N*-亚硝基吡咯烷	2B
104	苯并[a, j]吖啶	2B	133	*O*-甲酚	—
105	苯并[a, c]蒽	3	134	粒相物	—
106	苯并[a, h]蒽	2A	135	二萘嵌苯	3
107	苯并[a, j]蒽	3	136	菲	3
108	7H-二苯并[c, g]咔唑	2B	137	苯酚	—
109	苯并[a, e]荧蒽	3	138	*N*-苯基-2-萘胺	3
110	苯并[a, e]芘	2B	139	钋-210	—
111	苯并[a, i]芘	2B	140	丙醛	—
112	苯并[a, l]芘	2B	141	丙烯	—
113	二甲胺	—	142	芘	3
114	1，1-二甲肼	2B	143	嘧啶	3
115	2，3-二甲基酐	—	144	吡咯	—
116	1，4-二甲基菲	3	145	吡咯烷	—
117	2，5-二甲基吡嗪	—	146	间苯二酚	—
118	氯甲桥萘	3	147	喹啉	—
119	乙胺	—	148	硒	3
120	乙苯	2B	149	苯乙烯	2B
121	乙烯	3	150	琥珀酸酐	—
122	丁香油酚	3	151	甲苯	—
123	荧蒽	3	152	2-甲苯胺	2A
124	芴	3	153	三甲胺	—
125	甲醛	2A	154	三亚苯	3
126	蚁酸	—	155	氨基甲酸乙酯	2B
127	糠醛	—	156	醋酸乙烯酯	2B
128	肼	2B	157	氯乙烯	1
129	氢氰酸	—	158	二甲苯	—

1.2.6 WHO FCTC 的 38 种烟草制品优先管控清单

《世界卫生组织烟草控制框架公约》（WHO FCTC）于 2003 年 5 月 21 日在世界卫生大会通过，并于 2005 年 2 月 27 日生效，呼吁所有国家开展尽可能广泛的国际合作，控制烟草的广泛流行。WHO FCTC 现成为联合国历史上获得最广泛接受的条约之一，迄今已有 166 个缔约方。中国于 2003 年 11 月 10 日签署该公约，2005 年 10 月 11 日经全国人大常委会批准，2006 年 1 月该公约正式在我国生效。

2002 年，世界卫生组织烟草制品管制科学咨询委员会（现改称为 WHO 烟草制品管制研究小组，World Health Organization Study Group on Tobacco Product Regulation，TobReg）发布报告，认为目前测定焦油、烟碱和一氧化碳的 ISO 方法对消费者和监管部门会产生误导，但在没有建立有效的生物标志物方法之前撤销现行方法会造成监管真空。基于此，WHO FCTC 建议发展新的、更适合的测定方法，并发布了基于加拿大政府方法的“深度抽吸方案”。

WHO FCTC 提出对烟草制品进行调控的要求，认为以往的烟碱、焦油评价方法不能真实反映其危害性，需要建立更加科学的危害性评价方法。WHO 的管控措施是控制卷烟烟气单位烟碱中有害成分的释放量水平，禁止销售和进口超过限量水平的卷烟品牌。根据以下原则选择控制的有害成分：有害成分的动物实验和人群暴露的毒性数据；危害指数；不同卷烟品牌之间有害成分的变异性；有害成分被降低的可能性。依据这一原则，2008 年 WHO 发布了《WHO 烟草产品管制研究组技术报告：烟草产品管制的科学基础》第 951 号文件，对卷烟烟气中有害成分进行优先分级，筛选出了需要优先管控的有害成分（表 1-9）。

表 1-9　　WHO 烟草制品优先管控有害成分

有害成分	有害成分
4-(*N*-甲基亚硝胺基)-1-(3-吡啶基)-1-丁酮	丙烯腈
N′-亚硝基降烟碱	4-氨基联苯
乙醛	2-萘胺
丙烯醛	镉
苯	邻苯二酚
苯并［a］芘	巴豆醛
1，3-丁二烯	HCN
一氧化碳	对苯二酚
甲醛	氮氧化物

综合考虑以上18种有害成分的毒性、降低的可能性以及在卷烟烟气中的分布特性，WHO确定了需要优先管制的9种有害成分建议名单，包括：4-(*N*-甲基亚硝胺基)-1-(3-吡啶基)-1-丁酮［4-(Methylnitrosamino)-1-(3-pyridyl)-1-butanone，NNK］、*N'*-亚硝基降烟碱（*N'*-Nitrosonornicotine，NNN）、乙醛、丙烯醛、苯、B[a]P、1，3-丁二烯、CO和甲醛。

对于以上9种有害成分，WHO推荐的限量管控措施如下。

（1）对单位烟碱有害成分释放量进行管控。

（2）对9种限量有害成分同时进行管控。

（3）针对每种有害成分设定限量，超过限量的卷烟品牌不能销售。

随后，WHO FCTC认为除了优先考虑的9种有害成分清单外，还建议列出一份用于传统卷烟及其他烟草制品有害成分释放的清单，以便对缔约方市场的烟草制品监测管控。2014年10月，世界卫生组织在第6次在WHO FCTC缔约方会议上提交的《世界卫生组织烟草控制框架公约》中列出了38种有害成分清单（表1-10），该清单源于已发表的科学研究中有害成分的毒性指数，WHO FCTC建议根据新的研究定期更新。该清单确定的标准是：①主流烟气中存在的，由公认的科学毒性指数确定的对吸烟者有害的特定化学成分；②不同品牌烟草制品之间的有害成分浓度变化，实质上大于单一品牌的有害成分重复测量的变化；③减少主流烟气中特定有害成分的技术可行性。

表1-10　　WHO FCTC的烟草制品有害成分优先管控清单

乙醛	丙酮	丙烯醛	丙烯腈
1-氨基萘	2-氨基萘	3-氨基联苯	4-氨基联苯
氨	苯	苯并[a]芘	1，3丁二烯
丁醛	镉	一氧化碳	邻苯二酚
间-+对甲酚	邻甲酚	巴豆醛	甲醛
氢氰酸	对苯二酚	异戊二烯	铅
汞	尼古丁	一氧化氮	*N*-亚硝基苯胺
N-亚硝基新烟草碱（NAT）	4-（*N*-甲基亚硝胺基）-1-（3-吡啶基）-1-丁酮	*N'*-亚硝基降烟碱	一氧化氮
苯酚	丙醛	吡啶	喹啉
间苯二酚	甲苯		

2015 年，WHO 发布了第 989 号 WHO 技术报告《WHO 关于烟草制品管制的研究》，根据科学证据的权重和 TobReg 的进一步审议，砷被添加到清单中。截至 2020 年 1 月 1 日，WHO FCTC 的烟草制品有害成分优先管控名单中共有 39 种成分。

1.2.7　中国烟草总公司的卷烟主流烟气 7 种代表性有害成分

2005—2008 年，中国烟草总公司郑州烟草研究院联合中国人民解放军军事医学科学院二所、国家烟草质量监督检验中心、云南烟草科学研究院、长沙卷烟厂、重庆烟草工业公司、红塔烟草（集团）有限公司、武汉烟草（集团）有限公司、常德卷烟厂、兰州大学等单位合作，开展了卷烟危害性指标体系研究工作。

项目以 US EPA 混合物风险度评价导则为依据，从分析卷烟主流烟气有害成分释放量与毒理学指标入手，研究了烟气基质下的有害成分与毒理学指标之间的相关关系。其中目标有害成分是以加拿大卫生部的 46 种有害成分名单为基础，选择主流烟气中释放量较大、毒性较强、具有稳定测试方法的 29 种（实际测试 28 种）有害成分（表 1-11）作为研究目标化学物质；毒理学指标除了采用国际烟草科学研究合作中心（Cooperation Centre for Scientific Research Relative to Tobacco，CORESTA）推荐的三项毒理学指标（Ames 试验、微核分析和细胞毒性试验）之外，增加了卷烟烟气动物急性吸入毒性试验。

表 1-11　　卷烟主流烟气有害成分分析列表

类别	具体指标
常规成分	焦油，烟碱，一氧化碳
无机成分	HCN，NH_3，NO，NO_x
多环芳烃	苯并[a]芘，苯并[a]蒽，䓛
烟草特有亚硝胺	*N*′-亚硝基降烟碱，*N*-亚硝基新烟碱，*N*-亚硝基假木贼碱，4-(*N*-甲基亚硝胺基)-1-(3-吡啶基)-1-丁酮
挥发性羰基化学物质	甲醛，乙醛，丙酮，丙烯醛，丙醛，巴豆醛，2-丁酮，丁醛
挥发性分类化学物质	对苯二酚，间苯二酚，邻苯二酚，苯酚，对甲酚，间-甲酚，邻甲酚

注：在实际分析测试中，对甲酚和间-甲酚很难分离，在计算时将两者合并，因此实际测试的是 28 种成分。

研究分析28种有害成分与4项毒理学指标之间的关系，并对28种有害成分进行筛选，找到影响卷烟主流烟气危害性最主要的化学成分指标。化学成分的筛选分别采用了无信息变量删除（uninformative variable elimination，UVE）方法、遗传算法和改良遗传算法——基于多维服务质量约束的网格负载均衡优化任务调度算法（load balance and multie quality of service optimization ge-netic algorithm，LGGA），通过考察变量（即化学成分）对定量模型稳定性或预测能力的影响，分别对28种化学成分进行评价和筛选，提出以CO、HCN、NNK、NH_3、B[a]P、PHE（苯酚，Phenol）、CRO（巴豆醛，Croton-aldehyde）等7种代表性有害成分综合表征卷烟主流烟气的危害性。建立了有害成分与毒理学指标之间量化数学模型，提出了卷烟主流烟气危害性定量评价方法——危害性评价指数（hazard index，*HI*），见式（1-1）：

$$HI = \frac{Y_{CO}}{C_1} + \frac{Y_{HCN}}{C_2} + \frac{Y_{NNK}}{C_3} + \frac{Y_{NH_3}}{C_4} + \frac{Y_{B[a]P}}{C_5} + \frac{Y_{PHE}}{C_6} + \frac{Y_{CRO}}{C_7} \tag{1-1}$$

式中　*Y*——卷烟主流烟气有害成分释放量

$C_1 \sim C_7$——参考值

卷烟危害性评价指数由CO、HCN、NNK、NH_3、B［a］P、PHE、CRO 7个分项组成，每个分项值为某一卷烟的实测值与参考值之比，7个分项值之和即为该卷烟的危害性评价指数值。值越大，则危害性越大，值越小，则危害性越小。卷烟烟气的常规指标和7种有害成分的分析方法也较为成熟，卷烟主流烟气中的焦油采用GB/T 19609—2004《卷烟　用常规分析用吸烟机测定　总粒相物和焦油》；烟碱采用GB/T 23355—2009《卷烟　总粒相物中烟碱的测定方法　气相色谱法》；水分采用GB/T 23203.1—2013《卷烟　总粒相物中水分的测定　第1部分：气相色谱法》；CO采用GB/T 23356—2009《卷烟　烟气气相中一氧化碳的测定　非散射红外法》；HCN采用YC/T253—2008《卷烟　主流烟气中氰化氢的测定　连续流动法》；NNK采用GB/T 23228—2008《卷烟　主流烟气总粒相物中烟草特有*N*-亚硝胺的测定　气相色谱-热能分析联用法》；NH_3采用加拿大卫生部方法（离子色谱法）；B［a］P采用GB/T 21130—2007《卷烟　烟气总粒相物中苯并［a］芘的测定》；苯酚采用YC/T 255—2008《卷烟　主流烟气中主要酚类化学物质的测定　高效液相色谱法》；巴豆醛采用YC/T 254—2008《卷烟　主流烟气中主要羰基化学物质的测定　高效液相色谱法》。

中式卷烟产品设计的核心内容包括两个方面：一个是围绕“双高双低”的原则，即高香气、高品质、低焦油、低危害；另一个是继续高举降焦减害旗帜，稳住上限标准，形成梯次结构，扩大中档比重，实现总体降焦。2009年，中国烟草总公司启动卷烟减害技术重大专项，提出了“卷烟危害性指数”，建立了具有中式卷烟特色、有别于英国、美国、日本等其他国家的卷烟危害性评价体系。危害性指数从2008年的10.0降到2017年的8.4，相应的焦油也从12.8mg/cig下降到10.3mg/cig。

1.2.8 FDA的烟草制品和烟草烟气中93种有害和潜在有害成分

2009年6月22日，美国总统签署了《家庭吸烟预防与烟草控制法》（简称《烟草控制法》）。《烟草控制法》修订了原来的《美国联邦食品、药品和化妆品法案》（*The United States Federal Food，Drug and Cosmetic Act，FD&C*），增加了一个新的章节，授权FDA对烟草产品的生产、销售和分销进行监管，以保护公众健康。为了公众健康，FDA被要求根据品牌和产量对每个品牌和子品牌的烟草制品，包括卷烟烟气，建立并定期修改合适的“有害和潜在有害成分列表”。

2010年5月1日，烟草产品科学咨询委员会（Tobacco Products Scientific Advisory Committee，TPSAC）* 成立了烟草产品成分小组委员会（以下简称小组委员会），负责就烟草产品和烟草烟气中的HPHCs（harmful and potentially harmful constituents）向TPSAC提出初步建议。小组委员会于2010年6月8日和9日以及同年7月7日举行了公开会议。在这些会议之前，FDA向公众征集了关于烟草产品和烟草烟气中有害和潜在有害成分（HPHCs）的数据、信息和/或意见。小组委员会的会议内容如下。

（1）审查了其他国家和组织制定的烟草产品和烟草烟气中的HPHCs清单。

（2）确定烟草制品和烟草烟气中致癌物质、有毒物质和成瘾性化学品或化学物质的选择标准。

（3）识别出符合识别标准的化学品或化学物质。

（4）确认所鉴定的每种化学品或化学物质的测量方法的存在。

（5）确定烟草制品或烟草烟气中测定HPHCs的其他潜在重要信息或标

* 有关TPSAC的资料以及关于TPSAC会议的资料和背景材料，可查阅：http：//www.fda.gov/AdvisoryCommittees/CommitteesMeetingMaterials/TobaccoProductsScientificAdvisoryCommittee/default.htm.

准，如用于测定 HPHCs 的吸烟机方案。

小组委员会初步拟定了 110 种烟草烟气有害成分名单，并向 TPSAC 提出了初步建议。2011 年 1 月 31 日，FDA 宣布，根据《美国联邦食品、药物及化妆品法案》第 904（e）条，烟草制品中含有“有害和潜在有害成分”“有害和潜在有害成分”包括烟草制品或烟气中的导致或有可能导致直接或间接危害使用者或烟草制品的任何化学成分。有可能对烟草制品使用者或非使用者造成直接伤害的成分包括有毒物质、致癌物质、成瘾性化学物质；对烟草制品使用者或非使用者可能造成间接损害的成分，包括可能增加烟草制品构成成分的有害影响的成分，这些成分：①可能促进烟草制品的使用；②可能妨碍烟草制品的戒断；③可能增加烟草制品的使用强度（例如使用频率、消耗量、吸入深度）。

根据会议讨论，去掉了原 110 种有害和潜在有害成分清单中的铵盐、新烟草碱（去氢新烟碱）、丁醛、二苯并［a，h］杂蒽、二苯并［a，j］吖啶、7H-二苯并咔唑、丁香油酚、对苯二酚、4-(甲基亚硝基苯)-1-(3-吡啶基)-1-丁醇、麦斯明、硝酸钠、氮氧化物、亚硝酸盐、*N*-亚硝基假木贼碱、吡啶、间苯二酚、焦油等 17 种有害成分，最终于 2012 年发布了确定的 93 种烟草及烟气中有害和潜在有害成分（HPHCs）清单（表 1-12）。

FDA 要求烟草公司披露产品中的 HPHCs，但 FDA 认为由于目前的测试限制，烟草行业可能无法在最后期限前完成，因此从 93 种 HPHCs 清单中筛选并制定了 20 种 HPHCs 的简略清单，并提供测试方法，FDA 目前正在行使执法裁量权，要求报告烟草制品中这 20 种有害成分的释放量或含量，具体见表 1-13，其中卷烟烟气中的有害成分为 18 种。

表 1-12　　FDA 初定的 93 种 HPHCs 清单

序号	有害成分	CAS 号	来源	IARC 致癌分级	毒性作用	序号	有害成分	CAS 号	来源	IARC 致癌分级	毒性作用
1	乙醛	75-07-0	S，ST	2B	CA，RT，AD	8	呋喃	110-00-9	S	2B	CA
2	乙酰胺	60-35-5	S	2B	CA	9	Glp-P-1（2-氨基-6-甲基二吡啶［1，2-A：3′，2′-D］咪唑盐酸盐水合物）	67730-11-4	S	2B	CA，RT
3	丙酮	18523-69-8	S	—	RT	10	Glp-P-2（2-氨基二吡啶并［1，2-A：3′，2′-D］咪唑盐酸盐）	67730-10-3	S	2B	RT，CT
4	丙烯醛	107-02-8	S	—	RT，CT	11	肼	302-01-2	S	2B	CA
5	丙烯酰胺	1979/6/1	S	2A	CA	12	氰化氢	74-90-8	S	—	CA
6	丙烯腈	107-13-1	S	2B	CA，RT	13	茚并［1，2，3-cd］芘	193-39-5	S，ST	2B	CA，CT，RDT
7	黄曲霉毒素 B_1	1162-65-8	ST	1	—	14	IQ（2-氨基-3-甲基-3H-咪唑并喹啉）	76180-96-6	S	2A	CA

续表

序号	有害成分	CAS 号	来源	IARC 致癌分级	毒性作用	序号	有害成分	CAS 号	来源	IARC 致癌分级	毒性作用
15	4-氨基联苯	92-67-1	S	1	CA	23	异戊二烯	78-79-5	S	2B	CA，RDT
16	1-萘胺	134-32-7	S	—	CA	24	铅	7439-92-1	S，ST	2A	RT
17	2-萘胺	91-59-8	S	1	CA	25	MeAαC（2-氨基-3-甲基-9H-吡啶［2，3-b］吲哚）	68006-83-7	S	2B	CA
18	氨	7664-41-7	S	—	CA	26	汞	92786-62-4	ST	2B	—
19	新烟碱	40774-73-0	ST	—	—	27	甲基乙基酮	78-93-3	S	—	CA
20	邻甲氧基苯胺	134-29-2	S	2B	RT	28	5-甲基-1，2-苯并菲	3697-24-3	S	2B	CA，RT
21	砷	7440-38-2	S，ST	1	AD	29	4-（*N*-甲基亚硝胺基）-1-（3-吡啶基）-1-丁酮（NNK）	64091-91-4	S，ST	1	CA，RT
22	2-氨基-9H-吡啶并［2，3-b］吲哚	26148-68-5	S	2B	CA	30	萘	91-20-3	S，ST	2B	CA，RT，RDT

31	苯并［a］蒽	56-55-3	S，ST	2B	CA，CT，RDT	41	镍	7440-02-0	S，ST	1	CA
32	苯并（b）荧蒽	205-99-2	S	2B	CA	42	烟碱	1954/11/5	S，ST	—	CA
33	苯并［j］醋蒽	202-33-5	S	1	CA，CT	43	硝基苯	10389-51-2	S	2B	CA
34	苯并［k］荧蒽	207-08-9	S，ST	2B	CA	44	硝基甲烷	75-52-5	S	2B	CA
35	苯	71-43-2	S，ST	2B	CA，CT，RDT	45	2-硝基丙烷	79-46-9	S	2B	CA
36	苯并呋喃	271-89-6	S	2B	CA，CT	46	二乙醇亚硝胺（NDELA）	1116-54-7	S，ST	2B	CA
37	苯并［a］芘	50-32-8	S，ST	1	CA，CT	47	亚硝基-二乙基胺	55-18-5	S	2A	CA
38	苯并［c］菲	195-19-7	S	2B	CA	48	*N*-亚硝基二甲胺（NDMA）	62-75-9	S，ST	2A	CA
39	铍	7440-41-7	S，ST	1	CA	49	*N*-亚硝基甲基乙基胺	10595-95-6	S	2B	AD
40	1，3-丁二烯	106-99-0	S	1	CA	50	*N*-亚硝基吗啉（NMOR）	59-89-2	ST	2B	—

续表

序号	有害成分	CAS号	来源	IARC致癌分级	毒性作用	序号	有害成分	CAS号	来源	IARC致癌分级	毒性作用
51	镉	7440-43-9	S，ST	1	CA，RT，RDT	61	*N'*-亚硝基降烟碱（NNN）	16543-55-8	S，ST	1	RT，CT
52	咖啡酸	331-39-5	S	2B	CA，RT，RDT	62	*N*-亚硝基哌啶（NPIP）	100-75-4	S，ST	2B	CA
53	一氧化碳	630-08-0	S	—	CA	63	亚硝基吡咯烷（NPYR）	930-55-2	S，ST	2B	CA
54	儿茶酚（邻苯二酚）	120-80-9	S	2B	RDT	64	亚硝基肌氨酸（NSAR）	13256-22-9	ST	2B	—
55	氯化二噁英和呋喃	—	S	—	CA	65	降烟碱	—	ST	—	—
56	铬	7440-47-3	S，ST	1	CA，RDT	66	苯酚	108-95-2	S	—	RT，CT
57	苯并［a］菲	218-01-9	S，ST	2B	CA，RT，RDT	67	PhIP（2-氨基-1-甲基-6-苯基咪唑［4，5-b］吡啶）	105650-23-5	S	2B	CA，RT
58	钴	7440-48-4	S	2B	CA，CT	68	钋-210（放射线同位素）	—	S，ST	1	CA
59	香豆素	91-64-5	ST	—	—	69	丙醛	123-38-6	S	—	RT
60	甲酚	1319-77-3	S	—	CA，CT	70	环氧丙烷	75-56-9	S	2B	CA

71	巴豆醛	123-73-9	S，ST	—	Banned in food	80	喹啉	91-22-5	S	—	RT，RDT
72	环戊烯［c，d］芘	27208-37-3	S	2A	CA，RT	81	硒	7782-49-2	S，ST	—	CA
73	二苯蒽	53-70-3	S，ST	2A	CA	82	苯乙烯	100-42-5	S	2B	CA，RT
74	二苯并［a，e］芘	192-65-4	S	2B	CA	83	邻甲苯胺	95-53-4	S	2A	CA，RT
75	二苯并［a，h］芘	189-64-0	S	2B	CA	84	甲苯	108-88-3	S	—	CA
76	二苯并［a，i］芘	189-55-9	S	2B	CA	85	Trp-p-1（3-氨基-1，4-甲基-5氢-吡啶［4，3-b］吲哚）	62450-06-0	S	2B	—
77	二苯并［a，l］芘	191-30-0	S	2A	CA	86	Trp-p-2（3-氨基-1-甲基-5氢-吡啶［4，3-b］吲哚）	72254-58-1	S	2B	—
78	2，6-二甲苯胺	87-62-7	S	2B	CA，RDT	87	铀-235（放射线同位素）	—	ST	1	—
79	氨基甲酸乙酯	51-79-6	S，ST	2B	CA	88	铀-238（放射线同位素）	—	ST	1	—

续表

序号	有害成分	CAS 号	来源	IARC 致癌分级	毒性作用	序号	有害成分	CAS 号	来源	IARC 致癌分级	毒性作用
89	乙基苯	100-41-4	S	2B	CA，RT，RDT	92	醋酸乙烯酯	108-05-4	S	2B	—
90	环氧乙烷	75-21-8	S	1	CA，RT	93	氯乙烯	75-01-4	S	1	—
91	甲醛	50-00-0	S，ST	1	CA						

注：“—”代表无信息，“S”表示化学成分存在于烟气中，“ST”代表存在于非燃烧的烟草制品中；

IARC 癌症分级：“1”为确定的人类致癌物，“2A”为可能的人类致癌物，“2B”为可疑的人类致癌物；

毒性作用：“CA”为致癌性（carcinogen），“RT”为呼吸系统毒性（respiratory toxicant），“CT”为心血管毒性作用（cardiovascular toxicant），“RDT”为生殖发育毒性（reproductive or developmental toxicant），“AD”为致瘾性（addictive）。

表 1-13　　FDA 提供的 20 种 HPHCs 简略清单

序号	卷烟烟气成分	无烟气烟草制品成分	自卷烟和烟草填料成分
1	乙醛	乙醛	氨
2	丙烯醛	砷	砷
3	丙烯腈	苯并［a］芘	镉
4	4-氨基联苯	镉	烟碱（总量）
5	1-萘胺	巴豆醛	4-(*N*-甲基亚硝胺基)-1-(3-吡啶基)-1-丁酮
6	2-萘胺	甲醛	*N′*-亚硝基降烟碱
7	氨	烟碱（总量和游离）	
8	苯	4-(*N*-甲基亚硝胺基)-1-(3-吡啶基)-1-丁酮	
9	苯并［a］芘	*N′*-亚硝基降烟碱	
10	1，3-丁二烯		
11	一氧化碳		
12	巴豆醛		
13	甲醛		
14	异戊二烯		
15	烟碱（总量）		
16	4-(*N*-甲基亚硝胺基)-1-(3-吡啶基)-1-丁酮		
17	*N′*-亚硝基降烟碱		
18	甲苯		

1.3　卷烟烟气中 7 种代表性有害成分

根据卷烟烟气有害成分名单，卷烟烟气中的有害成分为 7~158 种，原中华人民共和国卫生部于 2012 年 5 月 30 日发布的《中国吸烟危害健康报告》，提出了卷烟烟气中主要的有害成分至少包括 69 种致癌物（多环芳烃、烟草特有亚硝胺、1，3-丁二烯等）、有害气体（如一氧化碳、氰化氢、氨等）以及具有成瘾性的烟碱（又称尼古丁）。目前，中国主要对代表性的 7 种有害成分进行监管，因此，重点介绍 7 种代表性有害成分：一氧化碳（CO）、氰化氢

(HCN)、氨（NH_3）、苯酚、巴豆醛、苯并［a］芘（B［a］P）和4-(*N*-甲基亚硝胺基)-1-(3-吡啶基)-1-丁酮（NNK）。

1.3.1 一氧化碳（CO）

CO是源于淀粉、纤维素、糖、羧酸和氨基酸等烟草组分的热解或燃烧反应，是在卷烟的抽吸过程中烟草不完全燃烧而形成的。在燃烧的卷烟中，大约有30%的CO是通过烟草组分热分解产生，大约有36%的CO是通过烟草燃烧产生，还有至少23%的CO是通过CO_2与C还原反应生成的。

CO能迅速通过肺泡、毛细血管和胎盘，已吸收的CO有80%～90%和血红蛋白结合形成特异的CO暴露生物标志物——碳氧血红蛋白（Carboxyhaemoglobin，COHb）。CO对血红蛋白的亲和力是O_2和血红蛋白亲和力的200～300倍，因此CO极其容易与血红蛋白结合，形成COHb，导致血红蛋白丧失携氧的能力和作用，而且COHb又比氧合血红蛋白的解离慢约3600倍，且COHb的存在还抑制氧合血红蛋白的解离，阻止抑制氧的释放和传递，造成机体急性缺氧血症及组织窒息。

COHb可降低血液的输氧能力，造成组织缺氧，形成可逆的、短期神经损害或严重的乃至迟发的神经损害，可引起脑缺血缺氧、脑水肿及神经细胞变性坏死等一系列改变，甚至导致人体窒息死亡，部分患者在症状恢复之后继发性引起中毒迟发性脑病等严重后遗症。COHb的增加可诱发冠心病人心绞痛发作、心电图改变等。流行病学研究表明CO暴露可使心血管疾病死亡率增加。CO中毒的临床表现起初是头晕、头痛、耳鸣、眼花、四肢无力和全身不适，症状逐渐加重时会伴有恶心、呕吐、胸部紧迫感，继而昏睡、昏迷、呼吸急促、血压下降，甚至死亡。

由于CO对二价铁的高度亲和力，它也可以进入细胞与还原型细胞色素氧化酶（Fe^{2+}）结合，直接抑制细胞呼吸。但血液循环中已有大量含有Fe^{2+}的血红蛋白存在，且CO与之又有高度的亲和力，因此一般情况下，进入体内的CO绝大多数已与血红蛋白结合，不再进入细胞中去，除非短期大量吸入高浓度的CO。通常情况下，CO本身对组织细胞并无明显毒性，其引起机体中毒的原因归于COHb形成后所造成的组织缺氧。

CO中毒者的症状轻重也与血中COHb的含量有关，血中COHb在10%～20%时，发生头胀、头痛、恶心；达到30%～50%时，出现无力、呕吐、晕眩、精神错乱、震颤，甚至虚脱；至50%～60%时，出现昏迷和惊厥；至

70%~80%时，则出现呼吸中枢麻痹，心跳停止。由于 COHb 呈红色，所以中毒者无青紫，皮肤及唇色呈樱桃红色，病理检验会发现大脑和脑干切面、心外膜、肝组织切面均呈樱桃红色，脑内实质小血管扩张淤血，肺泡壁毛细血管扩张充血。

1.3.2 氰化氢（HCN）

卷烟主流烟气和侧流烟气含有氰化物，卷烟烟气中氰主要以氰化氢的形式存在，主要由氨基酸及相关化学物质在 700~1000℃裂解产生。主流烟气中氰化氢的主要前体成分为蛋白质、脯氨酸和天冬酰胺，贡献率分别为 73.3%~84.5%，1.6%~5.0%和 1.4%~5.8%。脯氨酸主要通过脱羧反应和碳键断裂生成氰化氢；天冬酰胺主要通过分子内脱水形成亚胺，然后进一步热分解生成氰化氢；蛋白质主要通过肽键断裂形成氨基氮、酰胺氮、亚胺氮等含氮中间体，然后进一步热解生成氰化氢。

人类和实验动物暴露氰化氢后的中毒症状比较相似，主要表现出呼吸过速伴随运动失调和感觉迟钝、呼吸困难、心动过缓、惊厥、甚至窒息和骤死。氰化氢可以抑制呼吸酶，造成细胞内窒息，有剧毒。氰化氢对人的急性毒性资料显示，5~20mg/m^{3}时，2~4h 可使部分接触者发生头痛、恶心、眩晕、呕吐、心悸等症状；20~50mg/m^{3}时，2~4h 可使接触者均发生头痛、眩晕、恶心、呕吐及心悸；100mg/m^{3}时，数分钟可使接触者发生头痛、眩晕、恶心、呕吐及心悸等症状，吸入 1h 可致死；200mg/m^{3}时，吸入 10min 即可发生死亡；大于 550mg/m^{3}时，吸入后可很快死亡。

氰化氢主要通过呼吸道进入人体，之后迅速解离出氰基（CN^-），并迅速弥散到全身各种组织细胞，CN^-与呼吸链中氧化型细胞色素氧化酶的辅基铁卟啉中的 Fe^{3+}迅速牢固结合，阻止其中 Fe^{3+}还原成 Fe^{2+}，中断细胞色素氧化酶与氧的电子传递，还原型辅酶Ⅰ（nicotinamide adenine dinucleotide，NADH）呼吸链被阻断，使生物氧化过程受抑，产能中断，虽然血液被氧所饱和，但不能被组织细胞摄取和利用，从而引起细胞内窒息。由于中枢神经系统分化程度高，生化过程复杂，耗氧量巨大，对缺氧最为敏感，因此吸入氰化氢后，生物体脑组织功能首先受到损害。对氰化氢毒性的脑电图研究发现，氰化氢首先造成大脑皮层的抑制，其次为基底节、视丘下部及中脑，而中脑以下受抑制较少。当吸入较大剂量的氰化氢时，会引起“闪电式”骤死。

1.3.3 氨（NH_3）

烟气中的氨（Ammonia，NH_3）主要来源于硝酸盐还原和甘氨酸热解。研究证实，由硝酸盐还原和甘氨酸热解而形成的 NH_3 大部分被转移到侧流烟气；由硝酸盐、甘氨酸、脯氨酸和氨基二羧酸裂解产生 NH_3，主要转移至主流烟气中。主流烟气中 NH_3 的主要前体成分为烟草中的蛋白质、天冬酰胺、铵盐和脯氨酸，贡献率分别为 38.8%~71.4%、15.2%~35.8%、3.9%~24.0% 和 3.5%~13.5%。其中，蛋白质和天冬酰胺主要通过高温热解脱氨反应生成氨，铵盐直接热分解生成氨。

氨极易溶于水，并在呼吸系统黏膜的体液中生成强碱氢氧化铵。短期吸入暴露，氨几乎完全附着在鼻腔黏膜，吸入高浓度的氨气可能会超出附着能力，从而导致经肺部的全身吸收。氨极易通过黏膜和肠道被吸收，而不是通过皮肤。吸收的氨可以全身分布，当机体某部位 pH 适合时，与氢离子结合，产生铵离子。由于铵离子的电荷性质，铵离子的流动性较低。

NH_3 主要通过吸入暴露方式对机体产生危害，低浓度 NH_3 对黏膜和皮肤有碱性刺激及腐蚀作用，而高浓度 NH_3 可造成组织溶解性坏死，甚至引起反射性呼吸停止和心脏停搏。短期吸入高浓度 NH_3 会导致口腔、肺部和眼睛严重烧伤。动物实验证明，吸入高浓度的 NH_3 会对呼吸系统产生影响。

英国卫生部门于 2015 年对 NH_3 的急性毒性和慢性毒性做了简要总结。NH_3 的急性毒性主要表现为：①对所有暴露途径均有刺激性、腐蚀性和可能的毒作用；②急性吸入最初可能会引起上呼吸道的刺激；③经口暴露会导致疼痛、过度流涎和消化道灼伤；④大量接触可导致口腔、鼻咽喉和气管灼伤，并伴有气道阻塞、呼吸窘迫、细支气管炎和肺泡水肿；⑤与机体组织接触有腐蚀性，溅到眼睛可能会造成严重的伤害。

慢性暴露对健康的影响主要有：①经口慢性暴露对人的影响尚未确定；②动物研究显示可能产生继发于慢性代谢性酸中毒的骨质疏松症；③慢性吸入会加重咳嗽、哮喘。

长期暴露在空气中的 NH_3 会增加人体呼吸、咳嗽、呼吸困难、胸部不适和肺功能受损的风险。2007 年，Rahman 等对孟加拉国一家尿素化肥厂的工人开展了横断面研究，测定职业暴露 NH_3 对呼吸系统的影响。采用问卷调查的方法对暴露工人（$n=113$）的呼吸症状进行评定，并对再发性肺功能进行评估。用 PAC III 型直读仪和扩散管测量了工人的个人暴露量。研究发现，尿素厂工人的平均 NH_3 暴露量和急性呼吸道症状发生率高于氨厂工人，主要是胸部不适（33%）和咳嗽（28%），表明较高的 NH_3 暴露水平与呼吸系统症状的

增加和肺功能的急性下降有关。Donham 等对家禽和牲畜养殖场所的工作人员进行调查发现，工人的呼吸症状和肺功能与环境中粉尘和 NH_3 的暴露表现出显著的剂量-反应关系，环境中的 NH_3 浓度达到 12mg/L 时，工人就会出现不良症状。这两项流行病学研究中尽管人群特征、暴露水平和暴露方式存在差异，但这些研究均观察到 NH_3 对呼吸系统的毒性效应。对呼吸系统作为 NH_3 毒性靶器官的支持来自于受控制的人体 NH_3 吸入暴露研究，以及吸入 NH_3 对人体造成伤害的病例报告。

1.3.4 苯酚

纯净的苯酚为无色至白色固体。商业产品是一种液体。苯酚有一种特殊的气味，甜得让人恶心，而且很黏滞。苯酚水平低于有害影响水平时即可品尝到和嗅出。苯酚的蒸发速度比水慢，适量的苯酚可以与水形成溶液。苯酚易燃。苯酚主要用于酚醛树脂的生产以及尼龙和其他合成纤维的制造。它也被用作杀菌剂（一种能杀死泥中细菌和真菌的化学物质）、消毒剂和防腐剂、漱口水和喉痛含片等制剂。

主流烟气中苯酚的主要前体成分为蛋白质、纤维素、葡萄糖和绿原酸，贡献率范围分别为 32.8%~52.4%，14.5%~29.0%，8.5%~16.6%和 7.0%~15.1%。蛋白质中酪氨酸单元碳碳键热解断裂形成苯酚；纤维素和葡萄糖经过葡萄糖单元多次脱水、芳香化形成苯酚；绿原酸中奎宁酸单元进行脱水、脱羧形成苯酚；咖啡酸单元脱烷基、羟基形成苯酚。

一项实验动物的生殖发育毒性研究发现，大鼠孕期第 8~10 天、第 11~13 天，注射苯酚最高浓度达到 200mg/kg 时，未发现任何不良反应或不良影响。而在雌鼠血清和胚胎血清中发现有中性酚类物质。另一项研究发现大鼠孕期第 6~15 天经口暴露于 30，60，120mg/kg 苯酚后，胎鼠体重下降。目前的研究未发现苯酚有致畸或胎盘毒性。

苯酚对皮肤、黏膜有强烈的腐蚀作用，可抑制中枢神经或损害肝、肾功能。吸入高浓度苯酚蒸气可致头痛、头晕、乏力、视物模糊、肺水肿等。误食可引起消化道灼伤，出现烧灼痛，呼气带酚味，呕吐物或大便可带血液，有胃肠穿孔的可能，可出现休克、肺水肿、肝或肾损害，出现急性肾功能衰竭，可死于呼吸衰竭。眼接触苯酚可致灼伤，皮肤接触可致皮炎，经灼伤皮肤吸收在一定潜伏期后可引起急性肾功能衰竭。慢性中毒时可引起头痛、头晕、咳嗽、食欲减退、恶心、呕吐，严重者排出蛋白尿。

人吸入苯酚后可观察到呼吸窘迫、肺水肿、呼吸困难、肌肉无力和意识丧失。酚类物质通过皮肤迅速吸收，具有腐蚀性，并灼伤与其接触的任何组织。急性苯酚中毒的症状包括头痛、腹痛、神志不清、虚弱和呼吸困难等。苯酚中毒死亡通常是由于呼吸衰竭。有害物质数据库（hazardous substances data bank，HSDB）中报告，苯酚可能引起口腔黏膜烧伤，恶心，呕吐，严重腹痛，急性苯酚中毒病例中约有50%是致命的，4.8g纯苯酚可在10min内致人死亡。

在一项评估肺和皮肤吸收苯酚的研究中，8名志愿者通过吸入和皮肤接触暴露苯酚蒸汽，暴露于高达6.5mg/L的苯酚8h，随后测量了他们的尿酚含量。志愿者仅通过吸入暴露的苯酚浓度为1.6～5.2mg/L。试验包括两次30min的休息，从接触开始后的2.5h和5.5h开始，在暴露过程中，肺中蒸汽的滞留率从80%降至70%左右。蒸汽通过整个皮肤的吸收与所用蒸汽的浓度大致成正比，吸收率略低于肺部。在24h尿液中可检测到近100%的苯酚。尿中微量酚的含量仅作为一种接触试验，研究并未谈及苯酚引起的不良反应。

1.3.5 巴豆醛

巴豆醛在自然界中分布广泛，同时也是人体内源性代谢产物，食品中（水果、蔬菜、面包、乳酪、牛乳、肉类、啤酒、白酒类）含有巴豆醛。巴豆醛为白色或淡黄色液体，可溶于水、醇、醚、丙酮和苯等物质中，与空气接触后会被氧化成黄色。

主流烟气中巴豆醛的主要前体成分为纤维素、葡萄糖、果糖、淀粉、果胶等，在烤烟烟丝基质下的贡献率分别约为35%，30%，23%，12%和8%，在混合型烟丝基质下的贡献率分别为60%，20%，18%，5%和12%。蛋白质、脯氨酸等含氮化学物质、钾盐对巴豆醛形成有抑制作用。葡萄糖、果糖热解形成巴豆醛为单分子热解机制，巴豆醛主要来自葡萄糖和果糖的3，4，5，6位碳，其中醛基来自3位碳原子，巴豆醛主要通过烯醇化、脱水、脱一氧化碳等过程形成。

巴豆醛可诱导人支气管上皮细胞BEAS-2B细胞凋亡和坏死，并发现巴豆醛可导致细胞线粒体膜电位下降，细胞色素C释放，启动含半胱氨酸的天冬氨酸蛋白水解酶（Cysteinyl aspartate specific proteinase，caspase）-9和Caspase-3/7级联酶，从而诱导细胞凋亡。巴豆醛具有窒息性刺激臭味，可产生呼吸道急性损伤、对眼结膜及上呼吸道黏膜有强烈刺激作用。研究表明巴

豆醛可以与脱氧核糖核酸（Deoxyribonucleic acid，DNA）反应生成环状1，N^2-脱氧鸟苷加合物，并且在吸烟者的肺组织中可检测到此环状加合物，巴豆醛也可使心肌细胞收缩紊乱、产生心血管毒性、诱使大鼠肝细胞产成肿瘤甚至导致人肺癌的发生。巴豆醛也可引起精子形态异常、骨髓和生殖细胞染色体畸变、显性致死突变等。巴豆醛急性毒性较大，致癌性的动物实验较少，IARC通过毒性证据分析，将其列为3类致癌物，即对人类的致癌性尚无法分类。

1.3.6 苯并[a]芘（B[a]P）

B[a]P是1933年第一次由沥青中分离出来的一种致癌烃。常温下为浅黄色晶状固体。难溶于水，易溶于苯、甲苯、丙酮、乙烷等有机溶剂。B[a]P主要源于工业生产和生活中煤炭、石油和天然气燃烧产生的废气；机动车辆排出的废气；加工橡胶、熏制食品以及卷烟烟气等。1990年，美国毒物管理委员会公布了人群接触B[a]P的途径，主要是呼吸、经口和经皮接触这三种方式。毒理学资料和流行病学研究表明，B[a]P除了对皮肤和眼睛有刺激作用外，也是高活性的间接致癌物，具有致癌、致畸和致突变作用，是多环芳烃中毒性最大的一种强烈致癌物。

美国加利福尼亚环境保护署（California Environmental Protection Agency，Cal EPA）的环境健康危害评估办公室曾对B[a]P的生殖发育毒性进行了系统的综述，以大鼠和小鼠的生殖发育毒性研究为主，并无人类暴露B[a]P的生殖发育毒性资料。大量关于小鼠暴露B[a]P的研究显示，妊娠母鼠腹腔注射B[a]P后出现胚胎毒性、胎鼠畸形和经胎盘致癌性。家兔在妊娠第25/26天静脉注射B[a]P后也存在经胎盘致癌性。大鼠孕期灌胃暴露B[a]P，出现胚胎毒性和胎鼠畸形。动物子宫内接触多环芳烃后胎盘癌和产后免疫抑制的报道与已知的人群暴露多环芳烃致癌和免疫毒性作用一致。

有研究报告称，在妊娠期以不产生母体毒性剂量的B[a]P灌胃染毒小鼠，其子代会出现严重的生殖器官病变和不孕症，这在体外毒性研究中也得到证实，表明子代生殖细胞在胚胎时被损伤会严重影响生育能力。

B[a]P经腹腔注射小鼠后，可到达卵巢，并转化为活性物质，活性物质与卵巢毒性有关，对卵巢的毒性表现在卵母细胞的破坏，卵泡生长慢，黄体萎缩变小，卵巢萎缩和不孕。在动物研究中，很少有关于雄性生殖影响的研究，但在单代大鼠和小鼠经口染毒的研究中，雄性不育的报道较多，而在仓鼠腹腔注射 B［a］P 后，精子发生减少的报道较多。这些发现与在雌性实验动物中报道的生殖细胞毒性效应一致。

对多种动物的研究表明，B［a］P 通过各种途径暴露后，对多种部位（消化道、肝脏、肾脏、呼吸道、咽部和皮肤）具有致癌作用。此外，有强有力的证据表明，接触含有 B［a］P 的多环芳烃混合物的职业具有致癌可能，例如生产铝、扫烟囱、煤气化、煤焦油蒸馏、焦炭生产、钢铁铸造、铺地和铺屋面用煤焦油沥青。

1.3.7 4-(*N*-甲基亚硝胺基)-1-(3-吡啶基)-1-丁酮（NNK）

在烟草加工、卷烟抽吸和烟气吸入时，烟碱被亚硝化成烟草特有的亚硝胺（Tobacco-Specific Nitrosamines，TSNAs），目前已鉴定出 8 种 TSNAs，其中对 *N'*-亚硝基降烟碱（*N'*-nitrosonornicotine，NNN）、*N*-亚硝基新烟碱（*N*-nitroso anatabine，NAT）、*N*-亚硝基假木贼碱（*N*-nitroso anabasine，NAB）和 4-（*N*-亚硝基甲胺基）-1-(3-吡啶基）-1-丁酮［4-(methylnitrosamino)-1-(3-pyridyl)-1-butanone，NNK］4 种的研究最为深入。而 NNK 是 TSNAs 中含量最多、致癌性最强、研究最为广泛的一种。而 NNK 的一个重要代谢途径是羰基还原为 4-(甲基亚硝胺)-1-(3-吡啶基)-1-丁醇［4-(methylnitrosamino)-1-(3-pyridyl)-1-butanol，NNAL］，NNAL 可以进一步代谢为能够与 DNA 反应的类型（图 1-3）。

NNK 有较强的遗传毒性，体外研究中，NNK 诱导大鼠原代肝细胞 DNA 单链断裂，诱导大鼠气管上皮细胞产生微核。在 S9 存在时，NNK 对鼠伤寒沙门菌菌株 YG7004 和 YG7108 菌株表现出诱变作用，在 Mutatox™试验、细菌生物发光试验和哺乳动物细胞小鼠淋巴瘤试验（mouse lymphoma assay，MLA）中均存在诱变作用。在体内，NNK 使大鼠气管上皮细胞的微核率增加 3 倍以上，诱导小鼠骨髓细胞的微核形成和生成 DNA 加合物，诱导大鼠肝细胞发生 DNA 链断裂，并诱导转基因小鼠发生基因突变。

NNK 主要是通过生物降解与动物体内的 DNA 和血红蛋白发生键合作用，产生致癌性。有多项研究结果表明，NNK 对肺有很强的致癌性，如 1mg NNK 即可能使试验鼠出现呼吸道癌。NNK 能引起动物活体和离体的人体组织中 DNA 的甲基化，有可能引起肿瘤。

在吸烟者和二手烟暴露者的血液和尿液中可检测到 NNK 的代谢物，平均浓度为 42fmol/mL±22fmol/mL，而非吸烟者尿液中 NNK 代谢物的浓度可忽略

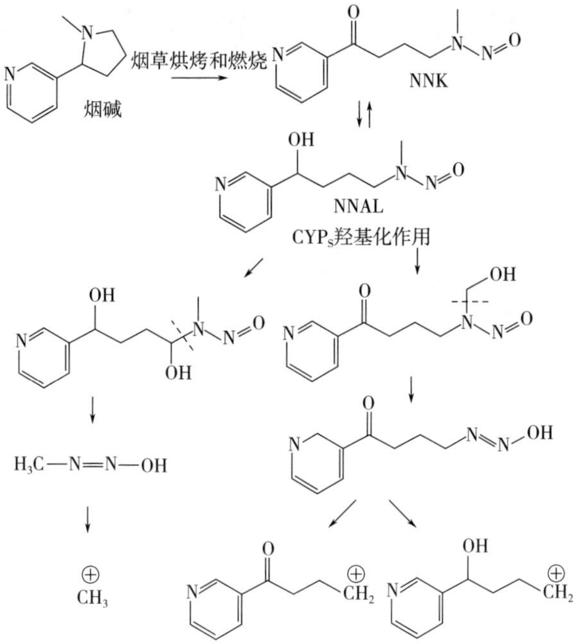

图 1-3 烟草中 NNK 的产生及其代谢物对 DNA 的损伤

不计，血液中浓度小于 8fmoL/mL，尿液中约为 50fmoL/mL。研究发现，NNK 可通过激活正常支气管上皮细胞中的信号传导及转录激活因子 3（Signal transducers and activators of transcription，STAT）和细胞外调节蛋白激酶（Extracellular regulated protein kinases，ERK1/2），促进膀胱癌细胞的增殖，通过 NF-kB 激活，促进结肠癌和胃癌细胞的迁移。另有研究表明，NNK 与 B［a］P 共同暴露可以诱导乳腺细胞变性。

参考文献

［1］候亚鹏，李悦，丁炎，等．巴豆醛对小鼠气管短路电流的影响及相关机制研究．毒理学，2018，32（4）：273-276.

［2］刘兴余，杨陟华，潘秀颉，等．巴豆醛诱导人支气管上皮细胞凋亡研究．烟草科技［J］. 2011，1：36-42.

［3］孟凡刚．一氧化碳死亡的死因分析；法医临床学专业理论与实践——中国法医学会·全国第十九届法医临床学学术研讨会，2016.

［4］缪明明，刘志华，李雪梅，等．烟草及烟气化学成分［M］. 北京：中国科学技术出版社，2017.

[5] 谢剑平，刘惠民，朱茂祥，等．卷烟烟气危害性指数研究［J］．烟草科技．2009，2：5-15.

[6] 殷海霞，任静，贾美霞，等．关于一氧化碳中毒的探讨［N］．科技创新导报，2012，15：243.

[7] 中华人民共和国卫生部．中国吸烟危害健康报告［M］．北京：人民卫生出版社，2012.

[8] Avila Tang E.，Al-Delaimy W. K.，Ashley D. L.，et al. Assessing secondhand smoke using biological markers. Tobacco Control，2013，22（3）：164-171.

[9] A. R. B.. California Air Resources Board. Benzo（a）pyrene as a Toxic Air Contaminant，PartA Exposure Assessment. Stationary Source Division. Sacramento：1994.

[10] Baker R. B.，Bishop L. J.. The pyrolysis of tobacco ingredients. Journal of Analytical & Applied Pyrolysis. 2004，71：223-311.

[11] Baker R. R.. A review of pyrolysis studies to unravel reaction steps in burning tobacco. J Anal Appl Pyrolysis. 1987，11：555.

[12] B. L. Pool-Zobel，R. G. Klein，U. M. Liegibel，et al. Systemic genotoxic effects of tobacco-related nitrosamines following oral and inhalational administration to Sprague-Dawley rats. Clin. Investigation，1992，70：299-306.

[13] Chen P. X.，Moldoveanu S. C.. Mainstream smoke chemical analyses for 2R4F Kentucky Reference Cigarette. Beitr Tabakfor Int，2003，20（7）：448-458.

[14] Chung F. L.，Tanaka T.，Hecht S. S.. Induction of liver tumors in F344 rats by crotonaldehyde. Cancer res，1986，46（3）：1285-1289.

[15] Clayton G. D.，Clayton F. E.，editors. Patty's industrial hygiene and toxicology. 3rd ed. Revised. Vol II. Toxicology. New York：John Wiley and Sons，1982：2578.

[16] Cooper R. L.，Lindsey A. J.，Waller R. E.. The presence of 3，4-benzopyrene in cigarette smoke. Chcm Ind，1954，46：1418.

[17] Counts M. E.，Morton M. J.，Laffoon S. W.，et al. Smoke composition and predicting relationships for international commercial cigarettes smoked with three machine-smoking conditions. Regulatory toxicology and pharmacology，2005，41：185-227.

[18] Donham K. J.，Cumro D.，Reynolds S. J.，et al. Dose-response relationships between occupational aerosol exposure and cross-shift declines of lung function in poultry workers：recommendations for exposure limits. J Occup Environ Med. 2000，42（3）：260-269.

[19] FCTC. Work in progress in relation to Articles 9 and 10 of the WHO FCTC，Conference of the Parties to the WHO Framework Convention on Tobacco Control. WHO Framework Convention on Tobacco Control（FCTC），Moscow，2014.

［20］ Florek E. , Piekoszewski W. , Basior A. , et al. Effect of maternal tobacco smoking or exposure to second-hand smoke on the levels of 4-（methylnitrosamino）-1-（3-pyridyl）-1-butanol（NNAL）in urine of mother and the first urine of newborn. J Physiol Pharmacol, 2011, 62（3）: 377-383.

［21］ Fowles J. , Dybing E. . Application of toxicological risk assessment principles to the chemical constituents of cigarette smoke. Tobacco Control, 2003, 12: 424-430.

［22］ Gray J. A. , Kavlock R. J. . A pharmacokinetic analysis of phenol in the pregnant rat: deposition in the embryo and maternal tissues ［abstract］. Teratology 1990, 41: 561. ［cited in Shepard's catalog of teratogenic agents, 1993. ］

［23］ Harmful and Potentially Harmful Constituents in Tobacco Products and Tobacco Smoke: Established List. ［2020-01-01］ https: //www. fda. gov/TobaccoProducts/Labeling/RulesRegulationsGuidance/ucm297786. htm.

［24］ Hazardous Substances Data Bank（HSDB）. National Library of Medicine, Bethesda（MD（CD-ROM version）. Denver（CO）: Micromedex, Inc, 1993.（Edition expires 11/31/93）.

［25］ Ho Y. S. , Chen C. H. , Wang Y. J. , et al. Tobacco-specific carcinogen 4-（methylnitrosamino）-1-（3-pyridyl）-1-butanone（NNK）induces cell proliferation in normal human bronchial epithelial cells through NFkappaB activation and cyclin D1 up-regulation. Toxicol Appl Pharmacol, 2005, 205（2）: 133-148.

［26］ Hoffmann D. , Heeht S. S. . Advances in tobacco carcinogene-8is//Chemical carcinogenesis and mutagenesis. London: Springer-Verlag, 1990: 63. 102.

［27］ Hoffmann D. , Hoffmann I. , El Bayoumy K. . The less harmful cigarette: A controversial issue. A Tribute to Ernst L. Wynder. Chem Res Toxicol, 2001, 14: 767-790.

［28］ International Programme on Chemical Safety（IPCS）. Ammonia. Environmental Health Criteria 54. World Health Organization: Geneva, 1986.

［29］ International Programme on Chemical Safety（IPCS）. Ammonia. Environmental Health Criteria 54. World Health Organization: Geneva, 1986.

［30］ International Programme on Chemical Safety（IPCS）. Ammonia. Health and Safety Guide. World Health Organization: Geneva, 1990.

［31］ Jha Anand M. , M. Kumar. In vivo evaluation of induction of abnormal sperm morphology in mice by an unsaturated aldehyde crotonaldehyde. Mutation Research, 2006, 603: 159-163.

［32］ Jha Anand M. , Singh Akhilesh C. , Sinha Uma, et al. Genotoxicity of crotonaldehyde in the bone marrow and germ cells of laboratory mice. Mutation Research, 2007, 632: 69-77.

［33］ Johnson W. R. , Hale R. W. , Clough S. C. , et al. Chemistry of the conversion of nitrate nitrogen to smoke products. Nature. 1973, 243: 223-225.

[34] Johnson W. R., Kang J. C.. Mechanism of Hydrogen Cyanide Formation from the Pyrolysis of Amino Acids and Related Compounds. J Org Chem. 1971, 36: 189-192.

[35] Jones-Price C., Ledoux T., Reel J., et al. Teratologic evaluation of phenol in CD rats. Research Triangle Park (NC): Research Triangle Institute, 1983: 83-247726.

[36] J. D. Adams, E. J. Lavoie, K. J. O'Mara-Adams, et al. Pharmacokinetics of N'-nitrosonornicotine and 4-(methylnitrosamino)-1-(3-pyridyl)-1-butanone in laboratory animals. Cancer Lett., 1985, 28: 195-201.

[37] Kim M., Han C. H., Lee M. Y.. NADPH oxidase and the cardiovascular toxicity associated with smoking. Toxicology Research, 2014, 30 (3): 149-157.

[38] K. Hashimoto, K. Ohsawa, M. Kimura. Mutations induced by 4-(methylnitrosamino)-1-(3-pyridyl)-1-butanone (NNK) in the lacZ and cII genes of Muta Mouse. Mutat. Res., 2004, 560: 119-131.

[39] L. L. Liu, M. A. Alaoui-Jamali, N. el Alami, et al. Metabolism and DNA single strand breaks induced by 4-(methylnitrosamino)-1-(3-pyridyl)-1-butanone and its analogues in primary culture of rat hepatocytes. Cancer Research, 1990, 50: 1810-1816.

[40] Minor J. L., Becker B. A.. A comparison of the teratogenic properties of sodium salicylate, sodium benzoate and phenol [abstract]. Toxicol Appl Pharmacol 1971, 19: 373. [cited in Shepard's catalog of teratogenic agents, 1993.

[41] Mittelstaedt R. A., Dobrovolsky V. N., Revollo J. R., et al. Evaluation of 4-(methylnitrosamino)-1-(3-pyridyl)-1-butanone (NNK) mutagenicity using in vitro and in vivo Pig-a assays. Mutat Res. 2019, 837: 65-72.

[42] M. H. Rahman, M. BraTveit, B. E. Moen, et al. Exposure to ammonia and acute respiratory effects in a urea fertilizer factory. International Journal of Occupational & Environmental Health, 2007, 13 (2): 153-159.

[43] Office of Environmental Health Assessment. Acute RELs and toxicity summaries using the previous version of the Hot Spots Risk Assessment guidelines. 1999: 41-46.

[44] Piotrowski J. K.. Evaluation of exposure to phenol: absorption of phenol vapour in the lungs and through the skin and excretion of phenol in urine. Brit. J. industr. Med., 1971: 28, 172-178.

[45] P. R. Padma, A. J. Amonkar, S. V. Bhide. Mutagenic and cytogenetic studies of N'-nitrosonornicotine and 4-(methylnitrosamino)-1-(3-pyridyl)-1-butanone. Cancer Letter, 1989, 46: 173-180.

[46] Reporting Harmful and Potentially Harmful Constituents in Tobacco Products and Tobacco

Smoke Under Section 904 (a) (3) of the Federal Food, Drug, and Cosmetic Act. [2020-01-01] https: //www. fda. gov/TobaccoProducts/Labeling/RulesRegulationsGuidance/ucm297752. htm#_ftn1.

[47] Rodgman A., Green C. R.. Toxic chemicals in cigarette mainstream smoke. Hazard and hoopla. Beitr Tabakfor Int, 2003, 20 (8): 481-545.

[48] Rodgman A., Perfetti T. A.. The chemical components of tobacco and tobacco smoke. Boca Raton: CRC Press, 2008.

[49] S. H. Yim, S. S. Hee. Bacterial mutagenicity of some tobacco aromatic nitrogen bases and their mixtures. Mutat. Research, 2001, 492: 13-27.

[50] S. S. Hecht, N. Trushin, C. A. Reid-Quinn, et al. Rice Metabolism of the tobacco-specific nitrosamine 4- (methylnitrosamino) -1- (3-pyridyl) -1-butanone in the patas monkey: pharmacokinetics and characterization of glucuronide metabolites Carcinogenesis, 1993, 14: 229-236.

[51] S. Y. Zhu, M. L. Cunningham, T. E. Gray, et al. Cytotoxicity, genotoxicity and transforming activity of 4- (methylnitrosamino) -1- (3-pyridyl) -1-butanone (NNK) in rat tracheal epithelial cells. Mutat. Research, 1991, 261: 249-259.

[52] Talhout R., Schulz T., Florek E., et al.. Hazardous compounds in tobacco smoke. International Journal Of Environmental Research And Public Health, 2011, 8: 613-628.

[53] Voulgaridou G. P., Anestopoulos I., Franco R., et al. DNA damage induced by endogenous aldehydes: current state of knowledge. Mutation Research, 2011, 711 (1-2): 13-27.

[54] Wang W., Chin-Sheng H., Kuo L. J., et al. NNK enhances cell migration through alpha 7-nicotinic acetylcholine receptor accompanied by increased of fibronectin expression in gastric cancer. Ann Surg Oncol, 2012, 19: S580-S588.

[55] Wei P. L., Chang Y. J., Ho Y. S., et al. Tobacco-specific carcinogen enhances colon cancer cell migration through Alpha7-nicotinic acetylcholine receptor. Ann Surg, 2009, 250 (6): 1046.

[56] World Health Organization. The scientific basis of tobacco product regulation : report of a WHO study group (WHO technical report series ; no. 989) . 2015.

[57] X. Guo, R. H. Heflich, S. L. Dial, et al. Quantiative analysis of the relative mutagenicity of five chemical consituents of tobacco smoke in the mouse lymphoma assay. Mutagenesis, 2016, 31 : 287-296.

2 风险评估的发展历程和评估框架

毒理学之父 Paracelsus（1493—1541）曾经说过，所有物质都含有毒素，没有任何物质是完全无毒的，剂量才是决定物质毒性的关键。因此对化学物质进行评价时，仅关注安全性评价的毒性作用是不够的，还应该结合人群或环境中化学物质的暴露途径和暴露量，从危害性的管理上升到风险管理。风险管理是帮助监管者决定是否管理和如何管理风险的过程，需要考虑政治、经济和行为因素，以及每种决策/管理备选方案对生态、人类健康和公众福利的影响。风险的管理是在综合考虑风险评估提供的关于潜在健康或生态风险的信息和其他信息的基础上采取的行动（图 2-1）。

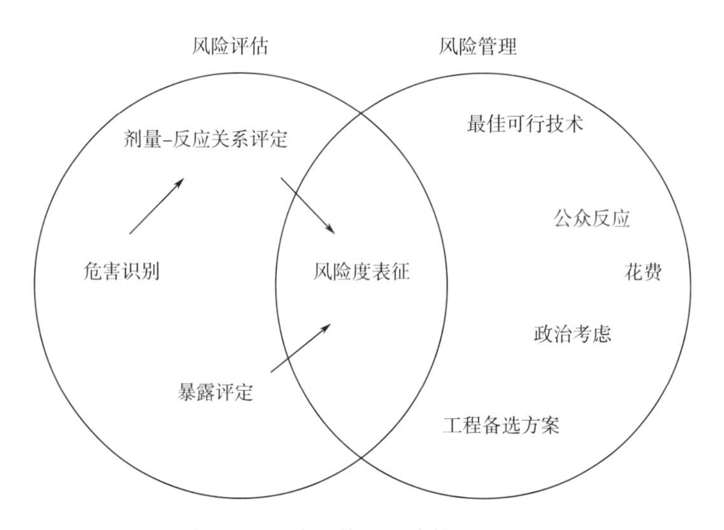

图 2-1　风险评估和风险管理的关系

相对于经典毒理学和生命科学，风险管理是一门新兴分支学科。即便是在欧盟和美国，风险管理的历史仍不及百年。风险管理是一个蓬勃发展的学科，尚需在理论实践方面累积经验，不断提高。风险评估是风险管理的关键内容，是对人类暴露有害物质或因素后所产生的潜在健康有害效应的特征进

行系统而科学的描述。风险评估是对暴露于有害物质或因素后产生有害影响概率的科学估计，是科学研究和政府决策之间的桥梁。风险评估主要通过运用毒理学和流行病学研究资料，研究毒物在人群中造成健康危害的可能性，估计某特定损害（如引起超额肿瘤、生育缺陷等）的概率，同时结合技术发展水平、文化背景和社会经济状况，综合权衡，制定卫生标准和其他卫生法规，为决策部门的预防措施和策略提供科学依据，以保护人类健康和生态环境平衡，从而促进社会和经济的可持续发展。

2.1 风险评估体系的发展

历经半个多世纪的发展，美国和欧盟现已形成了完善的食品污染物、环境污染物等化学物质风险评估体系。截至 2020 年 1 月 1 日，美国国家环境保护局发布了 90 多项指南及技术文件，欧盟也形成了《关于化学品注册、评估、许可和限制规定》（*Registration*, *Evaluation*, *Authorization and Restriction of Chemicals*, REACH），其风险评估体系相对其他国家或国际组织更为成熟和系统。中国在 1982 年开始陆续制定一些暂行规定或程序，起步较晚，但发展迅速。本书系统梳理美国、欧盟及中国风险评估体系的发展，以期全面掌握国内外风险评估的发展状况。

2.1.1 美国风险评估体系的发展

风险评估始于 1958 年美国国会的 Delaney 条款，于 20 世纪 70 年代得到迅速发展。即使早期风险评估本身并不是一个被正式承认的过程，US EPA 也参与了风险评估工作。

早在 1975 年 12 月，US EPA 就完成了第一份风险评估文件《社区接触氯乙烯的定量风险评估》，第二份重要文件《对疑似致癌物进行健康风险和经济影响评估的临时程序和准则》发表于 1976 年。这份文件的序言表明其意图是，“作为监管进程的一部分，对健康风险和经济影响进行严格的评估”。一个总体框架描述了在分析农药的致癌风险时应遵循的过程，该文件建议对健康数据进行独立于经济影响分析的分析。

20 世纪 80 年代，US EPA 宣布提供 64 种污染物的水质标准文件。这是 US EPA 制定的定量程序首次应用于大量致癌物，也是 US EPA 第一份描述用于风险评估的定量程序的文件。随后，1983 年，美国国家科学院（National Academy of Science，NAS）出版了《联邦政府的风险评估：管理程序》（*Risk*

Assessment in the Federal Government：*Managing the Process*），如图 2-2 所示，鉴于书本封面为红色，通常被称为“红皮书”。书中描述了已被多个专业委员会、管理机构和公众健康机构（包括欧盟和世界卫生组织）所采纳的健康风险评估程序。评定程序包括 4 个步骤。

图 2-2　美国国家科学院发布的关于风险评估的意义深远的报告

A　《联邦政府风险评估：管理程序》（1983 年出版），以下称为“红皮书”

B　《风险评估中的科学和判断》（1994 年出版），以下称为“蓝皮书”

C　《科学与决策：推进风险评估》（2009 年出版），以下称为“银皮书”

（1）危害识别　现有数据定性描述有毒化学物质的效应，如遗传毒性、肿瘤、出生缺陷和神经学改变等。

（2）剂量-反应关系评定　在研究中定量观察暴露和反应的关系，用于定量评估化学物质的危害。

（3）暴露评定　量化一般人群中预期暴露因素和不同暴露剂量组的暴露量。

（4）风险度表征　综合分析以上 3 个步骤的结果，估计在一般人群、敏感人群和不同暴露人群之间风险的可能性和范围。

US EPA 已经将风险评估的原则从这份开创性的报告纳入到今天的实践中。1984 年，US EPA 出版了《风险评估和管理：决策框架》，其中强调使风险评估过程透明，更充分地描述评估的优点和弱点，并在评估中提供合理的替代办法。同样在 20 世纪 80 年代，US EPA 发布了综合风险信息系统（integrated risk information system，IRIS），其为一个关于可能暴露于环境中的各种

化学物质对人类健康造成影响的数据库。

20 世纪 90 年代，在“红皮书”出版后不久，US EPA 开始发布一系列进行风险评估的准则（例如 1986 年关于癌症、致突变性、化学混合物、发育毒理学的准则和 1992 年关于估计暴露的准则）。虽然 US EPA 的工作最初侧重于人类健康风险评估，但在 20 世纪 90 年代，基本模式被调整为生态风险评估，以应对植物、动物乃至整个生态系统面临的风险。

随着时间的推移，NAS（美国国家科学院，National Academy of Sciences）在随后的一系列报告中扩大了其风险评估原则，包括《婴儿和儿童饮食中的杀虫剂》《风险评估中的科学和判断》（又称“蓝皮书”）和《了解风险：在民主社会中为决策提供信息》。

1995 年，US EPA 更新并发布了全机构风险定性政策。该政策呼吁在美国环境保护局进行的所有风险评估都应包括一个风险特性，以确保风险评估过程是透明的；它还强调，风险评估必须明确、合理，并与全机构各方案编制的类似范围的其他风险评估保持一致。有效的风险表征是通过风险评估过程的透明度和风险评估产品透明度、清晰性、一致性、合理性（transparency，clarity，consistency，reasonableness，TCCR）来实现的。US EPA 的《风险定性手册》是为实施风险定性政策而制定的。

根据 1990 年《清洁空气法》修正案，1994 年成立了美国国会风险评估和风险管理委员会（Commission on Risk Assessment and Risk Management，CRARM）。该委员会的任务是根据美国联邦政府的法律，对风险评估和风险管理的政策影响和适当用途进行全面调查，以防止因接触危险物质而产生癌症和其他慢性健康影响。其任务是在对固定的空气污染物来源实行基于技术的控制之后，针对如何处理危险空气污染物的残余排放提供指导。1997 年，发布了《环境健康风险评估框架》和《监管决策中的风险评估与风险管理》两份报告。这些报告讨论了更好地理解和量化风险的重要性，以及评估减少人类和生态风险的战略的重要性。

21 世纪，风险评估发展迅速，美国环境保护局发布了一系列指南，并出台了相关政策。包括：风险特征政策——风险评估原则和实践是在自身风险评估指南和政策的基础之上建立的；累积评估指南，第 1 部分：规划和范围界定；超级基金风险评估指南（US EPA，1989）及后续更新；信息质量指南（US EPA，2002）；用于评估科学技术信息质量的一般评估因素摘要（US

EPA，2003）。风险评估提供了环境风险的性质、规模和可能性的重要信息，以便为决策提供依据。

《科学与决策：推进风险评估》（*Science and Decisions：Advancing Risk Assessment*）［美国国家研究理事会（National Research Council，NRC），2009 年，以下称为“银皮书”］提供了 NAS 的最新建议，旨在改进技术分析（包括科学知识和技术的改进）和风险评估在决策中的效用。NRC 的“银皮书”建议，风险评估应为风险管理中优先考虑的方法，而不仅仅是关注风险评估本身，这对风险评估的实践有若干影响。这意味着更需要对风险评估进行预先规划，风险管理人员、风险评估人员和其他利益相关者的参与有助于确定风险评估应该解决的风险管理问题。同时，“银皮书”还建议，风险评估范围内的技术分析应与有待回答的问题应更加密切一致。

例如，不确定性和可变性分析的详细程度应取决于为风险管理决策提供信息所需的内容。US EPA“银皮书”中的某些建议支持人类健康风险评估框架的制定，目前正在努力将其他建议纳入到风险评估政策。

截至 2020 年 1 月，US EPA 已经制定了 94 项为人类健康风险评估开发的指导文件、手册、框架文件、标准作业程序和其他相关材料，具体见表 2-1。

表 2-1　US EPA 为人类健康风险评估开发的指导文件、手册、框架文件、标准作业程序和其他相关材料

序号	名称	发布时间	关键词
1	《儿童环境暴露健康风险的评估框架》 *A Framework for Assessing Health Risk of Environmental Exposures to Children*	2006	Children
2	《参考剂量和参考浓度推导过程综述》 *A Review of the Reference Dose and Reference Concentration Processes*	2002	Reference
3	《关于科技信息质量综合评价因素的综述》 *A Summary of General Assessment Factors for Evaluating the Quality of Scientific and Technical Information*	2003	Factors
4	《急性经口毒性上下增减剂量法》 *Acute Oral Toxicity Up-and-Down Procedure*	2002	Pesticides，Oral

续表

序号	名称	发布时间	关键词
5	《遗传毒性研究进展及体内试验与标准重复剂量研究的整合》 *Advances in Genetic Toxicology and Integration of in Vivo Testing into Standard Repeat Dose Studies*	—	Pesticides，Toxicology
6	《α2U 球蛋白：化学因素诱导雄性大鼠的肾毒性和肿瘤的关系》 *Alpha2u-Globulin：Association with Chemically Induced Renal Toxicity and Neoplasia in the Male Rat*	1991	Toxicity
7	《EPA 规定的农药产品眼睛刺激性分类替代试验框架》 *Alternate Testing Framework for Classification of Eye Irritation Potential of EPA-Regulated Pesticide Products*	2015	Pesticides，Classification
8	《甲状腺滤泡细胞瘤的评估》 *Assessment of Thyroid Follicular Cell Tumors*	1998	
9	《评估食品中农药暴露的现有信息——用户指南》 *Available Information on Assessing Exposure from Pesticides in Food-A User's Guide*	2007	Pesticides，Food
10	《基准剂量技术指导》 *Benchmark Dose Technical Guidance*	2012	BMDS
11	《初步补救目标的计算》 *Calculating Preliminary Remediation Goals*	—	Region 8
12	《急性饮食暴露的百分比作为监管关注阈值的选择》 *Choosing A Percentile of Acute Dietary Exposure As a Threshold of Regulatory Concern*	2000	Pesticides，Regulatory
13	《EPA 高度影响科学评估（HISA）和影响科学信息（ISI）文件同行评审的利益冲突评审过程》 *Conflicts of Interest Review Process for Contractor-Managed Peer Reviews of EPA Highly Influential Scientific Assessment (HISA) and Influential Scientific Information (ISI) Documents*	2013	Peer Review
14	《毒性机制共同的化学物质累积风险评价中 FQPA 安全系数及其他不确定因素的考虑》 *Consideration of the FQPA Safety Factor and Other Uncertainty Factors in Cumulative Risk Assessment of Chemicals Sharing A Common Mechanism of Toxicity*	2002	Pesticides，Safety，Assessment

续表

序号	名称	发布时间	关键词
15	《基于环境污染物的混合物制定基于剂量测定的累积风险评估方法的考虑因素》 *Considerations for Developing A Dosimetry-Based Cumulative Risk Assessment Approach for Mixtures of Environmental Contaminants*	2009	Cumulative Risk
16	《环境保护局第 8 区对丹佛前沿参考表层土壤中不同水平二噁英的评价和响应》 *Contingencies for EPA Region 8's Evaluation and Response for Various Levels of Dioxins Measured in Denver's Front Range Reference Surface Soils*	1999	Region 8
17	《评估血铅数据质量和使用标准》 *Criteria for Evaluating Blood Lead Data Quality and Use*	1995	Region 8
18	《多种化学品、暴露和影响的累积健康风险评估：一份资源文件》 *Cumulative Health Risk Assessment of Multiple Chemicals, Exposures, and Effects: A Resource Document*	2008	Cumulative Risk
19	《累积风险评估经验教训：个案研究及议题文件检讨》 *Cumulative Risk Assessment Lessons Learned: A Review of Case Studies and Issue Papers*	2015	Case Studies, Ecological, Human Health
20	《（美国）丹佛市二噁英与表层土壤研究综述》 *Denver Front Range Study of Dioxins and Surface Soil Summary Report*	2002	Region 8
21	《容忍度评估中适当的 FQPA 安全系数的确定》 *Determination of the Appropriate FQPA Safety Factor (s) in Tolerance Assessment*	2002	Pesticides, Safety, Tolerance
22	《开发用于外推建模的分层框架》 *Developing A Tiered Framework for Extrapolation Modeling*	2014	Pesticides, Extrapolation
23	《对人体健康的影响的二噁英毒性当量因子（TEF）》 *Dioxin Toxicity Equivalency Factors (TEFs) for Human Health*	2010	TEF
24	《EPA 正矩阵分解（PMF）5.0 基础和用户指南》 *EPA Positive Matrix Factorization (PMF) 5.0 Fundamentals and User Guide*	—	PMF
25	《EPA 科学诚信政策》 *EPA Scientific Integrity Policy*	2012	Policies

续表

序号	名称	发布时间	关键词
26	《EPA 关于化学物质毒性评估的战略计划》 *EPA's Strategic Plan for Evaluating the Toxicity of Chemicals*	2009	Chemicals
27	《室内尘埃中污染物的现场特定暴露评估》 *Estimating Site-Specific Exposure to Contaminants in Indoor Dust*	1995	Region 8
28	《与人类健康有关的污染物的评价与识别》 *Evaluating and Identifying Contaminants of Concern for Human Health*	1994	Region 8
29	《年龄和毒性反应的探究》 *Exploration of Aging and Toxic Response*	2001	Aging
30	《围产期药代动力学问题探究》 *Exploration of Perinatal Pharmacokinetic Issues*	2001	Children
31	《暴露因子手册》 *Exposure Factors Handbook*	2011	Exposure Factors, children
32	《非职业、非饮食（住宅）农药暴露的评估框架》 *Framework for Assessing Non-Occupational, Non-Dietary (Residential) Exposure to Pesticides*	1998	Pesticides, Non-dietary
33	《累积风险评估框架》 *Framework for Cumulative Risk Assessment*	2003	Cumulative Risk
34	为决策提供信息的人类健康风险评估框架 *Framework for Human Health Risk Assessment to Inform Decision Making*	2014	Framework, Human Health
35	《为决策提供信息的人类健康风险评估框架》 *Framework for Human Health Risk Assessment to Inform Decision Making*	2014	Risk Management
36	《金属风险评估框架》 *Framework for Metals Risk Assessment*	2007	Metals
37	《执行总体暴露和风险评估的一般原则》 *General Principles for Performing Aggregate Exposure and Risk Assessments*	2001	Pesticides, Aggregate

续表

序号	名称	发布时间	关键词
38	《生态风险评估的通用生态评估终点（GEAE）》 *Generic Ecological Assessment Endpoints （GEAE） for Ecological Risk Assessment*	2004	Ecological, GEAE, Endpoints
39	《生态风险评估通用生态评估终点（GEAE）（第二版）》和技术背景文件 *Generic Ecological Assessment Endpoints （GEAE） for Ecological Risk Assessment (2nd Edition) and Technical Background Paper*	2016	Technical Guidance, Ecological, Ecosystem Services, Endpoints
40	《环境模型开发、评价和应用指南文件》 *Guidance Document on the Development, Evaluation and Application of Environmental Models*	2009	Guidance Document, Models
41	《基于定量数据外推种间和种内外推因子的指南》 *Guidance for Applying Quantitative Data to Develop Data-Derived Extrapolation Factors for Interspecies and Intraspecies Extrapolation*	2014	Guidance Document, Toxicokinetic, Toxicodynamic
42	《开放文献研究的考虑和使用以支持人类健康风险评估的指南》 *Guidance for Considering and Using Open Literature Studies to Support Human Health Risk Assessment*	2012	Pesticides, Literature Studies
43	《农药及其他具有共同毒性机制化学物质的识别指南》 *Guidance for Identifying Pesticide Chemicals and Other Substances that Have a Common Mechanism of Toxicity*	1999	Pesticides, Toxicity
44	《孕期、胚胎、产后及成年动物甲状腺检测指南》 *Guidance for Thyroid Assays in Pregnant Animals, Fetuses and Post-Natal Animals, and Adult Animals*	2005	Pesticides, Thyroid
45	《农药和农药产品的哺乳动物急性毒性试验的放弃或桥接指南》 *Guidance for Waiving or Bridging of Mammalian Acute Toxicity Tests for Pesticides and Pesticide Products*	2012	Pesticides, Toxicity Tests
46	《具有共同毒性作用机制的农药化学品累积风险评估指南》 *Guidance on Cumulative Risk Assessment of Pesticide Chemicals that Have A Common Mechanism of Toxicity*	2002	Pesticides, Toxicity

续表

序号	名称	发布时间	关键词
47	《具有共同毒性作用机理的农药累积风险评估指南》 *Guidance on Cumulative Risk Assessment of Pesticides with A Common Mechanism of Toxicity*	2002	Guidance Document, Pesticides
48	《累积风险评估指南：第一部分　规划》 *Guidance on Cumulative Risk Assessment: Part 1. Planning & Scoping*	1997	Cumulative Risk
49	《选择年龄组别以检测及评估儿童暴露环境污染物的指南（终稿）》 *Guidance on Selecting Age Groups for Monitoring and Assessing Childhood Exposures to Environmental Contaminants (Final)*	2006	Guidance Document, Age Group Selection
50	《基于儿童健康考虑制定 EPA 行动的指南：执行 13045 号行政命令和 EPA 评估儿童健康风险的政策》 *Guide to Considering Children's Health When Developing EPA Actions: Implementing Executive Order 13045 and EPA's Policy on Evaluating Health Risks to Children*	2006	Guidance Document, Children
51	《微生物风险评估指南：以食品和水为重点的病原微生物》 *Guideline for Microbial Risk Assessment: Pathogenic Microorganisms with Focus on Food and Water*	2012	Guidance Document, Pathogens
52	《致癌物的风险评估指南》 *Guidelines for Carcinogen Risk Assessment*	2005	Guidance Document, Cancer
53	《发育毒性风险评估指南》 *Guidelines for Developmental Toxicity Risk Assessment*	1991	Guidance Document, Developmental Toxicity
54	《生态风险评估指南》 *Guidelines for Ecological Risk Assessment*	1998	Guidance Document, Ecological
55	《人群暴露评定指南》 *Guidelines for Human Exposure Assessment*	2019	Guidance Document, Human Health, Exposure
56	《致突变物风险评估指南》 *Guidelines for Mutagenicity Risk Assessment*	1986	Guidance Document, Chemical Mixtures

续表

序号	名称	发布时间	关键词
57	《神经毒性风险评估指南》 *Guidelines for Neurotoxicity Risk Assessment*	1998	Guidance Document, Neurotoxicity
58	《生殖毒性风险评估指南》 *Guidelines for Reproductive Toxicity Risk Assessment*	1996	Guidance Document, Reproductive Toxicity
59	《化学物质混合物的健康风险评估指南》 *Guidelines for the Health Risk Assessment of Chemical Mixtures*	1986	Guidance Document, Children
60	《蒙特卡罗分析的指导原则》 *Guiding Principles for Monte Carlo Analysis*	1997	Guidance Document
61	《非癌症健康影响的评估手册》 *Handbook for Non-Cancer Health Effects Valuation*	2000	Cancer
62	《协调测试指南》 *Harmonized Test Guidelines*	—	Tests
63	《间接膳食的居民暴露评估模型（IDREAM）的实施》 *Indirect Dietary Residential Exposure Assessment Model (IDREAM) Implementation*	2015	Pesticides, Exposure
64	《生态评估与决策一体化》 *Integrating Ecological Assessment and Decision-Making*	2010	Ecological
65	《用于人类和生态健康的 RI/FS 基线风险评估的模型站点概念模型》 *Model Site Conceptual Model for RI/FS Baseline Risk Assessments of Human and Ecological Health*	1995	Region 8
66	《RI/FS 人类健康基线风险评估工作说明书范本》 *Model Statement of Work for RI/FS Baseline Risk Assessments of Human Health*	1994	Region 8
67	《纳米技术白皮书》 *Nanotechnology White Paper*	2007	Nanotechnology
68	《农药处理人员职业暴露数据》 *Occupational Pesticide Handler Exposure Data*	2015	Pesticides, Handler
69	《农药使用后的职业暴露数据》 *Occupational Pesticide Post-Application Exposure Data*	—	Pesticides, Post-Application

续表

序号	名称	发布时间	关键词
70	《第158部分毒理学数据要求：神经毒性、亚慢性吸入毒性、亚慢性经皮毒性和免疫毒性的研究指南》 *Part 158 Toxicology Data Requirements: Guidance for Neurotoxicity Battery, Subchronic Inhalation, Subchronic Dermal and Immunotoxicity Studies*	2013	Pesticides, Neurotoxicity
71	《多氯联苯：致癌物剂量-反应关系评定》 *PCBs: Cancer Dose-Response Assessment*	1996	Cancer
72	《同行评审手册　第4版》 *Peer Review Handbook-4th Edition*	2015	Peer Review
73	《儿童风险评估政策》 *Policy on Evaluating Risk to Children*	1995	Children
74	《基因组学对EPA监管和风险评估应用的潜在影响》 *Potential Implications of Genomics for Regulatory and Risk Assessment Applications at EPA*	2004	Genomics
75	《风险评估中的概率分析》 *Probabilistic Analysis in Risk Assessment*	1997	RAF
76	《提高风险分析在决策中作用的概率方法（外部审查草案）》 *Probabilistic Methods to Enhance the Role of Risk Analysis in Decision-Making (External Review Draft)*	2009	Risk Management
77	《概率风险评估白皮书》 *Probabilistic Risk Assessment White Paper*	2014	Case Studies, Human Health
78	《传统体内急性毒性研究替代方法的建立和实施过程》 *Process for Establishing and Implementing Alternative Approaches to Traditional in Vivo Acute Toxicity Studies*	2014	Pesticides, Vivo Acute Toxicity
79	《多环芳烃定量风险评估暂行指南》 *Provisional Guidance for Quantitative Risk Assessment of Polycyclic Aromatic Hydrocarbons*	1993	Chemicals
80	《辐射防护文献库》 *Radiation Protection Document Library*	—	Radiation

续表

序号	名称	发布时间	关键词
81	《推荐使用3/4体重作为推导经口参考剂量的默认方法》 *Recommended Use of Body Weight 3/4 as the Default Method in Derivation of the Oral Reference Dose*	2011	—
82	《地区4：人类健康风险评估的补充指南》 *Region 4：Human Health Risk Assessment Supplemental Guidance*	2014	Region 4
83	《地区8：土壤砷相对生物利用度的体外测定方法》 *Region 8：An in Vitro Method for Estimation of Arsenic Relative Bioavailability in Soil*	2013	Region 8
84	《地区8：土壤砷背景浓度表》 *Region 8：Background Soil Arsenic Concentrations Table*	1999	Region 8，Arsenic，Soil Concentrations
85	《地区8：猪体内砷相对生物利用度的测定指南》 *Region 8：Measurement of Arsenic Relative Bioavailabilityin Swine Guidance Document*	2013	Region 8，Arsenic，Measurement
86	《地区8：评估土壤和沉积物中砷生物利用度的体外生物可获得性试验方法的验证指南》 *Region 8：Validation of An in Vitro Bioaccessibility Test Method for Estimation of Bioavailability of Arsenic from Soil and Sediment Guidance Document*	2012	Region 8，Arsenic，Soil，Sediment，Guidance Document
87	《地区移除管理等级（RMLS）用户指南》 *Regional Removal Management Levels（RMLs）User's Guide*	2015	Region，Superfund，Guidance，RMLs
88	《概率评估的选择输入分布研讨会报告》 *Report of the Workshop on Selecting Input Distributions for Probabilistic Assessments*	1999	Human Health
89	《内分泌干扰物研究计划》 *Research Plan for Endocrine Disruptors*	1998	Endocrine
90	《修订的工人风险评估方法》 *Revised Methods for Worker Risk Assessment*	2014	Pesticides，Worker
91	《评估早期暴露致癌物敏感性的补充指南》 *Supplemental Guidance for Assessing Susceptibility from Early-Life Exposure to Carcinogens*	2005	Guidance Document，Cancer

续表

序号	名称	发布时间	关键词
92	《测试方法集合》 *Test Method Collections*	2008	Tests
93	《胆碱酯酶抑制数据在有机磷和氨基甲酸酯类农药风险评估中的应用》 *the Use of Data on Cholinesterase Inhibition for Risk Assessments of Organophosphorous and Carbamate Pesticides*	2000	Pesticides, Inhibition
94	《局部淋巴结分析和低剂量 LLNA 在农药产品评价中的应用》 *Use of the Local Lymph Node Assay and Reduced Dose Protocol for LLNA in Assessing Pesticide Products*	2011	Pesticides, Assessment

2.1.2 欧盟风险评估体系的发展

1996 年英国"疯牛病事件"、1999 年比利时"二噁英风波"和 2001 年法国"李斯特杆菌污染事件"等一系列食品安全事件，使得欧洲人民意识到，有必要在全欧盟面制定食品和饲料相关的安全原则和要求。2000 年，欧盟委员会制定了《食品安全白皮书》(*White Paper On Food Safety*)，该书的出版是欧盟食品安全管控的里程碑。书中指出有关食品安全的法规必须覆盖"从农田到餐桌"的全过程，这就意味着，食品安全法规涵盖了整个食物的供应链，包括种植采收、原料生产、食品加工、贮存、运输和零售。

为实施全面风险管理，欧洲议会和欧洲理事会于 2002 年颁布了（欧洲委员会，European Commission，EC）第 178/2002 号条例，规定了食品法规的一般原则和要求，将欧盟的食品安全政策由强调保障供给转变为强调保障消费者健康。该条例适用于所有食品、饲料、动物用药、保育类植物、肥料及整个食物供应链上的从业者。同年，欧盟成立了欧洲食品安全局（European Food Safety Authority，EFSA），该机构独立于欧盟立法和行政机构（委员会、理事会、议会）和欧盟成员国，负责欧盟范围内所有与食品有关的风险评估与风险交流工作，旨在协调各成员国执行与食品安全有关的法规，包括保证食品可追溯性、防止有害（或含有害物质）食品进入市场、食品供应链从业者义务、规范标识及不符合食品安全标准时须撤出市场的规定等。

2.1.2.1 EFSA 的主要使命

（1）提供与社区立法有关的人类营养科学咨询和科学技术支持，并应委员会的请求，协助在社区卫生方案框架内就营养问题进行交流。

（2）其他有关动物健康、动物福利和植物健康事项的科学意见。

（3）在不影响指令2001/18/EC规定程序的情况下，对与转基因生物有关的食品和饲料以外的产品发表科学意见。

2.1.2.2　EFSA的工作重点

（1）对健康有危害或不适宜消费的食品，不得出售。主要考虑以下因素：

①消费者使用食品的正常条件；

②向消费者提供的信息；

③对健康短期和长期的影响；

④累积毒性效应；

⑤特殊消费群体，例如儿童。

（2）如果某批次出现不安全的食品或饲料，则假设整个批次不安全。

（3）食品立法适用于食物供应链的所有阶段，从生产、加工、运输、分销到供应。特别是，食品企业必须做到：

①保证生产和分销各阶段的食品、饲料和用于食品生产的动物的可追溯性；

②如果认为某些产品对健康有害，可立即从市场中提取食物或饲料，或召回已经供应的产品；

③必要时通知有关政府部门和消费者。

（4）EFSA向欧洲联盟委员会和欧盟国家提供对影响食品安全的所有领域的科学和技术支助，还负责协调风险评估，查明新出现的风险，并提供咨询意见。

（5）如果在健康风险分析后确定风险，欧盟国家和欧盟委员会可采取符合高水平健康保护的临时预防措施。

（6）为涉及欧盟国家、欧盟委员会和管理局的快速警报系统（rapid alert system，RASFF）提供了关于以下方面的信息共享：

①限制食品流通或退出市场的措施；

②为控制食品的使用而采取的行动；

③拒收一批进口食品。

（7）在适当情况下，还必须向公众提供相关信息。

（8）如果食品或饲料对健康或环境造成严重和不可控的风险，欧盟委员

会的紧急保护措施可包括暂停产品的贸易或进口。如果欧盟委员会未能采取行动，欧盟国家可能采取类似措施。

（9）欧盟委员会与 EFSA 和欧盟国家，必须制订一项全面的危机管理计划，计划应涵盖紧急保护措施不足的情况。如果查明这种情况，委员会必须立即设立一个危机部门，以确定保护人类健康的备选办法。

（10）欧盟还旨在保护消费者、防止食品贸易中的欺诈或欺骗做法，如食品掺假，并为消费者保证食物的知情权。

欧洲共同体第 178/2002 号条例的目的是减少、消除或避免健康风险，并提出风险分析。风险分析包括风险评估、风险管理和风险交流，旨在提供确定有效、相称和有针对性的措施或其他措施的系统方法保护健康的行动。条例中提出风险评估是基于科学的过程，包括四个步骤：危险识别（hazard identification）、危害特征描述（hazard characterisation）、暴露评定（exposure assessment）和风险度表征（risk characterisation）。风险管理与风险评估不同，是在协商中权衡政策的备选方案，在考虑风险评估的情况下，与相关方进行风险评估，而其他合法因素，如有必要应选择预防和控制方案；风险交流是指在整个风险分析过程中，在风险评估人员、风险管理人员、消费者、饲料和食品企业、学术界和其他有关各方之间，就危害和风险、风险相关因素和风险认知进行互动交流，包括解释风险评估结果和风险管理决策的依据。

为了实现高水平保护人类健康和生命的总目标，除非存在不符合实际的情况，食物法应以风险分析为基础。风险评估应以现有的科学证据为基础，并以独立、客观和透明的方式进行。

欧共体第 178/2002 号条例关于国际标准指出在不损害其权利和义务的情况下，欧盟和成员国应：①促进制定关于粮食和饲料以及卫生和植物卫生标准的国际技术标准；②促进协调国际政府组织和非政府组织在食品和饲料方面的工作；③酌情协助制定或承认与食物和饲料有关的措施等同的协定；④特别注意发展中国家的特殊发展、金融和贸易需要，以确保国际标准不会对发展中国家的出口造成不必要的障碍；⑤促进国际技术标准和食品法之间的一致性，同时确保不削弱欧盟采取的高度保护。

2006 年，欧盟议会和欧盟理事会通过了欧盟化学品管理新法，即《关于化学品注册、评估、许可和限制规定》（*Registation*, *Evaluation*, *Authorisation and Restriction of Chemicals*，REACH）。该法规于 2007 年 6 月 1 日正式生效。REACH 是保证化学品安全进入欧盟市场并得以安全使用的法规，旨在保护人类健康和环境安全，保持和提高欧盟化学工业的竞争优势地位，改善企业的创新能力，实现社会可持续发展的目标。REACH 还提倡对物质进行危险评估的替代方法，以减少在动物身上进行试验的次数。原则上，REACH 适用于所有化学物质；不仅适用于工业过程，还适用于日常生活中，例如清洁产品、油漆以及衣服、家具和电器等物品。因此，该法规对整个欧盟的大多数公司都产生了影响。公司有举证责任，为了遵守该法规，各公司必须查明和管理其在欧盟生产和销售的物质的有关风险。他们必须向 REACH 演示如何安全使用产品，并且必须将风险管理措施传达给用户。如果无法控制风险，政府可以以不同的方式限制物质的使用。

2.1.3 中国风险评估体系的发展

20 世纪 80 年代，直接应用于食品的化学物质（如食品添加剂）以及间接与食品接触的化学物质，如农药残留物以及生产、加工、运输、销售、保藏等过程中的污染物，日益增多，人类长期接触这些化学物质后可能引起的毒性以及致畸和致癌作用引起广泛重视。为保障广大消费者的健康，中国自 1982 年开始，陆续制定了一些暂行规定或程序。原中华人民共和国卫生部曾在 1983 年发布《食品安全性毒理学评价程序（试行）》，经修订后，1985 年原中华人民共和国卫生部发布了《食品安全性毒理学评价程序（试行）》[卫生部（85）卫防字第 78 号文] 及与之配套的各项测试方法。1994 年，《食品安全性毒理学评价程序（试行）》经再修订后，以国家标准形式发布，即《食品安全性毒理学评价程序》（GB 15193. 1—1994），结束了长期以来中国食品安全性评价工作无标准可循的局面。2003 年该系列标准进行第一次修订。为了适应毒理学科的发展和国际交流的需要，原中华人民共和国卫生部于 2011 年启动了对该系列标准的第二次修订工作，有 26 项标准于 2015 年修订完毕，由原中华人民共和国国家卫生和计划生育委员会正式发布，即 GB 15193. 1—2014《食品安全国家标准　食品安全性毒理学评价程序》系列标准。

2010 年 1 月，根据《中华人民共和国食品安全法》和《中华人民共和国食品安全法实施条例》的规定，原中华人民共和国卫生部会同中华人民共和国工业和信息化部、原中华人民共和国农业部、原中华人民共和国商务部、

原中华人民共和国工商行政管理总局、原中华人民共和国国家质量监督检验检疫总局和原中华人民共和国国家食品药品监督管理总局制定了《食品安全风险评估管理规定（试行）》（卫监督发〔2010〕8号）。《食品安全风险评估管理规定（试行）》中指出，食品安全风险评估是对食品生物性、化学性和物理性危害对人体健康可能造成的不良影响及其程度进行科学评估的过程，具体包括四个步骤，即危害识别、危害特征描述、暴露评估和风险特征描述。

危害，指食品中所含有的对健康有潜在不良影响的生物性、化学性、物理性因素或食品存在状况。危害识别，是根据流行病学、动物试验、体外试验、结构-活性关系等科学数据和文献信息，确定人体暴露于某种危害后是否会对健康造成不良影响、造成不良影响的可能性，以及可能处于风险之中的人群和范围。

危害特征描述，对与危害相关的不良健康作用进行定性或定量描述。可以利用动物试验、临床研究以及流行病学研究确定危害与各种不良健康作用之间的剂量-反应关系、作用机制等。如果可能，对于毒性作用有阈值的危害应确定其人体安全摄入量水平。

暴露评估，描述危害进入人体的途径，估算不同人群摄入危害的水平。根据危害在膳食中的水平和人群膳食消费量，初步估算危害的膳食总摄入量，同时考虑其他非膳食进入人体的途径，估算人体总摄入量并与安全摄入量进行比较。

风险特征描述，在危害识别、危害特征描述和暴露评估的基础上，综合分析危害对人群健康产生不良作用的风险及其程度，同时应当描述和解释风险评估过程中的不确定性。

2010年11月，根据《中华人民共和国食品安全法》和《食品安全风险评估管理规定（试行）》，国家食品安全风险评估中心发布了《食品安全风险评估工作指南》，该指南规定了食品安全风险评估实施过程的一般要求，为我国风险评估机构及资源提供单位开展食品安全风险评估及其相关工作提供参考。

为指导食品安全应急风险评估的开展，国家食品安全风险评估中心于2015年9月发布了《食品安全应急风险评估指南（试行）》。该指南指出风险评估者在接受风险管理者应急评估任务委托后，遵循食品安全风险评估的基本原则、框架与步骤，基于已有的科学数据开展食品安全应急风险评估。

同时指出，在紧急情况下，在实施过程中风险评估四个步骤并不一定是依次开展的，有可能同时开展或相互交叉，甚至是部分步骤颠倒顺序，可以不占有同等时间和数据资源。

2.2 风险评估的框架

US EPA 针对环境污染物的风险评估和欧盟及中国针对食品的风险评估均包括四个步骤，即四个部分：危害识别、剂量-反应关系评定、暴露评定和风险度表征（图 2-3）。

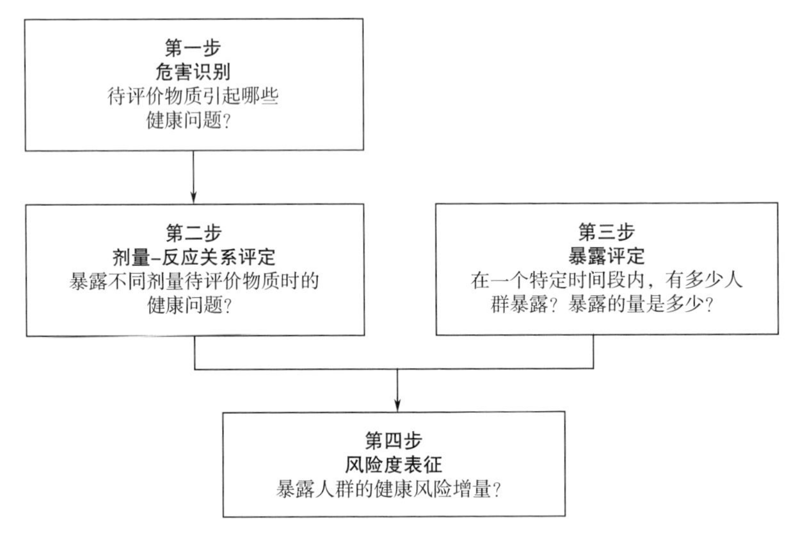

图 2-3 针对食品的风险评估的步骤

2.2.1 危害识别

危害（hazard）是表示外源化学物质本身的毒性特征，国际上常用来表示发生有害作用的可能性。危害识别，也称危害认定或危害鉴定，是确定机体、系统或（亚）人群产生的某不良效应是否由外源化学物质（或混合物）的固有特性造成的。危害识别的资料源于人体或人群流行病学和动物试验研究，以及毒代（效）动力学、毒作用机制、化学物质结构活性分析以及体外毒理学试验等研究结果。

由于往往不能获取足够多的资料，在进行危害识别时需进行证据权重（weight of evidence，WOE）分析，即对来源于适当数据库、经同行专家评审的文献及企业界未发表的研究报告的科学资料等进行充分的评议。根据数据

资料的来源不同，研究资料的权重顺序通常为：人体或人群流行病学资料、动物实验验资料、体外毒性资料和化学物质结构活性分析。

风险评估的效应终点包括急性毒性、慢性毒性、致癌/致突变和系统毒性。而危害识别的目的就是识别某一不良健康效应与有害成分之间的关联程度，风险评估的基本假设是所有引起动物毒性的化学物质也会引起人类毒性。

IARC 的致癌物质分类就是依据化学物质的毒性资料，根据证据分析，将化学物质的致癌性分为 4 级，截至 2019 年 2 月 28 日，IARC 共对 1075 种化学物质、天然提取物、生物毒素、职业暴露等做了危害识别（具体见附录一），其中 1013 种化学物质有致癌分级（表 2-2），877 种有化学文摘（Chemical Abstracts Service，CAS）号。

表 2-2　IARC 对已有资料报告的 1013 种化学物质致癌分级（2019 年 2 月）

致癌分级		证据分析	化学物质数量
分级	含义		
1	人类致癌物（carcinogenic to humans）	人类致癌证据充分	120
2A	可能对人类致癌（probably carcinogenic to humans）	人类致癌证据有限，动物致癌证据充分；或是人类致癌证据不足，动物致癌证据充分	82
2B	疑似对人类致癌（possibly carcinogenic to humans）	人类致癌证据有限，动物致癌证据不充分	311
3	对人类致癌不可分类（not classifiable as to its carcinogenicity to humans）	现有证据无法对人的致癌性分类	500

2.2.2　剂量-反应关系评定

剂量-反应关系评定（dose response assessment）是对危害识别中确定的健康效应终点在人群中发生率和严重程度之间关系的评价，是对暴露量和不良健康效应的定量评价。剂量-反应关系评定实质上分为两步：①定义一个起始点（point of departure，POD）；②从 POD 经过不确定系数转换，推断出与人类接触的影响剂量，即“安全剂量”。

一般来说，可用于预测人类反应的人群暴露资料是十分有限的，因此，在大多数定量的风险评估中，主要以动物试验数据资料作为评价的基础。由于人群暴露化学物质的水平极低，远低于动物试验中可观察到反应的剂量，因此，在剂量-反应关系评定中，从高剂量到低剂量以及从动物到人的外推是非常重要的内容。

为了制订一种化学物质的“安全”接触水平，首先需要确定化学物质的剂量-反应关系是有阈或无阈。传统上，阈值方法用于评价非致癌效应和非遗传致癌效应终点，而无阈值方法用于评价遗传致癌效应终点。通常选择的试验资料主要是“临界”效应（“critical” adverse effect），即在最低接触剂量下出现的具有统计学显著意义的有害效应。

2.2.2.1　有阈效应

有阈效应为非线性的剂量-反应关系评定，非致癌毒性的效应称为有阈效应，有阈效应的剂量-反应关系以安全剂量表示，安全剂量的计算见式（2-1）：

$$安全剂量=\frac{POD}{不确定系数} \tag{2-1}$$

由式（2-1）可知，安全剂量是采用 POD（定义起始点）除以一定的不确定系数获得。

国际上不同机构对于非致癌和非遗传致癌化学物质主要关注的“安全剂量”的表达方式各有不同。US EPA 和美国加利福尼亚州环境保护局（California Environmental Protection Agency，Cal EPA）以参考暴露水平（reference exposure levels，RELs）表示安全剂量，包括参考剂量（reference dose，RfD）和参考浓度（reference concentration，RfC）；WHO 采用每日可接受摄入量（acceptable daily intake，ADI）；加拿大卫生部采用每日容许摄入量/浓度（tolerable daily intake or concentration，TDI/TDC）；国际化学品安全司（International Programme on Chemical Safety，IPCS）采用可耐受摄入量（tolerable intake，TI）；美国毒物管理委员会（Agency for Toxic Substancesand Disease Registry，ATSDR）采用最小危险水平（minimum risk level，MRL）。虽然各机构对于安全剂量的表达方式不同，但实质意义是一样的，均表示人群的安全摄入水平。

式（2-1）包含两方面的信息，一方面由试验获得的 POD 数据，包括未观察到有害作用的剂量（no observed adverse effect level，NOAEL）、可观察到有害作用的最小剂量（lowest observed adverse effect level，LOAEL）、基准剂量（benchmark dose，BMD）等。另一方面是不确定系数，根据毒性数据资料的证据权重，以适当的不确定系数外推出安全剂量。

（1）POD　在传统上，一直将 NOAEL 作为非致癌化学物质和非遗传毒性

化学物质剂量-反应关系评定的POD，并用于“安全剂量”的计算。

根据NOAEL的定义，NOAEL必须是试验剂量之一，如图2-4所示，虽然曲线a和曲线b都能得到一致的NOAEL，但两者的曲线并不相同，而NOAEL一旦确定，剂量-反应关系曲线的其他部分往往被忽略；由于试验设计的不同，使得NOAEL在不同数据资料库中差别较大，存在可比性差的问题；而且在未发现NOAEL的试验中，一般基于LOAEL的10倍不确定形式外推获得的NOAEL与实际的NOAEL存在差别。

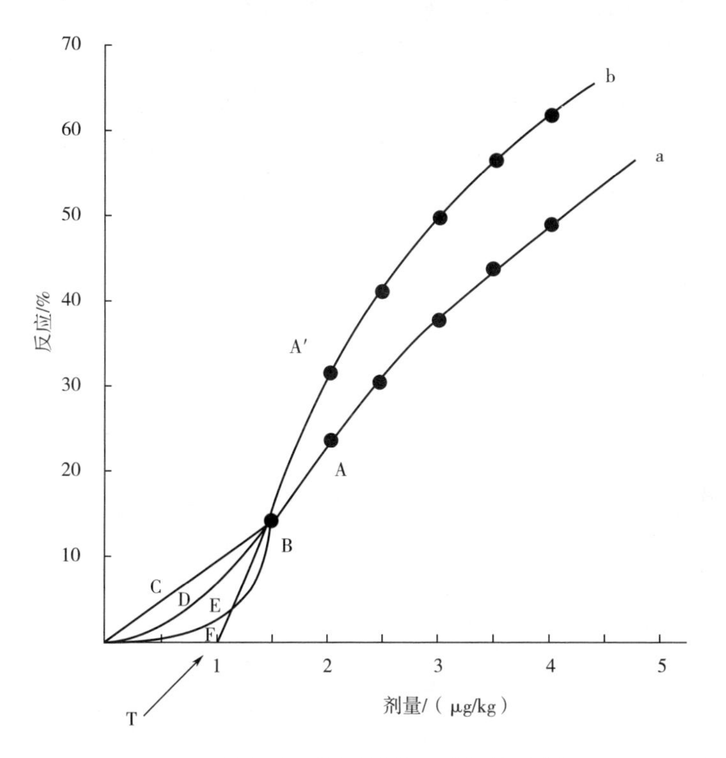

图2-4　典型的剂量-反应关系曲线

注：该图用于说明典型的剂量-反应关系曲线；

图中“·”表示可检测出的生物学反应；T代表阈剂量，低于此剂量则不出现生物学反应；点B代表未出现统计学显著性反应的最高剂量，即未观察到有害作用的剂量（NOAEL）；点A’和点A代表可观察到有害作用的最小剂量（LOAEL）；

曲线a和曲线b代表可获得一致NOAEL时的不同曲线；曲线C~曲线F代表了低于可观察数据（B点）以下几种可能的剂量-反应关系外推。

基于这种不确定性，Crump 于 1984 年提出了 BMD，Hertzberg 于 1989 年发展了类别回归（categorical regression），而 BMD 方法随后经 Kimmel 和 Gaylor 扩展，使其适用于发育毒性和生殖毒性的评价，其运用范围更为广泛。US EPA 也对 BMD 给出了定义，根据暴露一定剂量化学物质下引起某不良健康效应的反应率增加的预期变化（增高范围通常为 1%～10%）而推算出的一种剂量。一般以 BMD 的 95%可信区间的下限（95% lowerconfidence limit of benchmark dose，BMDL）作为 POD，来代替 NOAEL 或 LOAEL。BMD 法的目的是设计一个更好的计算“安全剂量”的 POD，US EPA 也开发了基准剂量统计软件（benchmark dose software，BMDS）用于 BMD 的计算*，结果如图 2-5 所示。BMD 包含和传递的信息比传统上用于非癌症健康影响的 NOAEL 或 LOAEL 过程所包含和传递的信息更多，且用途更为广泛，包括不同化学物质的相对效力，或不同种群的相对敏感性，也可用于生态风险评估。

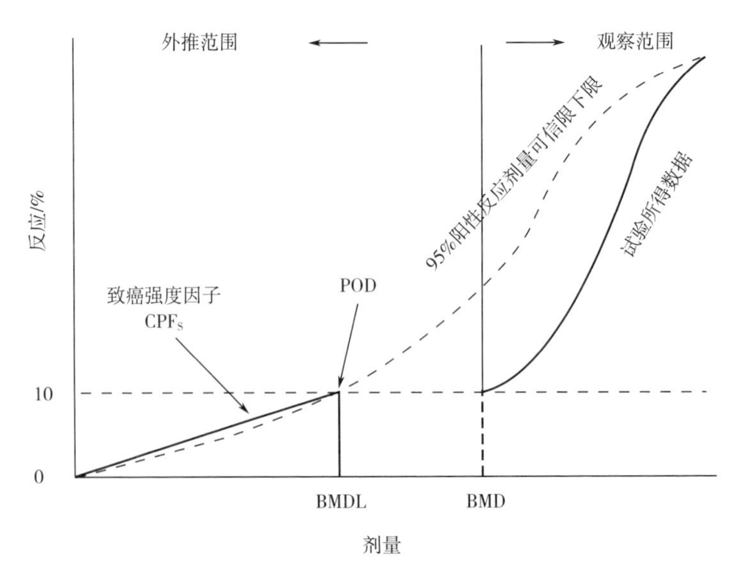

图 2-5　BMD 的推导示意图

* 最新版本是 2019 年 07 月 31 日发布的 BMDS 3.1.1。BMDS 目前包含大约 30 种不同的模型，适合于分析二分法（定量）数据、连续数据、巢式发育毒理学数据和多种肿瘤分析。US EPA 使用 BMDS 中的模型来估计参考剂量（RfD）、参考浓度（RfC）和癌症斜率因子。BMDS 3.x 版本不包含以下模型：①二分背景剂量模型；②RAI 和 Van Ryzin 嵌套二分模型，这是一个修正的 Weibull 模型，包括一个特定于凋落物的协变量；③毒物扩散模型；④Ten Berge 模型，已被 US EPA 的分类回归软件 Catreg 所取代。BMDS2.7 包含这 4 个模型。软件可在 US EPA 官方网站获取。

采用BMD法进行“安全剂量”的计算，较NOAEL有许多优点：首先，BMD是由剂量-反应关系的全部数据进行推导，综合考虑了试验剂量组、实验动物数和毒性终点的离散度等参数，增加了数据的可靠性和准确性；然后，BMD是使用剂量的下限值作为POD，对样本量问题处理更为合理；最后，BMD的计算过程允许在只有LOAEL存在的情况下进行，不局限于试验剂量范围。

在对化学物质进行剂量-反应关系评定时，有时可获取到不同的POD，这就需要对这些POD进行比较和选择，一般选择与人群暴露途径相近的剂量-反应关系所得到的POD，或是以最敏感的POD为主。

（2）不确定系数

①不确定系数的组成。毒性数据来源于动物实验或职业暴露，在用于剂量-反应关系评定时，还要考虑不确定因素。这些不确定性包括实验动物和人类之间可能存在的差异和人类群体内部的可变性所反映的变异性（variability）和不确定性（uncertainty），以不确定系数（uncertainty factors，UF_S）表示。

US EPA在1997年的报告中，对变异性和不确定性做了解释。变异性是指真实的异质性或多样性。例如在饮用同一来源和浓度相同的水的人群中，饮用水的风险可能有所不同。这可能是由于暴露方面的差异（即不同的人饮用不同量的水，体重不同，暴露频率不同，暴露时间不同）以及反应方面的差异（例如对化学物质抗药性的剂量的遗传差异）。这些固有的差异被称为可变性。群体中个体间的差异被称为个体间的变异，而随着时间的推移，个体间的差异成为个体内的变异。

不确定性是由于数据缺乏而产生的。这与变异性是不一样的。例如风险评估人员可能非常肯定，不同的人喝不同量的水，但可能不确定在人口中的水摄入量有多大的变异性。不确定性往往可以通过收集更多更好的数据来降低，而变异性则是被评估人群的固有属性。更多的数据可以更好地描述可变性，但不能减少或消除它。明确区分变异性和不确定性对风险评估和风险定性都很重要。原则上UF_S主要考虑种间（动物与人）和种内（人与人）的差异，每种差异取默认值（default value）为10。

不确定性分为不同的因子，包括UF_A、UF_H、UF_S、UF_L、D和MF，一般每种因子默认值为10。

UF_A：将动物数据外推到人类的不确定性（即物种间不确定性）；

UF_H：人类群体成员之间的敏感性变化（即个体间的变异性）；

UF_S：从试验周期短于终生暴露的研究中获得的数据外推的不确定性（即从亚慢性暴露到慢性暴露）；

UF_L：从 LOAEL 而非 NOAEL 外推的不确定性；

D：当 NOAEL 必须基于不完整的数据库时，数据完整性因素会导致的不确定性；

MF：修正因子，任何其他的不确定性。

②不确定系数的发展。随着对临床试验和临床药理的深入研究，Renwick 将种间和种内的不确定系数分为两部分，即毒物代谢动力学（toxicokinetics，TK）和毒物效应动力学（toxicodynamics，TD）。其中 TK 是指毒物的吸收、分布、排除和代谢的过程；TD 是指毒物在器官内的作用和相互作用，以及在器官、组织、细胞和分子水平上的效应过程。Renwick 建议将物种间和个体间 UF_S 划分为 TK 的 2.5 倍和 TD 的 4.0 倍。国际化学品安全方案采用了 Renwick 最初提出的数据衍生方法，但对 UF 作了轻微的修改，反映个体间的 TK 为 3.16，TD 为 3.16。

③概率评估方法。为了降低不确定性，Baird 等发展了概率评估方法。概率方法是数据不在 RfD 或 RfC 推导过程中量化不确定性的另一种方法，以开发基于化学或生物的剂量-反应模型的概率分析。当可用数据足以有意义地表征感兴趣的分布时，概率方法将提供结果的分布，而不是作为剂量/浓度-响应的单个量度。

Baird 等认为以往不确定性因素的研究主要集中在两个方面：一方面是通过更好地考虑 TD 和 TK，改进需要调整的调整点，以说明实验动物和敏感人类之间的敏感性差异；另一方面将风险评估与风险管理分开，使用“最可信”而不是“保守”的调整点估计。这些研究共同的关注点是提供风险管理人员一个临界数字，即 RfD、RfC、ADI 或 TDI 等，均为点估计值，而没有从分布上赋予数据的可信度。有阈值的剂量-反应关系评定目前的假设是，在确定化学物质暴露剂量时，必须超过生物阈值剂量。根据这一观点，如果一个人接触到低于其反应阈值的剂量，就不会受到任何影响，因此不涉及风险。然而，个人对化学品的敏感性存在差异，因此，为了评估人群风险，我们必须考虑敏感个体的反应。但是人类流行病学数据一般比较缺乏，即使有，这些数据也可能不足以精确地确定特别敏感个体的阈值。因此，人类阈值剂量通常是

从动物数据中推断出来的。动物试验数据提供了亚阈值剂量（NOAEL）的估计值。由于不确定实验动物阈值剂量和人类阈值之间的真正关系，所以不确定是外推法中固有的。

不确定性因子包括 UF_A、UF_H、UF_S、UF_L、D 和 MF，人群最终的不确定性是所有因子的综合影响。因此，通过评估不确定性在这种关系中的传递，就可以获得人类群体阈值（population threshold，PT）不确定性的概率表征（图 2-6）。PT 的运算见式（2-2）：

$$PT=\frac{NOAEL}{AF_A \times AF_H \times AF_S \times AF_L \times AF_D \times MF} \quad (2-2)$$

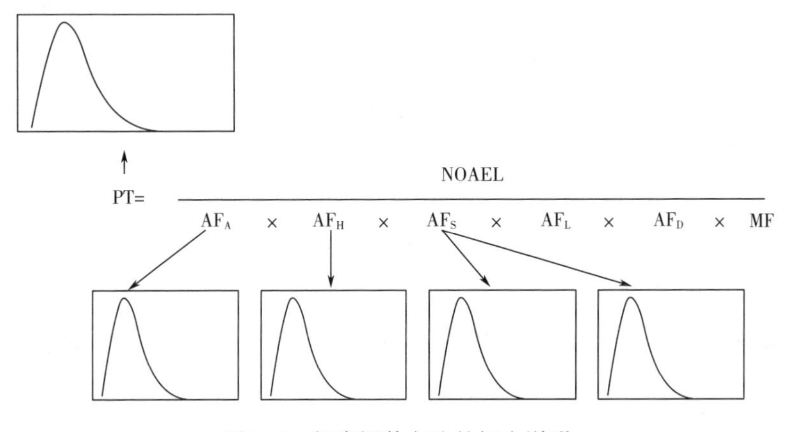

图 2-6 概率评估方法的概念说明

其中，NOAEL 是试验的阈值剂量，通过一系列调整因子（adjustment factors，AF）进行修正，得出人群 PT 的估计值。这里使用“调整因子”一词，而不是“不确定因素”或“安全因素”，强调这些因素本质上涉及解释动物数据所必需的概率调整。任何提供所需调整的点估计的尝试都涉及科学和政策。通过对这些调整进行描述，并利用它们得出 PT 的概率特征。

2.2.2.2 无阈效应

一般认为，遗传致癌化学物质诱发肿瘤的形成，其剂量-反应关系曲线在低剂量时是线性的，不呈现阈剂量，无阈效应为线性的剂量-反应关系评定。如图 2-4 所示，如果不进行有阈假设，在剂量-反应关系曲线的低剂量区可以画出无数条外推曲线，如曲线 C、曲线 D 和曲线 E。风险评估需要从实验获得的数据外推到剂量-反应关系曲线以外的区域，由此，发展了一系列的模型，如线性多阶段模型、机制模型、浓度×时间模型、多肿瘤模型等。

遗传毒性致癌物的剂量-反应关系评定采用致癌强度表示，不同研究机构推荐的致癌强度表示方法有所不同，US EPA 采用癌症斜率因子（CPF）、美国加利福尼亚大学（伯克利分校）致癌效能数据库［University of California's (Berkeley) carcinogenic potency database，CPDB］采用 TD_{50}、欧盟和 WHO 采用 T_{25}，也有学者提出用概率统计的方法。以下对这几种方法做一简单介绍。

（1）癌症斜率因子　US EPA 认为，肿瘤是正常细胞通过一系列不可逆的变化或阶段发生恶变的过程，通过 20 年的研究，于 1986 年，提出了线性多阶段模型。具体运算见式（2-3）：

$$风险（d）=1-\exp（-q_1d-q_2d^2-\cdots-q_id^k） \tag{2-3}$$

式中　$q_i \geq 0$，$i=1$，……，k

剂量 d 的风险函数，一般多项式数量不超过剂量组数量。

$k=2$ 时，评估使用线性二次模型；$k=1$ 时，使用线性模型。

线性多阶段模型本质上是一个灵活的统计模型，它可以描述线性和非线性的剂量-反应模式，并且在剂量-反应关系曲线的线性低剂量斜率上产生一个置信上限。依据机制模型，US EPA 致癌物评价小组提出用致癌强度因子（carcinogenic potency factor 或 cancer potency factor，CPF）和癌症斜率因子（cancer slope factor，CSF）来表示化学物质的致癌强度。首先是假设致癌效应的发生概率随暴露剂量的变化呈现某种函数的变化，其斜率——CSF 和 CPF 是实验动物或人终生接触剂量为 1mg/(kg·d) 致癌物时的终生超额风险度，一般以剂量-反应关系曲线斜率的 95%可信限上限表示。在 US EPA 开发的综合风险度信息系统（Integrated Risk Information System，IRIS）中，给出了多种环境致癌物的 CSF 或 CPF 值。随后十年，线性多阶段模型成为美国环境保护局和美国联邦政府和州监管机构用于从动物数据中计算低剂量致癌风险定量估计的默认剂量-反应关系模型。

（2）致癌强度 TD_{50}　1980 年，美国能源部（Department of Energy，DOE）、美国国家癌症研究所（National Cancer Institute，NCI）、美国国家环境保护局（US EPA）、美国国家环境卫生科学研究所（National Institute of Environmental Health Sciences，NIEHS）、美国国家毒理学计划（National Toxicology Program，NTP）和美国加利福尼亚大学伯克利分校共同建立了致癌强度数据库（The Carcinogenic Potency Database，CPDB）。CPDB 是一个独特并广泛使

用的国际资源，呈现了 1547 种化学物质的 6540 项慢性动物癌症试验结果，具体见附录二。附录二中表 2 是化学物质对大鼠、小鼠的致癌强度 TD_{50}，表 3 是化学物质对仓鼠的致癌强度 TD_{50}，表 4 是化学物质对猴的致癌强度 TD_{50}，表 5 化学物质对其他动物的致癌强度 TD_{50}，同时各表也呈现了化学物质对鼠伤寒沙门菌的致突变作用。CPDB 可以方便地访问化学物质致癌试验的原始文献，对 2001 年之前 50 年中发表的一般文献、国家癌症研究所/国家毒理学计划 2004 年之前的阳性和阴性实验结果进行定性和定量分析。这些文献在方案、组织病理学检查和命名以及作者在已发表的论文中提供的信息方面存在很大差异，CPDB 标准化了这些文献。CPDB 中涉及的实验动物包括大鼠、小鼠、仓鼠、狗和非人类灵长类动物。

鉴于一般文献中的试验设计及结果分析的多样性，CPDB 制定了一套文献纳入标准，仅当文献中的试验满足以下所有条件时才纳入 CPDB 分析：

①实验动物是哺乳动物；

②生命早期开始染毒（大鼠、小鼠和仓鼠≤100 天），不包括子宫内暴露；

③染毒途径为经食物、饮水、灌胃、吸入、静脉或腹腔注射等（全身暴露）；

④受试物是单一化学物质或商品化的混合物；不包括颗粒物；

⑤受试物单独使用，不与其他化学物质结合使用；

⑥暴露是慢性的，染毒间隔不超过 7 天；

⑦暴露时间至少是该物种标准寿命的四分之一（如啮齿动物至少 6 个月）；

⑧试验时间至少是该物种标准寿命的一半（如啮齿动物 1 年）；

⑨研究设计包括一个对照组；

⑩每个剂量至少 5 只动物；

⑪未进行手术干预；

⑫报告的病理数据是肿瘤动物的数量，而不是肿瘤总数；

⑬报告的结果是原始数据，而不是其他作者已经报告的实验结果的二次分析；

⑭对于多批次动物解剖的研究，需涵盖每次处死动物的试验结果；

⑮对于 NCI 对猴进行的长期研究（长达 32 年），考虑因素适当放宽。

每项试验都包含对生物结果解释的信息，包括实验动物的种类、性别；菌株；试验方案，如染毒途径、持续时间、以 mg/(kg · d) 为单位的平均每日暴露剂量率和试验持续时间；靶器官、肿瘤类型和肿瘤发生率；致癌强度（TD_{50}）及其统计意义；剂量-反应关系曲线的形状；作者对致癌结果的结论和文献引用。TD_{50}，是对致癌强度的数值描述，是在实验动物标准生命周期内，如果对照组肿瘤发生率为0，试验组50%实验动物发生肿瘤的慢性剂量，单位为mg/(kg·d)。化学物质的TD_{50}数据越大，表明致癌强度越小。

对于NCI/NTP生物检测和一般文献中的一些试验，TD_{50}已作为剂量-反应关系评定数据使用。在生命表数据的绘图中以符号“:”出现。简而言之，假设一个比例危险模型（Cox，1972年）用于肿瘤进展数据，其中，特定部位在t岁时的肿瘤危害率$\lambda(t, d)$与剂量d呈线性关系，受试物的剂量率[mg/(kg·d)]由式（2-4）表示：

$$\lambda(t, d) = (1+\beta \cdot d)\lambda_0(t) \tag{2-4}$$

其中$\lambda_0(t)$为零剂量时的肿瘤发生率。用极大似然法估计参数β和函数λ_0。似然比统计检验了化学物质没有致癌作用的假设（即$\beta=0$），而x^2拟合优度统计检验了用式（2-1）表示的剂量与肿瘤发生率之间线性关系的有效性。在拟合模型时，没有试图区分致命性肿瘤和偶发性肿瘤。因此，肿瘤发生的时间被认为是动物死亡的时间，无论死亡是由靶器官的肿瘤引起，还是由包括最终死亡在内的其他原因引起。

对于总发病率数据，采用最大似然法拟合可比模型，见式（2-5）：

$$P_d = 1-\exp\{-(a+bd)\} \tag{2-5}$$

其中a是模型拟合的参数，$a>0$；b是最大似然估计值，$b>0$；P_d是动物在剂量d作用下终生发展成肿瘤的概率。这个模型在低剂量时是线性的，通常被称为“一次击中模型”。这里，假设在剂量d下发生肿瘤的动物的数量遵循参数n_d和P_d的二项式分布，其中n_d是最初在剂量d下暴露的动物数量。与生命数据一样，采用似然比统计检验化学物质是否致癌，即$b=0$，用x^2统计检验模型的充分性。

基于总发病率数据的TD_{50}估计值简单表示为$\log_2 b$，其中b是最大似然估计值（maximum likelihood estimate，MLE）。对于生命数据，该估计值是β和$\lambda_0(t)$的MLE的更复杂函数。对于估计TD_{50}的任何一种方法，如果x^2拟合优度试验显示统计学上显著偏离线性（$p<0.05$），且该偏离向下，则排除最高剂量组重复统计分析。此操作的目的是在确定癌症发生率分析中去除毒性作用的影响，并在生命周期分析中消除剂量饱和的影响。如果拟合优度检验表

明与线性度存在向上偏差，则在拟合模型时不需去除任何剂量组。

CPDB 中估计 TD_{50}的 99%置信区间来自生命表数据（如果可用），或者来自发病率简要数据。Sawyer 等描述了根据生命表数据计算这些间隔的方法。对于发病率数据，基于 99%似然比检验的置信限为 b，然后转换为 TD_{50}的置信限。

不同化学物质致癌强度 TD_{50}的差别很大，如图 2-7 所示，NCI/NTP 的技术报告和一般文献中化学物质对啮鼠致癌强度 TD_{50}的差别在 1×10^8倍以上。

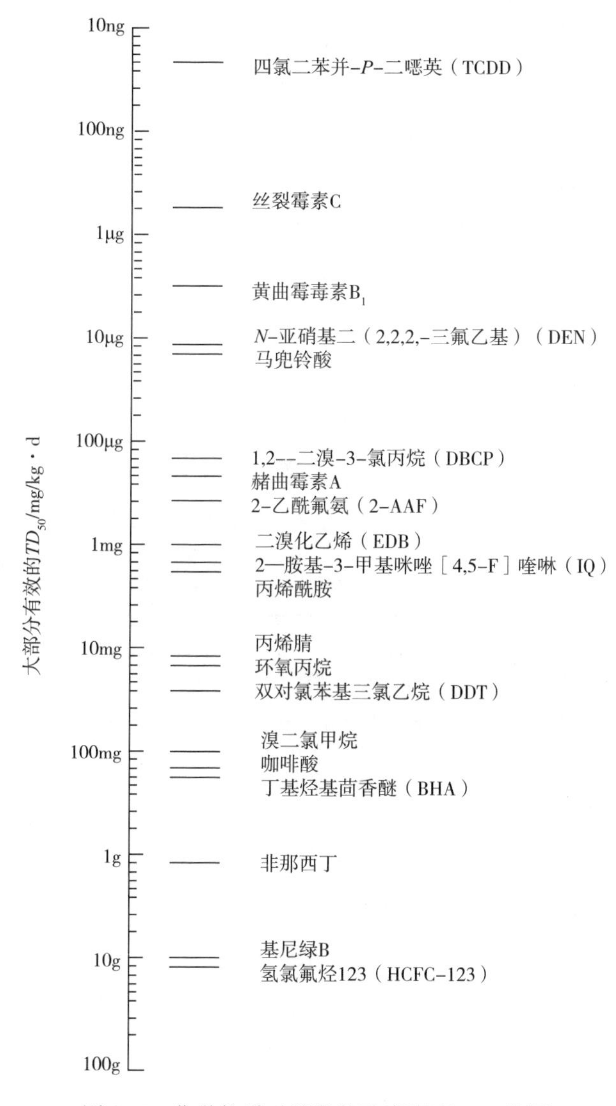

图 2-7　化学物质对啮鼠的致癌强度 TD_{50}范围

（3）T_{25}　T_{25}是 Dybing 于 1997 年提出的，T_{25}是动物慢性毒性试验中，对阴性对照的肿瘤发生率进行校正后，最终导致 25%的动物在标准寿命内产生肿瘤的慢性剂量（图 2-7）。T_{25}不需要借助于计算机建立模型，简单的数学计算就可得到。虽然仅是剂量点，但与采用计算机进行外推的线性多阶段模型和基准剂量法有较好的吻合。

T_{25}的推导见式（2-6）～（2-7）：

$$T_{25} = (25/A) \times \text{临界剂量} \tag{2-6}$$

$$A = [(B/100 - C/100)/(1 - C/100)] \times 100 \tag{2-7}$$

式中　临界剂量——可导致受试物组肿瘤发生率在统计学上显著高于阴性对照组的最低剂量

A——肿瘤发生率的净增值，%

B——试验组肿瘤的发生率，%

C——对照组肿瘤的发生率，%

T_{25}通过转换系数外推为人的 HT_{25}，$HT_{25} = T_{25}/(\text{体重}_{人}/\text{体重}_{动物})^{0.25}$，人体重的默认值为 70kg。

在将食物和饮水中的受试物质浓度换算成染毒剂量（单位：kg 体重）时，默认使用的数值见表 2-3。大多数 T_{25}是通过消化道染毒途径来换算的。如果是经鼻吸入，在换算时则采用表 2-3 中的默认空气呼吸量。

表 2-3　计算染毒剂量时各实验动物默认使用的食物、饮水和空气呼吸量①

实验动物	性别	标准生命周期②/年	体重③/g	食物③/(g/d)	饮水④//mL/d	呼吸量⑤/(L/h)
小鼠	雄性	2	30	3.60	5	1.8
	雌性	2	25	3.25	5	1.8
大鼠	雄性	2	500	20.00	25	6.0
	雌性	2	350	17.50	20	6.0
仓鼠	雄性	2	125	11.50	15	3.6
	雌性	2	110	11.50	15	3.6
猴	食蟹目（雌雄）	20	—	—	—	—
	恒河猴（雌雄）	20	—	—	—	—

续表

实验动物	性别	标准生命周期②/年	体重③/g	食物③/(g/d)	饮水④//mL/d	呼吸量⑤/(L/h)
原猴类	婴猴（雌雄）	10	—	—	—	—
	树鼩（雌雄）	4.5	—	—	—	—
狗	雌雄	11	16000	400	—	—

注：① 尽管数据有时会因来源而异，但此处给出的数据是在常见发表文献中的合理范围内。当剂量换算不需要这些信息时，不必考虑此表。

② 小鼠和大鼠的相关信息源于 NCI 三氯乙烯生物测定法；仓鼠源于 Williams 发表的文献；非人类灵长类源于 S. M. Sieber（美国国立卫生研究所 NCI 化学药理学实验室，贝塞斯达，医学博士），个人交流；婴猴年龄源于 Dittmer；树鼩源于 D. J. Reddy（伊利诺伊州芝加哥西北大学）的数据，个人交流。

③ 小鼠和大鼠的相关信息源于 NCI 三氯乙烯生物测定法；仓鼠和狗数据源于 D. Brooks（加利福尼亚大学，Davis），个人交流。

④ 小鼠、大鼠和狗数据源于 NIOSH；仓鼠数据源于 Hoeltge，Inc。

⑤ 小鼠数据源于 Sanockij；大鼠数据源于 Baker，et al.；仓鼠数据源于 Guyton。

WHO 于 2008 年出版了《WHO 技术报告 No. 951　烟草制品管控的科学基础》，其中对卷烟烟气的 15 种致癌物的 T_{25} 开展的研究，附录三详细描述了 WHO 的 T_{25} 计算推导过程。

2.2.3　暴露评定

暴露评定（exposure assessment）是测量或估计人类暴露某一化学物质的程度、频率和持续时间，或估计尚未暴露的化学物质未来可能的暴露过程。暴露评定包括分析暴露该化学物质人群的规模、性质和类型，以及这些信息中的不确定性。暴露量可以直接测量，但更常见的是通过考虑环境或食品中的测量浓度、化学品运输和归宿模型以及对人类长期摄入来间接估计。

暴露评定不仅可以对普通暴露人群进行评估，也可以评估特定人群暴露总量，以及开展高暴露个体接触量评估等。暴露评定通常采用终生日平均剂量（lifetime average daily dose，LADD）表示，其计算方法如式（2-8）所示：

$$\mathrm{LADD} = \frac{C_i \times \mathrm{IR} \times \mathrm{ED}}{\mathrm{BW} \times \mathrm{LT}} \tag{2-8}$$

式中　C_i——环境或食品中化学物质 i 的浓度，mg/kg、mg/L 或 mg/m^3

IR——环境介质或食品摄入量，kg/d、L/d 或 m^3/d

ED——暴露持续时间，d

BW——体重，kg

LT——预期寿命，d

暴露评估既考虑暴露途径（化学物质从源头到接触暴露者的过程），也考虑暴露方式（化学物质进入人体的方式）。暴露方式通常被进一步描述为摄入（通过官窍摄入，例如经口的饮食或饮水，经呼吸道的吸入）或吸收（通过组织吸收，例如通过皮肤或眼睛）。因此，在暴露评估中会涉及不同种类的剂量。

（1）给予剂量　给予剂量又称潜在剂量，指机体实际摄入、吸入或应用于皮肤的外源化学物质的量。

（2）应用剂量　应用剂量指直接与机体的吸收屏障接触的可供吸收的量。

（3）内剂量　内剂量又称吸收剂量，指已被吸收进入体内的量。

（4）送达剂量　送达剂量指内剂量中可到达所关注的器官组织的量。

（5）生物有效剂量　生物有效剂量又称靶剂量，指送达剂量中到达毒作用部位的量。

暴露和剂量的原理图见图 2-8。

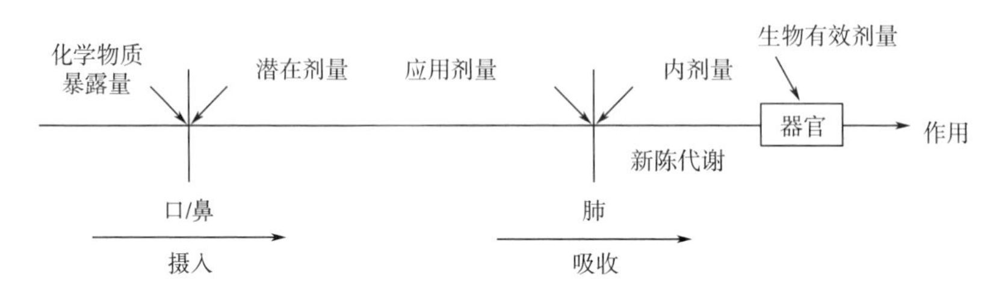

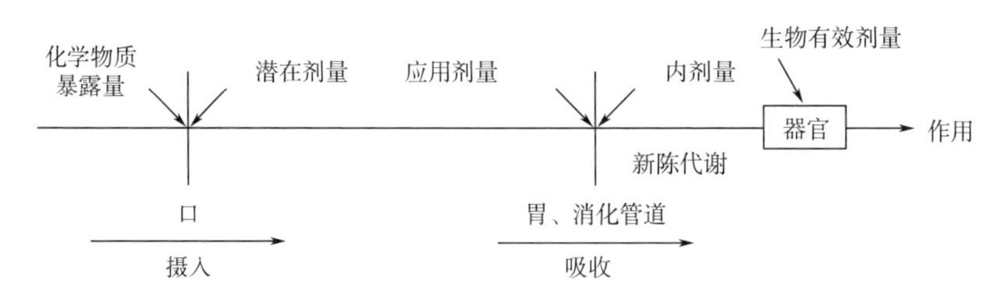

图 2-8　暴露和剂量的原理图

化学物质对机体损害作用的性质和强度，直接取决于其在靶器官中的剂量，但测定此剂量比较复杂。一般来说，暴露或摄入的剂量越大，靶剂量也越大。因此，常以给予剂量来作为暴露量，系指给予机体的外源化学物质剂量或机体接触的剂量。剂量的单位是以每单位体重接触的化学物质数量表示，例如 mg/kg 体重；或环境中的浓度，如 mg/m^3（空气）。由于数据条件有限，一般常用的指标为暴露量、潜在剂量及内剂量。重要的暴露相关和剂量相关的数学表达公式见表 2-4。

表 2-4　暴露和剂量相关的数学表达公式

暴露量	$E = \int_{t_1}^{t_2} C(t) \times dt$
潜在剂量	$I = \int_{t_1}^{t_2} C(t) \times IR(t) \times dt$
应用剂量	$D(\text{应用}) = a\int_{t_1}^{t_2} C(t) \times IR(t) \times dt$
内剂量	$D(\text{内}) = D(\text{应用})\int_{t_1}^{t_2} f(t) \times dt$

注：公式中，E 为暴露量；t_2-t_1 为暴露持续时间；C（t）为时间函数的暴露浓度；a 为利用度；IR 为摄食或吸入率；f（t）为非线性吸收函数。

目前暴露评定有点评估和概率评估两种暴露评估模型，点评估的使用居多。点评估可采用式（2-8）涉及参数的均值和极端值等。

2.2.4　风险度表征

风险度表征是综合危害识别、剂量-反应关系评定和暴露评定所获得的信息来确定人群暴露的风险度。风险度表征传达了风险评估者对风险的性质、存在或不存在的判断，以及有关如何评估风险、假设和不确定性仍然存在的地方和需要做出政策选择的信息。风险度表征不仅用于人类健康风险评估，也用于生态风险评估。在具体实践中，风险评估的每个组成部分，例如危害评估、剂量-反应关系评定、暴露评定，都有一个单独的风险特征描述，用于结转关键发现、假设、限制和不确定性。这些风险特征描述的集合为编写综合风险度表征提供了信息基础。

2.2.4.1 US EPA 建议的四个原则

良好的风险度表征将重申评估范围，明确表达结果，阐明主要假设和不确定性，确定合理的替代解释，并将科学结论与政策判断分开。US EPA 建议了四个原则。

（1）透明度（transparency） 风险度表征应充分明确地披露风险评估方法、假设、逻辑、理由、外推、不确定性和评估中每个步骤的整体情况。

（2）清晰（clarity） 读者应容易理解风险评估的对象和过程。文档应该简洁，没有行话，并且应该根据需要使用可理解的表格、图表和公式。

（3）一致性（consistency） 风险评估应以符合 US EPA 政策的方式进行和提出，并与 US EPA 其他类似的风险度表征保持一致。

（4）合理性（reasonableness） 风险评估应基于合理的判断，方法和假设应与当前科学发展状态一致，并以完整、平衡、信息丰富的方式传达。

这四项原则统称为 TCCR。为了在风险度表征中实现 TCCR，需要在风险评估的所有先前步骤中应用相同的原则，得出最终的风险评估结论。需要强调的是，风险度表征不仅仅是科学问题，还是通过评估过程中科学的选择最终为评估者提供选择的依据。不同评估者的侧重点有所不同，使得评估过程中每项因素的选择存在较大差异，可能导致最终的风险评估结果不一致。各评估者根据各自结果，结合其他因素做出决策。

目前，US EPA 根据化学物质的毒性终点是否致癌分别对化学物质的风险度进行表征描述，非致癌物的风险以危害商表示，致癌物的风险以终生致癌风险度增量表示。

2.2.4.2 欧盟建议的 MOE 方法

欧盟不考虑毒性终点是否致癌，统一以暴露范围（margin of exposure，MOE）表示。

（1）非致癌风险 US EPA 采用危害商（hazard quotient，HQ）表示非致癌化学物质的风险度，其中 HQ=LADD/安全剂量，如果是多重化学物质导致同一靶器官损伤，其总的 HQ 以危害指数（Hazard Index，HI）表示。当 HQ 或 HI≥1 时，其风险需要引起关注，并采取补救措施。

（2）致癌风险 致癌物的癌症风险以终生致癌风险度增量（incremental lifetime cancer risk，ILCR）表示，ILCR=(CSF 或 CPF)×LADD。在超级基金

项目中，US EPA 确定了一个可接受的终生癌症风险的理论值，范围从万分之一到百万分之一，即 $1\times1\times10^{-6}\sim10^{-4}$。例如 1×10^{-6}的风险意味着 100 万人中有 1 人可能因终生接触待评估化学物质而罹患癌症。风险超过 1×10^{-6}时，就必须考虑补救措施的必要性；通常在 ILCR 大于 1×10^{-4}时需引起关注，并采取措施以降低风险。

（3）暴露范围（MOE）　对具有遗传毒性和致癌特性的物质，EFSA 要求科学委员会提出一个统一的方法进行风险评估。这些物质有可能直接与人体细胞中的遗传物质（DNA）相互作用并导致癌症。人们普遍认为，对于此类物质，任何暴露都是应该避免的，因为即使暴露量很低，也可能存在与暴露有关的风险，特别是在定期使用的情况下。风险取决于总暴露量的观点主要集中在食物暴露量。目前还没有关于评估遗传毒性和致癌物质风险的最佳方法的国际科学共识，世界各地采用的方法有所不同。在许多国家与地区，特别是在欧盟，风险评估师向风险管理者提供的建议是将此类物质的暴露量降低到合理可行的最低水平，这称为尽可能低（as low as reasonably achievable，ALARA）原则。然而，人们意识到，这种建议并不能为风险管理者提供确定行动优先顺序的基础，无论是在紧急情况下还是在必要的措施范围内。

目前用于评估具有遗传毒性和致癌性物质风险的几种方法，均考虑了致癌物剂量-反应关系不同这一事实，即它们在一定剂量下诱发肿瘤的可能性不同。由于人类数据很少，甚至为零，因此有关致癌可能性的信息大多来自于啮齿类动物的实验室研究。在这些研究中，动物在其生命的大部分时间内都暴露高剂量的受试物质，因此，任何可检测的、具有统计学意义的肿瘤发生率都可以确定。为了对人类可能造成的后果提供咨询意见，这些动物试验结果的重要性必须从人类暴露水平的角度来解释，这通常比实验室研究中使用的剂量低很多。为了尝试从实验动物研究中的高剂量外推人类暴露的较低水平，国际上已经开发并使用了从简单线性模型推到复杂模型的众多模型设计。对同一物质根据不同模型，可得出不同的结论。此外，对于任何特定物质，所选模型是否反映了实际可能的生物过程尚不清楚。因此，欧盟科学委员会建议使用一种不同的方法，即 MOE 方法。

MOE 是剂量-反应曲线上有害效应的剂量点与人暴露量之间的比率，具体见式（2-9）：

$$\text{MOE}=\frac{\text{POD}}{\text{LADI（或 LADD）}} \tag{2-9}$$

MOE 对“安全”摄入没有任何隐含的假设。因此，科学委员会认为这种方法更适合于具有遗传毒性和致癌性化学物质的风险评估。科学委员会建议使用 BMD 作为 POD 来计算 MOE。BMD 是在实验数据观察范围内通过数学建模从动物数据得出的标准化参考点，使用了试验剂量范围内获得的所有信息。科学委员会建议使用 $BMDL_{10}$（基准剂量下限置信限 10%），这是估计最低剂量，95%的可能不会导致啮齿动物中 10%的癌症发生率。科学委员会认为，基准剂量法也可用于人类数据。在数据不适合得出 BMD 的情况下，POD 也可采用 T_{25}或 TD_{50}。

科学委员会对 MOE 的结果解释主要从以下几个方面考虑：物种间的差异（动物和人之间的差异），物种内部的差异（人类个体之间的差异），致癌类型，以及剂量-反应关系曲线上的参考点。科学委员会认为，如果以动物研究中的 $BMDL_{10}$为基础，一般而言，MOE≥10000 时，从公共卫生的角度来看就属于低关注度，并可被视为风险管理行动的低优先事项，MOE≤10000 时，其风险需要引起关注。化学物质风险的最终判断由风险管理者决定。

2.3 不确定性分析

不确定性分析是风险评估重要组成部分，也是其他组成部分的基础。不确定性是用于确定可能不利影响的风险分析技术、预测不利影响概率的关键参数的估计以及诸如“不利影响”等术语的解释。不确定性主要指缺乏数据或对风险评估背景的不完全了解。任何可靠的风险评估的关键均是认识和处理系统中各种不确定性的来源。

与变异性不同，使用更多或更好的数据可以减少或消除不确定性。例如人群研究中的体重各不相同，可以通过收集数据来描述人口的平均体重；从每个研究参与者中收集准确测量的体重将使人们更好地了解人口的平均体重，而不是采用间接方法估计体重（如基于近似的目测）。但是，评估者不能改变研究人群的个体体重，因此不能降低群体的变异性。不确定性可以是定性的，也可以是定量的。定性的不确定性可能是由于对影响暴露因素缺乏了解，而定量不确定性的数据可能来自使用非精确测量方法。环境介质中的化学浓度可以用假设（更多的不确定性）来近似，也可以用测量数据来描述（不确定度较小）。在定义暴露假设、单个参数识别（即数据）、模型预测或制定风险

评估判断时，可以引入不确定性。

风险评估中的不确定性体现在危害识别、剂量-反应关系评定、暴露评定和风险度表征的各个阶段。表 2-5 列出了各个阶段中不确定性因素的基本来源，其中暴露评估中的不确定性因素较其他阶段繁杂且难控。

表 2-5　风险评估中不确定因素的基本来源

风险评估阶段	不确定性的来源
危害识别	✍危害不明 ✍特定研究结果的发病率定义（发病率与暴露呈正-负相关） ✍研究结果不同 ✍研究质量不同 实施 对照人群的定义 所研究的化学物质的物理化学相似性 ✍研究类型不同 前瞻性、病例-对照、生物测定、体内筛查、体外筛查 测试物种、菌株、性别、系统 暴露路径、持续时间
剂量-反应关系评定	✍试验剂量向人体剂量的外推 ✍特定研究中“阳性反应”的定义 独立事件与联合事件 输入的反应数据的连续性与二分法 ✍参数估计 ✍不同的剂量-反应集 结果 质量 类型 ✍低剂量风险外推模型的选择 剂量-反应关系的低剂量功能行为（阈值、亚线性、线性、超线性、适用性） 时间作用（剂量频率、速率、持续时间；暴露年龄；暴露的部分寿命） 有效剂量与应用剂量的药动学模型 竞争风险的影响

续表

风险评估阶段	不确定性的来源
暴露评定	✍污染情景特征描述（生产、分布、住宅和工业储存和使用、处置、环境运输、转变和衰变、地理界限、时间界限） 环境-趋向模型选择（结构误差） 参数估计误差 现场测量误差 ✍暴露场景描述 暴露途径识别（皮肤、呼吸、饮食） 暴露动力学模型（吸收、摄入过程） ✍目标人群识别 可能暴露人群 人口随时间的稳定性 ✍综合的暴露曲线
风险度表征	各组成的不确定性 危害识别 剂量-反应关系评定 暴露评定

暴露评定的过程存在多种不确定性，主要包括：描述性误差、总量误差、专业判断误差、不完全分析、测量或采样误差、模型不确定性（例如关系误差、参数不确定性、不正确模型的选择、建模误差）。不确定性主要体现在暴露场景的描述、参数估计和模型预测中，例如将具有特殊测量暴露水平的个人分组到暴露范围的类别中可能会导致总量误差和随后的不确定性。如果不考虑某个暴露途径，可能会出现不完整的分析，从而在总暴露估计中引入不确定性。

（1）暴露场景描述　当考虑到人群暴露城市空气污染时，由于测量的时间、地点和方式不同，测量的污染物暴露浓度可能存在差异（例如在城市商业区附近的道路附近，工作日和周末的测量结果可能存在很大差异；由于个体差异，在户外停留的时间不同，其源于个人测量的结果存在差异）。人群的变异性，也会导致测量结果的变异性，如在交通繁忙路段上骑车上下班的人群比驾乘车窗关闭的车辆上下班的人群暴露在空气污染中的可能性更大，研究的人群中较年轻的成员可能比较年长的成员呼吸频率快，从而导致更大的暴露。

（2）参数估计　由于测量或取样技术中的随机误差（例如不精确的监测仪器或选择较不精确的技术）或测量中的系统偏差（例如在不考虑人为因素的情况下，持续采用总暴露估计值），参数估计可能具有不确定性。参数估计也可能包括由于使用替代数据、错误分类或随机抽样误差而产生不确定性。

（3）模型预测　由于缺乏准确预测所需的信息或科学理论上的差距，就会出现模型不确定性。模型不确定性可能是模型相关性或关系的错误推断、模型情况的过度简化或模型不完整的结果。使用替代数据而不是特定的测量数据，或者不考虑变量之间的相关性，也可能导致模型不确定性。

不确定性通常可以通过收集更多更好的数据（即定量方法）来降低。解决不确定性的定量方法包括敏感性分析等非概率方法和蒙特卡罗分析等概率方法。不确定性也可以在定性讨论中解决，讨论中提出不确定性水平，确定数据差异，并解释使用专业判断的任何主观决策或实例。

参考文献

[1] 谢剑平. 卷烟危害性评价原理与方法. 北京：化学工业出版社，2009.

[2] 周宗灿. 毒理学教程（第三版）. 北京：北京大学医学出版社，2006.

[3] Albert R. E.. Carcinogen risk assessment in the U. S. Environmental ProtectionAgency. Critical Reviews in Toxicology，1994，24（1）：75-85.

[4] Baird S. J. S.，Cohen J. T.，Graham，et al. Noncancer risk assessment：a probabilistic alternative to current practice. Human Ecol Risk Assess，1996，2：79-102.

[5] Baker H. J.，Lindsey H. R.，and Weisbroth S. H.，eds. Selected normative data. In：The Laboratory Rat，vol. 1. New York：Academic Press，1979.

[6] Barnes D. G.，Dourson M. J.. Reference dose（RfD）：Description and use in health risk assessments. Regulatory Toxicology and Pharmacology，1988，（8）：471-486.

[7] Barnes D. G.，Dourson M. L.. Reference dose（RfD）：Description and use in health risk assessments. Regulatory Toxicology and Pharmacology，1988，8：471-486.

[8] Commission of the European Communities. white paper on food safety. Brussels，12 January 2000，COM（1999）719 final.

[9] Commission on Risk Assessment and Risk Management（CRARM）. Framework for environmental health risk assessment，Final report，Volume 1. The presidential/Congressional Commission on Risk Assessment and Risk Management，Washington D. C.：1997.

[10] Commission on Risk Assessment and Risk Management（CRARM）. Risk assessment and risk management in regulatory decision-making，Final report，Volume 2. The presidential/

Congressional Commission on Risk Assessment and Risk Management, Washington D. C.: 1997.

[11] Crump K. S.. A new method for determining allowable daily intakes. Fundamental and Applied Toxicology, 1984, (4): 854-871.

[12] Dittmer D. S.. Biology Data Book, 2nd ed., vol. I., P. Altman, ed. Bethesda, MD: Federation of American Societies for Experimental Biology, 1973.

[13] Dourson M. L.. Methodology for establishing oral reference doses (RfDs). In risk assessment of Essential Elements. Washington D. C.: ILSI Press, 1994: 51-61.

[14] Dybing E., Sanner T., Roelfzema D., et al. T25: A simplified carcinogenic potency index: Description of the system and study of correlations between carcinogenic potency and species/site specificity and mutagenicity. Pharmacology. Toxicology, 1997, 80: 272-279.

[15] European Food Safety Authority. Opinion of the Scientific Committee on a request from EFSA related to A Harmonised Approach for Risk Assessment of Substances Which are both Genotoxic and Carcinogenic. The EFSA Journal, 2005, 282: 1-31. Request No EFSA-Q-2004-020.

[16] Gold L. S., Sawyer C. B., Magaw, et al. A carcinogenic potency database of the standardized results of animal bioassays. Environmental Health Perspectives, 1984, 58: 9-319.

[17] Guyton A. C.. Measurement of the respiratory volumes of laboratory animals. Am. J. Physiol. 1947, 150: 70-77.

[18] Hoeltge, Inc. Animal Care Equipment Catalog. Cincinnati, OH, p. 15.

[19] International Agency for Research on Cancer. iarc monographs on the identification of carcinogenic hazards to humans. [2019-09-03] https://monographs.iarc.fr/agents-classified-by-the-iarc/.

[20] International Programme on Chemical Safety (IPCS). Environmental health criteria 170: Assessing human health risks of chemicals: derivation of guidance values for health-based exposure limits. Geneva: World Health Organization, International Programme on Chemical Safety. 1994.

[21] IPCS (International Programme on Chemical Safety). Assessing human health risks of chemicals: derivation of guidance values for health-based exposure limits. (Environ. Health Criteria no. 170). Geneva: World Health Organization. 1994.

[22] Jarabek A. M.. Inhalation RfC methodology: Dosimetric adjustments and dose-response estimation of non-cancer toxicity in the upper respiratory tract. Inhalation Toxicology, 1994, 6: 301-325.

[23] Kimmel C. A., Gaylor D. W.. Issues in Qualitative and Quantitative Risk Analysis for Developmental Toxicology. Risk Analysis, 1988, (8): 15-20.

[24] Klaassen C. D.. Casarett and Doull's Toxicology-The Basic Science of Poisons (6th E-

dition）. New York：McGraw-Hill Professional，2001：85.

［25］ Krewski D.，Van R. J.. Dose response models for quantal response toxicity data. Statistics and related topics，1981：201-229.

［26］ Kuzmack A. M.，R. E. McGaughy. Quantitative risk assessment for community exposure to vinyl chloride. EPA Office of Planning and Management and Office of Health and Ecological Effects，1975.

［27］ Lois Swirsky Gold，Charles B. Sawyer，Renae Magaw，et al. A Carcinogenic Potency Database of the Standardized Results of Animal Bioassays. Environmental Health Perspectives，1984，58：9-319.

［28］ Lu F. C.. Acceptable daily intake：inception，evolution and application. Regulatory Toxicology and Pharmacology，1988，8（1）：45-60.

［29］ Lu F. C.. Safety assessment of chemicals with threshold effects. Regulatory Toxicology and Pharmacology，1985，5（4）：460-464.

［30］ Meek M. E.，Newhook R.，Liteplo R. G.，et al. Approach to assessment of risk to human health for Priority Substances under the Canadian Environmental Protection Act. Journal of Environmental Science and Health，1994，12（2）：105-134.

［31］ National Cancer Institute. Carcinogenesis Bioassay of Trichloroethylene. NCI Tech. Rep. Ser. No. 2. Bethesda，MD：DHEW，Public Health Service，National Institutes of Health，1976.

［32］ National Research Council（NRC）. Pesticides in the diets of infants and children. Washington D. C.：National Academies Press：1993.

［33］ National Research Council（NRC）. Science and Judgment in Risk Assessment. Washington，D. C.：National Academies Press，1994.

［34］ National Research Council（NRC）. Understanding risk：Informing decisions in a democratic society. Washington D. C.：National Academies Press，1996.

［35］ Official Journal of the European Communities. regulation（ec）no 178/2002 of the european parliament and of the council of 28 January 2002，laying down the general principles and requirements of food law，establishing the European Food Safety Authority and laying down procedures in matters of food safety.

［36］ Official Journal of the European Union. concerning the Registration，Evaluation，Authorisation and Restriction of Chemicals（REACH），establishing a European Chemicals Agency，amending Directive 1999/45/EC and repealing Council Regulation（EEC）No 793/93 and Commission Regulation（EC）No 1488/94 as well as Council Directive 76/769/EEC and Commission Directives 91/155/EEC，93/67/EEC，93/105/EC and 2000/21/EC. regulation（ec）no 1907/

2006 of the european parliament and of the council, 18 december 2006. (2019-09-03) https://eur-lex.europa.eu/legal-content/EN/TXT/PDF/? uri=CELEX: 32006R1907&from=EN.

[37] Peto R., Pike M. C., Bernstein L., et al. The TD_{50}: A proposed general convention for the numerical description of the carcinogenic potency of chemicals in chronic-exposure animal experiments. Environental Health Perspect, 1984, 58: 1-8.

[38] Pohl H. R., Abdin H. G.. Utilizing uncertainty factors in minimal risk levels derivation. Regulatory Toxicology and Pharmacology, 1995, 22: 180-188.

[39] Renwick A. G.. Safety factors and establishment of acceptable daily intake. Food Additives & Contaminants, 1991, 8: 135-150.

[40] Sanockij I. V., ed. Methods for Determining Toxicity and Hazards of Chemicals. Medicina (Moscow), pp. 62-63, 1970. (in Russian, as cited in Principles and Methods for Evaluating the Toxicity of Chemicals, Part I. Geneva: World Health Organization, 1971.

[41] Sawyer C., Peto R., Bernstein L., et al. Calculation of carcinogenic potency from long-term animal carcinogenesis experiments. Biometrics, 1984, 40: 27-40.

[42] Silverman K. C., Naumann B. D., Holder D. J., et al. Establishing data-derived adjustment factors from published pharmaceutical clinical trial data. Human and Ecological Risk Assessment, 1999, 5 (5): 1059-1089.

[43] Sweet D. V., ed. Registry of Toxic Effects of Chemical Substances (RTECS): Comprehensive Guide to the RTECS. Publication 93-130. Cincinnati, OH: U. S. National Institute for Occupational Safety and Health, 1993.

[44] Train R.. Interim procedures and guidelines for health risk and economic impact assessments of suspected carcinogens. EPA Office of Administrator, 1976.

[45] U. S. Environmental Protection Agency (US EPA). Methods for Derivation of Inhalation Reference Concentrations and Application of Inhalation Dosimetry. Washington D. C.: Office of Health and Environmental Assessment, 1994.

[46] U. S. Environmental Protection Agency (EPA). Approaches for the Application of Physiologically Based Pharmacokinetic (PBPK) Models and Supporting Data in Risk Assessment. 2005.

[47] U. S. Environmental Protection Agency (US EPA). A Review of the Reference Dose and Reference Concentration Processes. Washington D. C.: Office of Health and Environmental Assessment, 2002.

[48] U. S. Environmental Protection Agency (US EPA). Guidelines for Exposure Assessment. Washington D. C.: Office of Health and Environmental Assessment, 1992, (104): 22888-22938.

[49] U. S. Environmental Protection Agency (US EPA). science and decision: Advancing risk assessment. Washington D. C.: The National Academies Press, 2008.

[50] U. S. EPA. Uncertainty and Variability. [2019-09-03] https://www. epa. gov/expobox/uncertainty-and-variability#faq1.

[51] U. S. EPA. Integrated Risk Information System. Washington D. C.. Office of Research and Development, National Center for Environmental Assessment, 2000. http://www. epa. gov/iris/subst/1001. htm.

[52] U. S. EPA. Summary of the US EPA Colloquium on a Framework for HumanHealth Risk Assessment, 1997, Vol. 1. EPA/600/R-99/001. [2020-01-01]. https://cfpub. epa. gov/si/si_public_record_report. cfm? Lab = NCEA&count = 10000&dirEntryld = 55007&searchall = &showcriteria = 2&simplesearch = 0&timstype =.

[53] U. S. Environmental Protection Agency (US EPA). Risk assessment and management: Framework for decision making, EPA 60079-85-002, Washington D. C.

[54] U. S. Environmental Protection Agency (US EPA). Water quality criteria documents: availability. Fed Reg, 1980, 45: 79318-79379.

[55] U. S. Environmental Protection Agency (US EPA). Guidance on cumulative risk assessment. Part 1: Planning and scoping. Washington D. C.: Science Policy Council, 1997.

[56] U. S. Environmental Protection Agency (US EPA). Guideline for Carcinogen Risk Assessment. Washington D. C.: National Center for Environmental Assessment, 1992: 22888-22938.

[57] U. S. Environmental Protection Agency (US EPA). Guidelines for Carcinogen Risk Assessment. Washington D. C.: Office of Health and Environmental Assessment, 2005: 1-166.

[58] U. S. Environmental Protection Agency (US EPA). Guidelines for Mutagenicity Risk Assessment. Washington D. C.: Office of Health and Environmental Assessment, 1986, 185: 34006-34012.

[59] U. S. Environmental Protection Agency (US EPA). Integrated Risk Information System. National Center for Environmental Assessment, Washington D. C., 2000.

[60] U. S. Environmental Protection Agency (US EPA). Risk assessment guidance for Superfund, Volume Ⅰ: Human health evaluation manual (Part A), Interim final. EPA/540/1-89/002. Office of Emergency and Remedial Response, Washington D. C.

[61] U. S. Environmental Protection Agency (US EPA). The use of benchmark dose approach in health risk assessment. United States Environmental Protection Agency, Office of Research and Development, Risk Assessment Forum, 1995.

[62] U. S. Environmental Protection Agency: Guidelines for carcinogen risk assessment. [2018-05-24]. https://www. epa. gov/risk/guidelines-carcinogen-risk-assessment.

[63] U. S. National Research Council (NRC). Risk Assessment in the Federal Government: Managing the Process. Washington D. C.: National Academy Press, 1983.

[64] Williams C. S. F.. Practical Guide to Laboratory Animals. St. Louis, MO: C. V. Mosby, 1976.

[65] Wilson C. L., Potts R. J., Bodnar J. A., et al. MF Cancer risk calculations for main-stream smoke constituents from selected cigarette brands: Concordance between calculated and observed risk. Shanghai: CORESTA Congress, 2008.

[66] World Health Organization. The scientific basis of tobacco product regulation: second report of a WHO study group, 2008.

3 卷烟烟气有害成分风险评估研究进展

卷烟烟气中含有6000多种化学物质，其中有150多种化学成分有明确的生物学资料表明具有毒性作用，并被称为烟草烟气有害成分，基于此，形成了一系列的有害成分名单，如2001年的Hoffmann 69种有害成分名单、加拿大政府46种有害成分名单、美国食品药品监督管理局（Food and Drug Administration，FDA）2010年发布的110种有害成分名单和WHO优先管制9种有害成分名单等。这些名单大部分仅给出了烟草或/和烟气中有害成分的名称，或是有相应的含量或释放量，没有与相应的毒理学资料进行联系，对于决策者来说，降低所有烟草烟气有害成分是不可能的，但又没有充分的科学证据来进行优先选择减害，因此这些名单大部分不能充分发挥作用。

随着风险评估方法的逐渐成熟，近年来，国内外相关学者将风险评估方法广泛应用于烟草制品和卷烟烟气有害成分的风险评估中。依据发布的有关烟草制品和卷烟烟气有害成分名单，结合毒理学资料和人群暴露情况，对其中有害成分进行优先分级，为政府部门进行选择性的控制和管理提供理论基础。

3.1 危害识别

危害识别是根据所有现有毒性和作用模式数据的评估结果，对不良健康效应进行证据权重评价。它主要解决两个问题：①任何可能引起人体健康危害的某种因素的属性；②可能出现一种明确危害的条件。危害识别基于对多种数据的分析，这些数据来源于人类和动物的观察性研究中、动物试验研究、实验室体外研究，以及对结构-活性关系的分析。从现有的实验性和观察性研究中，可以确定任何毒性和不良健康效应的属性及毒性作用的靶器官或靶组织。危害识别涉及化学物质的基本信息、吸收、分布、代谢、排泄研究以及毒性研究资料。

Vorhees和Dodson于1999年首次将风险评估方法应用于卷烟烟气的危害

分析中，主要进行了25种牌号卷烟烟气的71种化学物质的风险评估。而在2000年的新西兰健康报告中，Fowles和Bates将研究的卷烟烟气有害成分增加至95种。随后，Fowles和Dybing于2003年发布了以卷烟烟气的158种化学物质进行风险评估的研究报告，使卷烟烟气的风险评估处于良好的发展状态。这三项研究主要以调研IARC、加拿大政府报告、Cal EPA和US EPA等数据库为主。

根据Fowles等的研究，Pankow等于2007年重点关注了卷烟烟气中的13种致癌物，包括多环芳烃、烟草特有亚硝胺和重金属等，比较了普通卷烟、低焦油卷烟、超低焦油卷烟和可能降低暴露的卷烟产品（potentially reduced exposure product，PREP）四种类型26个品牌卷烟中各有害成分的风险度的差别，主要调研US EPA和Cal EPA数据库中明确的毒理学数据。Watanabe等则参考Pankow的研究思路，重点考察了卷烟烟气中B［a］P、NNN和NNK 3种致癌物。谢剑平等以卷烟主流烟气中的29种有害成分为考察对象，分别进行了动物试验和体外毒性试验的研究。

3.2 剂量-反应关系评定

剂量-反应关系评定是对危害识别中确定的健康效应终点在人群中发生率和严重程度之间关系的评价，是对暴露量和不良健康效应的定量评价。一般来说，可用于预测人类反应的人群暴露资料十分有限，因此，在大多数定量危险评定中，主要是以动物试验数据资料作为评定基础。

对烟气致癌物的风险评估中，致癌强度基本源于US EPA或Cal EPA的数据库。Fowles和Dybing调研的158种化学物质，有45种为可能或可疑人类致癌物，在US EPA或Cal EPA中只获取到41种致癌物的CPFs（其中NNK由NNN的CPF代替）；Pankow等依据US EPA和Cal EPA获取了13种致癌物的两组CSF，分别进行了风险评估。

部分烟草制品有害成分的致癌强度则源于美国加利福尼亚大学（伯克利分校）致癌效能数据库［University of California's（Berkeley）carcinogenic potency database，CPDB］。

3.3 暴露评定

暴露评定是确定待评价化学物质的暴露途径、类型、强度和时间，包括

对特定人群暴露总量的估计以及高暴露个体接触量的计算等。

对暴露评定一般采用点估计值进行，其终生日平均剂量（lifetime average daily dose，LADD）的计算如式（2-8）。

根据LADD的公式，Fowles首先假定烟气中的有害成分的释放量可被吸烟者全部吸收，将LADD的公式修正为式（3-1）：

$$\mathrm{LADD} = \frac{y \times \mathrm{ED}}{\mathrm{BW} \times \mathrm{LT}} \tag{3-1}$$

式中 y——烟气中化学成分的释放量

ED——抽烟持续时间

BW——体重，kg

LT——预期寿命

随后Pankow等将吸烟者的呼吸频率确定为默认的呼吸频率（default breathing rate，DBR）$20\mathrm{m}^3/\mathrm{d}$，Fowles和Dybing也据此假设吸烟者的70年寿命中，吸烟时间为60年，将LADD公式根据吸烟者暴露烟气有害成分的特点修正为$\mathrm{LADD}=\frac{y}{\mathrm{DBR}}$。

2000年，Djordjevic对吸烟者的吸烟行为进行了调查，主要考察133名吸烟者平均每天抽吸烟支数（average number of cigarettes smoked per day，SR；cig/d）；抽烟时间（exposure duration，ED），y；体重（body weight，BW），kg；抽烟频率（exposure frequency，EF），d/y；寿命/平均时间（average time，AT），d。据此，Rodgman将LADD公式演变为$\mathrm{LADD}=\frac{y \times \mathrm{SR} \times \mathrm{ED}}{\mathrm{DBR} \times \mathrm{AT}}$。

目前，有部分暴露评价开始采用暴露参数的概率分布进行估算，而不是LADD方程中多参数的单个点值估计。这种方法能够提供实际的检测，并且可反映更为现实的暴露情况。将暴露参数的分布情况进行模型化处理，一般采用蒙特卡洛（Monte Carlo）模拟技术，获得终生致癌风险度增量（incremental lifetime cancer risk，ILCR）的分布，从而得到人群风险度的第95百分位数。Xie根据暴露参数的模型化处理，对LADD公式进行了再修订，$\mathrm{LADD}=\frac{y \times \mathrm{SR} \times \mathrm{EF} \times \mathrm{ED}}{\mathrm{BW} \times \mathrm{AT}}$，其中暴露参数中的SR和BW源于中国2006年的健康与营养调查（China Health and Nutrition Survey，CHNS），EF数据源于1999—2008年美国全国健康和营养调查（National Health and Nutrition Examination

Surveys，NHANES)，中国人群吸烟频率、寿命采用 WHO 生命表数据，采用蒙特卡罗法进行暴露评价。

3.4 风险度表征

风险度表征，是综合危害识别、剂量-反应关系评定和暴露评定所获得的信息来确定人群暴露的风险度。对于非致癌物，US EPA 采用危害商（hazard quotient，HQ）表示风险度，其中 HQ = LADD/安全剂量；对于致癌物，致癌危险以终生致癌风险度增量（incremental lifetime cancer risk，ILCR）表示，ILCR =(CSF 或 CPF)×LADD。一般认为，终生暴露某种化学物质所引起的 ILCR 在百万分之一或以下时，致癌危险可接受。EFSA 采用 MOE 来表征化学物质的风险，当 MOE>10000 时，认为有害成分的危害可以忽略；MOE≤10000 时，化学物质的危害需要引起关注；MOE≤100 时，该化学物质具有极强的危害性。

Fowles 和 Dybing 采用 CPF 和 DBR，计算与 ILCR 和 HQ 概念相同的癌症危险指数（cancer risk index，CRI）和非癌危险指数（non-cancer risk index，NCRI)，其中 CRI =(CPF×有害成分释放量)/DBR，NCRI = 有害成分释放量/RELs。其中 41 种致癌物中有 21 种有害成分的 CRI≥1×10^{-6}，这些化学物质需引起极度关注；对于非致癌物，Fowles 和 Dybing 仅考虑了可导致呼吸系统疾病或心血管疾病的 15 种有害成分的 NCRI，其中有 4 种有害成分的 NCRI≥1 (分别是丙烯醛：172；乙醛：3.78；氢氰酸：1.97；砷：1.17)，这些化学物质需引起高度关注。

Pankow 等采用 ILCR 对有害成分进行风险评估，分别对普通卷烟、低焦油卷烟、超低焦油卷烟和 PREP 进行 13 种致癌物的 ILCR 的计算，其中单个化学物质 i 的 $ILCR_i = CDI_i \times CSF_i$，所有化学物质的 $\sum_i ILCR_i = \sum_i (CDI_i \times CSF_i)$，13 种致癌物的癌症终点一致，都是引起肺癌，只是这种简单相加忽略了化学物质之间的相互作用。由 US EPA 和 Cal EPA 的毒性数据进行分析，所有类型卷烟的有害成分风险度 ILCR 排序一致，均为乙醛>丙烯腈>1.3-丁二烯>NNK 等，均大于 10^{-6}，说明 PREP 卷烟并不能降低有害成分的风险度。

谢剑平等根据有害成分的释放量与毒理学数据进行相关性分析，通过无信息变量删除（uninformative variable elimination，UVE）方法、遗传算法和 LG-GA 算法（改良遗传算法）对化学成分进行评价和筛选，建立了卷烟 HI 模型，确定了影响卷烟危害的 7 项代表性有害成分指标，即 CO、HCN、

NNK、NH_3、B[a]P、PHE、CRO。Wilson 等建立了一种量化风险度评价模型（quantitative risk assessment，QRA），对主流烟气 23 种致癌物进行风险度特征分析得到：1，3-丁二烯的 ILCR 为 2.5×10^{-2}，排在首位，苯并荧蒽最低，为 3.1×10^{-7}；Wilson 等对 STPs 中的致癌物也进行风险度特征分析，其中 NNK 的 ILCR 是 7.9×10^{-2}，排在首位，铅最低，为 1.5×10^{-6}。

Xie 等依据 QRA 的思路，采用 US EPA 推荐的 ILCR 和 HQ 对卷烟烟气的 46 种有害成分进行风险度特征分析后，又参考 EFSA 提出的 MOE 风险度表征方法，进行了 46 种有害成分的 MOE 分析，其中 MOE=BMD/LADD，当 MOE>10000 时，认为有害成分的危害可以忽略；MOE≤10000 时，化学物质的危害需要引起关注；MOE≤100 时，该化学物质具有极强的危害性。结果表明，氰化氢和丙烯醛的危害最大，MOE 值分别是 15 和 17。Talhout 等根据风险度特征分析，引入了毒理学关注阈值（thresholds of toxicological concern，TTC），并提出对所用化学物质来说，每天吸入 0.0018μg 是安全的，对于非致癌化学物质来说，每天吸入 1.2μg 也是安全的。

3.5 不确定性分析

风险评估是进行风险度管理的重要基础，对烟草制品进行风险评估的目的是降低市场上烟草制品中有害成分的含量或释放量，并杜绝有害成分释放量比市售卷烟高的卷烟进入市场。通过风险评估对烟草制品和卷烟烟气有害成分进行风险度的排序，为管理者进行烟草危害控制提供理论依据。

不容置疑，风险评估还存在一定的局限性，由于进行风险评估时，通常是考虑烟草制品和卷烟烟气中部分单个化学物质的风险度，这些风险度的特征分析并不能代表整个烟气的危害，同时也忽略了化学物质之间的相互作用（协同或拮抗）。同时大部分化学物质的剂量-反应关系数据来自动物资料，而不是人群的流行病学资料，存在由动物试验数据向人外推的不确定性因素。

而且，在进行烟草制品的有害成分风险度特征分析时，首先是假设有害成分被 100%吸收，这与烟气实际暴露情况并不一致。同时，有害成分的摄入量是以烟气释放量数据为主，而烟气释放量的数据大都来自吸烟机的抽吸，并不能真实反映吸烟者实际抽烟情况。

目前，国内外对于生物标志物的研究愈加深入，而且大多集中于化学物质的暴露评价，尚缺乏生物标志物和癌症之间的定量关系。通过人群流行病学研究生物标志物水平和卷烟抽吸研究结果进行比较，利用生物标志物的高灵敏特性，检测吸烟者长期暴露水平及其效应水平，可以准确估计生物标志物水平与风险度之间的关系，更为科学的评价烟草制品和卷烟烟气有害成分的风险度。

同时，与肿瘤相关的时间信息、以生理学为基础的药物代谢动力学模型（physiologically based pharmacokinetic，PBPK）和以生物学为基础的剂量-反应关系模型（biologically based dose-response，BBDR）的研究，也会促使风险评估的发展。烟草制品和卷烟烟气有害成分的风险评估是一个不断发展的过程，方法学的改进和发展将显著提高其风险评估的质量。

参考文献

[1] 刘兆平，李凤琴，贾旭东．食品中化学物风险评估原则和方法 [M]. 北京：人民卫生出版社，2012.

[2] 谢剑平，刘惠民，朱茂祥，等．卷烟烟气危害性指数研究 [J]. 烟草科技，2009，2：5-15.

[3] AyoYusuf O. A.，Connolly G. N.．Applying toxicological risk assessment principles to constituents of smokeless tobacco products：implications for product regulation. Tobacco Control，2011，20：53-57.

[4] Burns D. M.，Dybing E.，Gray N.，et al. Mandated lowering of toxicants in cigarette smoke：a description of the World Health Organization TobReg proposal. Tobacco Control，2008，17（2）：132-141.

[5] Centner V.，Massart D. L.，deNoord O. E.，et al. Nation of uninformative variables for multivariate calibration. Analytical Chemistry，1996，68：3851-3858.

[6] Cullen A. C.，Frey H. C.．Probabilistic Techniques in Exposure Assessment：A Handbook for Dealing with Variability and Uncertainty in Models and Inputs. New York：Plenum Press，1999.

[7] Djordjevic M. V.，Stellman S. D.，Zang E.．Doses of nicotine and lung carcinogens delivered to cigarette smokers. Journal of the National Cancer Institute，2000，92：106-111.

[8] European Food Safety Authority（EFSA）. Opinion of the Scientific Committee on a request from EFSA related to a harmonized approach for risk assessment of substances which are both genotoxic and carcinogenic. Bruxelles：European Commission，2005.

[9] Finley B.，Proctor D.，Scott P.，et al. Recommended Distributions for Exposure Factors Frequently Used in Health Risk Assessment. Risk Analysis，1994，14：533-553.

[10] Fowles J., Bates M.. The Chemical Constituents in Cigarettes and Cigarette Smoke: Priorities for Harm Reduction. New Zealand: National Drug Policy, 2000.

[11] Fowles J., Dybing E.. Application of toxicological risk assessment principles to the chemical constituents of cigarette smoke. Tobacco Control, 2003, 12: 424-430.

[12] Pankow J. F., Watanabe K. H., Toccalino P. L., et al. Calculated cancer risks for conventional and "potentially reduced exposure product" cigarettes. Cancer Epidemiology, Biomarkers & Prevention, 2007, 16 (3): 584-592.

[13] Put R., Daszykowski M., Baczek T., et al. Quantitative analysis of mitochondrial protein expression in methylmalonic acidemia by two-dimensional difference gel electrophoresis. Journal of Proteome Research, 2006: 5: 1618-1625.

[14] Rodgman A., Green C.. toxic chemicals in cigarette mainstream smoke-hazard and hoopla. Contributions to Tobacco Research, 2003, 20 (8): 481-545.

[15] Talhout R., Schulz T., Florek E., et al. Hazardous compounds in tobacco smoke. Intern-ational Journal of Environmental Research and Public Health, 2011, 8 (2): 613-628.

[16] U. S. Environmental Protection Agency (US EPA). Exposure Factors Handbook. Final report. Washington D. C.: Office of Health and Environmental Assessment, 1989.

[17] U. S. Environmental Protection Agency (US EPA). Risk assessment guidance from superfund vol III. Washington D. C.. Office of Health and Environmental Assessment, 2001.

[18] Vorhees D. J., Dodson R. E., Boston M. A.. Estimating Risk to Cigarette Smokers from Smoke Constituents in Proposed "Testing and Reporting of Constituents of Cigarette Smoke" Regulations. Menzie-Cura& Associates Inc, 1999: 26. 3.

[19] Watanabe K. H., Djordjevic M. V., Stellman S. D., et al. Incremental lifetime cancer risks computed for benzo [a] pyrene and two tobacco-specific N-nitrosamines in mainstream cigarette smoke compared with lung cancer risks derived from epidemiologic data. Regulatory Toxicology and Pharmacology, 2009, 55 (2): 123-133.

[20] Wilson C. L., Potts R. J., Bodnar J. A., et al. MF Cancer risk calculations for mainstream smoke constituents from selected cigarette brands: Concordance between calculated and observed risk. Shanghai: CORESTA Congress, 2008.

[21] Wilson C. L., Potts R. J., Krautter G. R., et al. Development of a risk-based priority toxicant for smokeless tobacco products. Shanghai: CORESTA Congress, 2008.

[22] Xie J. P., Marano K. M., Wilson C. L., et al. A probabilistic risk assessment approach used to prioritize chemical constituents in mainstream smoke of cigarettes sold in China. Regulatory Toxicology and Pharmacology, 2012, 62 (2): 355-362.

4 卷烟烟气有害成分风险评估方法及评估案例

吸烟与健康一直是卫生科研工作者关注的焦点，随着焦油释放量、安全性评价等方法局限性愈来愈突出，亟待建立适用于卷烟烟气的更为全面的危害性评价方法。大量研究结果表明，单纯采用有害成分分析或毒理学测试方法已经不能满足卷烟产品评价的要求。由于风险评估方法具有将化学物质暴露量与毒理学数据结合起来的优点，可以为人群实际暴露下的风险概率评估提供参考依据，受到了越来越多的关注。

依据风险评估程序，即危害识别、剂量-反应关系评定、暴露评定和风险度表征，对卷烟烟气有害成分的风险开展评估。首先通过文献研究，对卷烟烟气中的有害成分的毒性特点进行危害识别；其次，通过对权威数据库进行调研，获得卷烟烟气有害成分的剂量-反应关系数据，并依据卷烟烟气的暴露特点，筛选确定适宜的剂量-反应关系数据；然后，采用标准抽吸或深度抽吸模式下卷烟烟气有害成分释放量进行暴露评估；最后，根据单个有害成分暴露量和剂量-反应关系评定数据确定各有害成分的风险度（HQ、ILCR 或 MOE）。

通过文献分析和研究，建立了卷烟烟气有害成分风险评估的方法，以及根据方法对代表性的有害成分进行风险评估。

4.1 卷烟烟气有害成分风险评估方法

4.1.1 卷烟烟气有害成分的危害识别

危害识别，是确定机体、系统或（亚）人群产生的某不良效应是否由外源化学物质（或混合物）的固有特性造成的。危害识别的资料源于人体或人群流行病学和动物试验研究，以及毒代（效）动力学、毒作用机制、化学物质结构活性分析以及体外毒理学试验等研究结果。根据数据资料的来源不同，研究资料的权重顺序通常为：人体或人群流行病学资料、动物试验资料、体外毒性资料和化学物质结构活性分析。卷烟烟气有害成分的危害识别内容主要包括化学物质基本信息，吸收、分布、代谢、排泄过程以及毒性数据资料。

4.1.2 卷烟烟气有害成分的剂量-反应关系评定

卷烟烟气有害成分的剂量-反应关系评定主要采用人体或人群的剂量-反应关系数据，当这些数据缺乏时，以慢性毒性试验的数据为依据。NRC 推荐的风险评估方法，是将化学物质分为致癌物和非致癌物，分别以致癌强度和“安全剂量”作为风险评估的剂量-反应关系评定依据。而 EFSA 推荐的风险评估方法，是以化学物质的 POD 作为风险评估的剂量-反应关系评定依据。

在数据库选择上，主要以 US EPA、Cal EPA、JECFA、CPDB 等数据库和报告为主。如果在这些数据库和报告中无法获取有效信息时，则依据动物实验设计质量评价（如对照的使用、剂量组设置、研究期限、各剂量组动物数）及数据统计学的处理方面选择较适宜的剂量-反应关系数据。

（1）致癌性卷烟烟气有害成分　致癌性卷烟烟气有害成分的剂量-反应关系数据，包括 SPF、CSF、IUR、T_{25}、TD_{50}等。根据卷烟烟气有害成分的暴露对象、暴露途径等选择适宜于评估的剂量-反应关系数据。

（2）非致癌性卷烟烟气有害成分　非致癌性卷烟烟气有害成分的剂量-反应关系数据，包括 RfD、RfC、REL、BMDL、BMCL、NOAEL、LOAEL、TDI、MRL 等。根据卷烟烟气有害成分的暴露对象、暴露途径等选择适宜于评估的剂量-反应关系数据。

（3）用于 MOE 的 POD　EFSA 不是将卷烟烟气有害成分分为致癌性和非致癌性进行评估，而是根据文献资料，综合考虑其敏感毒性数据。POD 包括 NOAEL、LOAEL、BMDL、BMCL、BMC、T_{25}等。根据卷烟烟气有害成分的暴露对象、暴露途径等选择适宜 MOE 评估的剂量-反应关系数据。

4.1.3 卷烟烟气有害成分的暴露评定

卷烟烟气有害成分的暴露评定是确定待评估有害成分的暴露途径、类型、强度和时间的过程。一般以终生平均日摄入量（lifetime average daily intake，LADI）和终生日平均剂量（lifetime average daily dose，LADD）来表示，人群接触卷烟烟气有害成分 i 的 LADI 和 LADD 的计算方程见式（4-1）和式（4-2）：

$$\mathrm{LADI}_i = \frac{S_{yi} \cdot \mathrm{CpD} \cdot \mathrm{ED} \cdot \mathrm{EF}}{\mathrm{DIR} \cdot \mathrm{BW} \cdot \mathrm{AT}}\ (\mu\mathrm{g/m^3}) \tag{4-1}$$

$$\mathrm{LADD}_i = \frac{S_{yi} \cdot \mathrm{CpD} \cdot \mathrm{ED} \cdot \mathrm{EF}}{\mathrm{BW} \cdot \mathrm{AT}}\ [\mathrm{mg/(kg \cdot d)}] \tag{4-2}$$

式中　S_{yi}——有害成分的释放量（smoke yield），mg/cig

CpD——每天抽吸烟支数（cigarettes per day），cig/d

ED——抽烟时间（exposure duration），a

EF——抽烟频率（exposure frequency），d/a

DIR——每天吸入率（daily inhalation rate），L/（kg·d）

BW——体重（body weight），kg

AT——平均暴露时间（average time，对于癌症风险，AT 为 25550d 或 70a×365d/a，非致癌风险 AT 为 ED×365d/a），d

4.1.4 卷烟烟气有害成分的风险度表征

卷烟烟气有害成分的风险度表征是其风险评估的总结阶段，通过对其危害识别、剂量-反应关系评定和暴露评定的结果进行综合分析，估算待评估卷烟烟气有害成分的风险值。

（1）致癌和非致癌　卷烟烟气致癌性有害成分的风险估计值表示为 ILCR，ILCR＝CPF（或 CSF）×LADI（或 LADD）。ILCR 通常以科学计数法显示，1×10^{-6}代表在一百万人群中有一个人一生中发生癌症的可能性，当 ILCR 大于10^{-6}时，卷烟烟气的致癌风险不容忽视；ILCR 小于 10^{-6}时，卷烟烟气质的致癌风险可以忽略，不予考虑。

对于卷烟烟气中非致癌性有害成分的风险值表示为 HQ，HQ＝LADI/RfC 或 LADD/RfD。RfC 为人日平均暴露浓度的参考值，当卷烟烟气的暴露高于 RfC，即 HQ>1 时，卷烟烟气预期发生非致癌有害效应的风险需引起关注；当 HQ<1 时，卷烟烟气对公众健康的危害则不予考虑。

（2）MOE　卷烟烟气有害成分的 MOE＝POD/LADI（或 LADD）。MOE≥10000 时，通常认为卷烟烟气的危害可以忽略；而 MOE<10000 时，卷烟烟气的危害需要引起关注。

4.1.5 卷烟烟气有害成分的不确定性分析

对卷烟烟气有害成分的风险评估各个阶段中的不确定性进行分析，梳理与实际暴露有害成分的差异，以便通过技术手段降低评估中的不确定性。

4.2 卷烟烟气代表性有害成分风险评估案例

选择有代表性的卷烟烟气有害成分，应用建立的卷烟烟气有害成分风险评估方法开展其风险评估研究，首先是以点评估方法评估卷烟烟气中的 NNK 和砷，继而介绍以概率方法评估卷烟烟气中 43 种有害成分的健康风险。

4.2.1 以点评估评价卷烟烟气中 NNK 和砷的风险

分别以卷烟烟气中的 NNK 和砷为研究对象，采用 EPA 的理论上限评估

法，基于保守考虑来进行点评估。以下对 NNK 和砷的风险评估过程进行详细介绍，通过实例使读者全面了解卷烟烟气有害成分风险评估的思路和方法。

4.2.1.1 卷烟烟气有害成分 NNK 吸入的风险评估

（1）危害识别　NNK，CAS：64091－91－4，体外毒性试验资料表明，NNK 有明显的细胞毒性、遗传毒性和致癌毒性。腺病毒-12/SV40 永生化的人支气管上皮细胞（BEAS-2B）暴露于 NNK 后，细胞存活率显著下降，并存在明显的剂量-反应关系。NNK 的遗传毒性研究发现，NNK 主要通过诱导 DNA 损伤和形成 DNA 加合物等对细胞产生遗传毒性作用。在 S9 存在时，NNK 可引起鼠伤寒沙门菌 TA98 发生突变。500μg/mL 的 NNK 作用于人支气管上皮细胞（BEP2D）后，第 5 代细胞可出现抗血清生长能力，第 15 代细胞出现锚着独立生长特性，第 25 代细胞便具有裸鼠体内成瘤性，提示 NNK 可诱发 BEP2D 细胞发生恶性转化。

对 Wistar 大鼠进行 NNK 肺部灌注发现，接触 NNK 的肺组织上皮细胞有不典型的增生现象，均处于癌前病变阶段。流行病学研究发现，吸烟量大的人，尿液中 NNK 的代谢产物 4-甲基-1-(3-吡啶基)-1-丁醇含量较高，患肺癌的风险也相应增加。体外试验、动物试验和人群流行病学资料均提示 NNK 存在遗传毒性和致癌毒性。

（2）剂量-反应关系评定　致癌物的剂量-反应关系是建立在致癌物剂量与肿瘤发生概率之上的定量关系，是健康风险评估的核心内容。NNK 为遗传毒性致癌物，其剂量-反应关系主要采用无阈化学物质的表示方法，一般为 US EPA 使用的 CPF 或 CSF。目前，US EPA 开发的 IRIS 中并未提供 NNK 的 CPF 或 CSF，因此采用 CPDB 中 NNK 的致癌强度 TD_{50} 数据。CPDB 提供了大鼠、小鼠和仓鼠的试验结果，具体呈现见表 4-1，NNK 具有统计显著性的最小 TD_{50} 值是 0.0999mg/(kg·d)，毒性终点是引起大鼠肝脏、肺和胰腺的肿瘤发生，即 NNK 的 CPF 或 CSF 是 5.0 $[mg/(kg \cdot d)]^{-1}$。

表 4-1　CPDB 中 NNK 的 TD_{50} 数据

大鼠靶器官		小鼠靶器官		仓鼠靶器官		TD_{50}/[mg/(kg·d)]		
雄	雌	雄	雌	雄	雌	大鼠	小鼠	仓鼠
肝脏、肺、胰腺	无试验	无试验	无试验	无试验	无阳性	0.0999	无试验	无阳性

（3）暴露评定　暴露评定是确定待评价化学物质的暴露途径、类型、强度和时间。采用 US EPA 推荐的理论上限评估法（theoretical upper-bound estimates，TUBES）进行暴露计算。TUBES 评估法首先假设一组超过所有暴露个体承受的暴露水平的理论极限值，然后评估预期的超越实际分布中所有个体可能经历的暴露、剂量和风险水平，通过这种假设计算得到暴露和剂量均高于群体中所有个体经历的暴露的最高值，如最高暴露浓度、最高摄入量和最低体重等。

对致癌物进行风险评价时，尽管暴露不一定是终生的，但是暴露剂量通常用 LADD 或 LADI 来表示，其中 LADD 和 LADI 的公式见式（4-1）和式（4-2）。由于 NNK 的剂量-反应关系是由经口毒性试验所得，因此终生日平均剂量采用 LADD 表示。

谢剑平等采用国际标准方法，对中国市场上 163 种卷烟样品进行有害成分分析测定，结果发现绝大部分卷烟的 NNK 释放量均小于 10ng/cig。而 Xie 等对中国市场上 30 种代表性品牌卷烟依据加拿大深度抽吸方法进行分析测定时，其主流烟气中 NNK 的平均释放量为 0.04μg/cig。

对于 CpD，各文献采用数据有所差异，Watanabe 等将每天抽吸烟支数确定为 20cig 和 40cig 两种情况，分别进行风险评价；Baker 等则把吸烟者每天抽吸烟支数做最大化的假设，以每天抽吸 50cig 卷烟作为制定主流烟气有害成分可接受风险的参考依据。

Fowles 和 Dybing 假设吸烟者平均预期寿命 75y 内抽烟时间为 60y；Fowles 和 Bates 则假设吸烟者在预期寿命 70y 内，抽烟时间为 35y，同时假设吸烟者平均体重为 70kg。对中国人群进行暴露评定时，预期寿命通常采用 70y，体重采用 65kg，也有文献采用 64kg 的体重。

根据 TUBES 评估法，最后确定 NNK 的释放量为 0.04μg/cig，每天抽吸烟支数为 50cig/d，抽吸时间为 60y，抽吸频率为 365d/y，平均体重为 64kg，预期寿命为 70y，由此，吸烟暴露 NNK 的 LADD 见式（4-3）：

$$\frac{0.04\mu g/cig \times 50cig/d \times 60y \times 365d/y \times 10^{-3} mg/\mu g}{64kg \times 70y \times 365d/y} = 2.7 \times 10^{-5} mg/(kg \cdot d) \qquad (4-3)$$

（4）风险度表征　健康风险特征分析是风险评估的总结阶段，通过对前三个阶段的评价结果进行综合分析，估算待评化学物质的风险估计值。根据 ILCR 公式，NNK 的 ILCR 为 $5.0\ [mg/(kg \cdot d)]^{-1} \times 2.7 \times 10^{-5} mg/(kg \cdot d)$，约为 1.4×10^{-4}。

对于致癌物，一般认为终生暴露所导致的风险在 10^{-6}或以下为可接受的风险，风险高于 10^{-4}时，化学物质的致癌风险属于高关注风险，需要进行监管控制。通过 TUBES 方法得到 NNK 的风险度为 1.4×10^{-4}，说明人群通过吸烟接触 NNK 的风险需要高度关注。以 10^{-6}作为可接受风险时，人每天通过抽烟暴露的 NNK 为 0.015μg 时，患癌症的风险可以忽略。

（5）不确定性分析　风险评估是进行化学物质危险管理的重要理论基础，主要用于环境化学物质的风险度评价。本书依据化学物质风险评估的基本框架，综合了主流烟气 NNK 的释放量、毒理学资料、人群暴露情况等资料，对卷烟主流烟气中的 NNK 进行定量评价，为烟草的管理控制提供有力的科学依据。同时，计算公式是化学物质风险评估中广为接受且经常采用的，通过计算，NNK 的风险度为 1.4×10^{-4}，高于可接受风险，需要管控，而当通过抽烟暴露的 NNK 降低为 0.015μg/d 时，由 NNK 引起的癌症风险可以忽略。

美国加利福尼亚州环保局环境健康风险评估办公室（Office of Environment Health Hazard Assessment，OEHHA）以 10^{-5}为无重大风险水平（no significant risk levels，NSRL）获得的人的安全暴露剂量为 0.014μg/d，但仅仅是一般的 NNK 暴露，并不能真实反映吸烟暴露 NNK 的风险。由于 US EPA 中未提供 NNK 的致癌强度数据，Xie 等采用 Naufal 的研究数据而非权威数据库数据，结合中国人群的体重、抽吸行为，采用概率统计法计算得出 NNK 的平均致癌风险为 2.07×10^{-4}。本书则依据 US EPA 推荐的理论上限评估法，采用权威毒性数据和文献提供的用于风险计算的各参数的最大贡献值，对 NNK 的致癌风险进行估算，一方面从消费者利益考虑、从保证每个消费者利益出发来评估 NNK 的致癌风险；另一方面，也为卷烟烟气中 NNK 或其他有害成分的风险评估提供思路。

健康风险评估方法还处于发展阶段，自身还存在一定的不确定性。由于缺乏充分的人群流行病学资料，研究获得的风险度可能无法直接反映吸烟者暴露 NNK 可能遭受的风险。而且剂量-反应关系的数据源于动物试验，存在动物向人外推的不确定性，同时，吸烟者之间也存在个体向人群外推的不确定性。

吸烟暴露 NNK 的风险评估研究还存在一定的局限性。由于卷烟烟气是含有 6000 多种化学物质的复杂体系，而 NNK 是卷烟烟气中 100 多种有害成分之一，其中的化学物质之间相互作用，在进行 NNK 的风险评估时，忽略了其他化学物质对 NNK 的影响；由于毒理学数据的不充分，研究采用的 NNK 致癌强度数据源于动物的经口致癌毒性，与吸烟者实际暴露 NNK 的途径有所不同；NNK 的摄入量采用的是加拿大深度抽吸的释放量，与人实际摄入量不同，并假设吸烟者对深度抽吸的烟气全部吸收，未将毒代（效）动力学考虑在内，很可能高估了吸烟者的实际暴露情况。

4.2.1.2 卷烟烟气有害成分砷吸入的健康风险

重金属元素是卷烟烟气中重要的一类有害成分，主要包括镉（Cd）、铬（Cr）、铅（Pb）、砷（As）、汞（Hg）、镍（Ni）和硒（Se）7 种重金属元素，其毒性涵盖系统毒性和特殊毒性，重金属的毒性大小取决于细胞水平的剂量及原子价态、结合的配体等。卷烟烟气中的重金属主要来源于烟草，但这些重金属不是烟草的主要内源性化学成分，而是由于化肥、农药等农用化学品的大量施用以及采矿、冶炼、化工、电子等工业“三废”的排放所导致的环境污染，进而在烟草生长过程中进入烟草植物体内的外源性污染物质。

其中砷从生物和毒理方面分为无机砷、有机砷和砷化氢气体三种。常见的无机三价砷有三氧化二砷、亚砷酸钠和三氯化砷；无机五价砷有五氧化二砷、砷酸和砷酸盐；有机砷化学物质有对氨基苯胂酸（4-aminobenzenearsonic acid）、甲基砷酸（monomethylarsonic acid，MMA）、二甲基砷酸（dimethylarsinic acid，DMA）和砷甜菜碱。三氧化二砷微溶于水，溶于氢氧化钠溶液形成亚砷酸盐，溶于浓盐酸形成三氯化砷；亚砷酸钠和砷酸钠均极易溶于水；水溶液中，价态可能会随 pH 和其他物质的氧化还原性发生变化。

据 1994 年 WHO 估计，卷烟主流烟气中砷含量为 40~120ng/cig。如果人均每天抽吸 20cig，通过抽烟暴露砷的摄入量为 0.8~2.4μg/d。烟气中砷来源于烟草中的无机砷，且烟草中砷含量随着砷酸铅杀虫剂的使用而增加。冶炼厂的工人抽烟可增加患肺癌的风险。

因此，本书对卷烟烟气中的砷开展风险评估，以掌握吸烟者暴露砷的健康风险，为管控措施提供数据支持。

（1）危害识别

①动物试验资料：目前经吸入方式进行砷染毒的动物试验研究相对较少。有研究表明，采用全身暴露形式对 SD 雌性大鼠进行砷吸入染毒的发育毒性试验，每天暴露 0.3，3.0，10.0mg/m^3的砷 6h，仅高剂量组的大鼠出现肺罗音、

鼻周出现干红点和肺杀菌活性，3 个剂量组均未出现发育毒性。Nrf2-WT 和 Nrf2-KO 两种基因型小鼠经 14d 砷吸入暴露后，肺泡间隔显著增厚，胶原沉积增加，成纤维细胞增殖，肺泡增生，同时，两种小鼠砷暴露组肺部均可见浸润的淋巴细胞，与阴性对照组相比，砷染毒的小鼠 DNA 氧化损伤和细胞凋亡显著性增加。

经饮水和饮食暴露砷的动物试验研究表明，砷对哺乳动物有发育毒性和致癌性。砷可以促使性腺激素（促黄体生成素和促卵泡生成素）和性激素水平下降，精子畸形率升高、卵巢羟化类固醇脱氢酶活性减弱。大鼠暴露砷后，可引起胚胎先天畸形，甚至发生流产、死产，畸形可表现为具有小的前肢芽或没有前肢芽、未闭合的前后神经管、无耳泡等。砷可以明显提高雌激素受体 α（estrogen receptor α，ERα）基因的表达，从而导致雌性小鼠生殖系统肿瘤发生率增加。叙利亚地鼠胚胎细胞经砷染毒 48h，长期培养后发现 c-myc 和 c-H-ras 原癌基因 5′-CCGG 序列发生低甲基化。

②流行病学研究：目前砷吸入的流行病学研究主要是关于铜熔炼炉职业工人的砷暴露，砷的流行病学研究大多侧重于经口饮用水的暴露。铜熔炼炉工人暴露 0.5mg/m^{3}砷后出现不同程度的皮炎，血管痉挛和雷诺氏综合征发生率增加，神经传导速度降低。经饮水和饮食暴露砷的流行病学研究发现，砷中毒除造成短期的人体损害外，过量摄入砷可引起皮肤、膀胱、肺等多种器官肿瘤发生率增加。

（2）剂量-反应关系评定

①非致癌效应：Tseng 等于 1968 年和 1977 年对中国台湾西南部沿海地区约 47500 位居民长期经饮水暴露砷进行了调查。研究分为 3 种暴露组，分别是仅饮用浅井水（砷浓度 0.001～0.017mg/L）、自流井水（砷浓度 0.01～1.82mg/L）和自来水（砷浓度约为 0.01mg/L）。研究表明，经饮水暴露砷后，产生皮肤色素沉着过度、角化病和血管并发等症状；仅饮用浅井水暴露组无毒性反应，其暴露剂量以浅井水砷浓度的平均值 0.009mg/L 表示。

US EPA 根据 Tseng 等的研究，将 0.009mg/L 定为经饮水的 NOAEL。同时，US EPA 根据当地的饮食习惯，将其转化为砷经口暴露 NOAEL 为 0.0008mg/(kg·d)。基于小样本向人群外推的不确定性考虑，将不确定系数初步定为 3，最终 US EPA 将经口暴露砷的 RfD 确定为 3.0×10^{-4}mg/(kg·d)。

②致癌效应：砷也是确定的人类致癌物，经长期饮水暴露砷后，人皮肤、

膀胱、肺、肾和肝等多种器官产生肿瘤。

US EPA 利用多级模型的时间-剂量公式，对 Tseng 等的研究数据外推出砷经口 CSF 为 1.5 $[mg/(kg \cdot d)]^{-1}$，经饮用水的单位风险为 5.0×10^{-5} $(\mu g/L)^{-1}$。Brown 等对职业暴露不同浓度砷的工人进行流行病学调查发现，经呼吸暴露砷的男性工人肺癌发生率增加。US EPA 根据其研究结果，利用绝对风险线性模型的外推法，推导出经呼吸暴露无机砷的 IUR 为 4.3×10^{-3} $(\mu g/m^3)^{-1}$。

在砷同时具有经口暴露和经呼吸暴露的致癌强度的情况下，考虑到人体主要是通过呼吸系统暴露卷烟烟气中的砷，本书最终选择 US EPA 推荐的 IUR 作为砷致癌效应下的剂量-反应关系评定数据。

（3）暴露评定　进行砷吸入的暴露评定时，需解决暴露浓度和暴露参数两方面的问题。

①暴露浓度：目前，国内外对于化学物质暴露浓度的研究分为内暴露和外暴露两种方式。烟气中砷的暴露浓度也可以采取这两种方式开展研究。2001 年，欧洲生态环境毒理科学委员会（European Scientific Committee on Toxicity，Ecotoxicity and Environment，SCTEE）认为排除职业工人暴露的因素，食物和饮用水是普通人群的主要暴露途径，并计算出无机砷日摄入量的比例：空气<1%；卷烟烟气：0%～16%；饮用水：0%～33%；食物：50%～98%。可见，人体每天通过吸烟暴露砷低于人体每天从饮食和饮水中摄入的砷。由于饮食和饮水对人体体液中重金属量的影响较大，很难进行内暴露测量。

目前大多采用吸烟机抽吸方式对卷烟主流烟气重金属释放量进行外暴露测量，因此暴露浓度即卷烟主流烟气中砷的释放量采用 YC/T 379—2010 的方法测定，设两次重复。ISO 抽吸模式下国内市场上 33 种卷烟主流烟气中砷的释放量见表 4-2，结果显示，抽查卷烟样品中主流烟气中砷的释放量在 0～26.2ng/cig，为 8.3ng/cig±6.4ng/cig。

表 4-2　　卷烟样品主流烟气中的砷释放量（ng/cig）

编号	砷释放量	编号	砷释放量	编号	砷释放量
1	2.7	4	3.1	7	26.2
2	4.0	5	3.7	8	2.3
3	8.6	6	2.8	9	3.9

续表

编号	砷释放量	编号	砷释放量	编号	砷释放量
10	15.7	18	9.1	26	17.7
11	18.5	19	2.0	27	8.4
12	5.7	20	6.3	28	18.5
13	4.8	21	8.2	29	9.7
14	ND*	22	15.7	30	4.5
15	1.2	23	14.9	31	1.2
16	11.6	24	15.5	32	11.6
17	8.1	25	4.6	33	3.2

注：*ND 表示未检出，按 0ng/cig 计。

②暴露参数：暴露参数是描述吸烟者暴露重金属的特征和行为的参数，包括人体特征（如体重、寿命等）、时间-活动行为参数（抽吸卷烟时间等）和摄入率参数（如呼吸速率、吸烟量等）。目前权威机构和文献报道的暴露参数差异较大，基于对吸烟人群健康保护的考虑，以中国人群的最新实际暴露参数为评定数据。

上述砷的剂量-反应关系数据选择时，非致癌风险选用了砷的经口数据，致癌风险选用了砷的经呼吸数据。

国内外关于吸烟暴露参数的调研结果见表 4-3。

表 4-3　　国内外关于暴露参数文献数据汇总

暴露参数	数据	研究人群	文献来源
CpD/(cig/d)	13.1~17.8	纽约西部城市	Djordjevic
	20	美国	Rodgman
	40	美国	Watanabe
	50	最大化假设	Baker
	17.6±9.2	中国	杨功焕
ED/y	60	美国	Fowles
	13.0~19.8	纽约西部城市	Djordjevic
	预期寿命（LE）-18	中国	Xie
EF/(d/y)	365	吸烟者	—

续表

暴露参数	数据	研究人群	文献来源
BW/kg	70	美国	Fowles
	65	中国	张桥
	64	中国	杨辛
	63.7	中国	Xie
	63	中国	中国总膳食研究（TDS）
	60.6	中国	中华人民共和国生态环境部
	60	美国	FDA
DIR/(m^3/d)	22	中国	张晶
	20	美国	Fowles
	271.81L/(kg·d)	美国	Cal EPA
	15.7	中国	中华人民共和国生态环境部
AT/d	预期寿命	美国	Brown
	74.83	中国	中华人民共和国国家统计局

通常情况下，进行致癌效应的暴露评估时，采用终生时间，即预期寿命74.83y作为AT，即27313d。但由于吸烟不是终生行为，因此在进行非致癌效应的暴露评估时，AT不宜采用终生时间，应为实际暴露时间，即ED×365d/y，即20743d。结合优先选择中国人群的最新实际暴露数据，最终暴露参数见表4-4。

表4-4　　用于中国人群经吸烟暴露砷的暴露参数

暴露参数	数据	文献来源
CpD/（cig/d）	17.6±9.2	杨功焕
ED/y	56.83	Xie
EF	365	—
BW/kg	60.6	中华人民共和国生态环境部
DIR/（m^3/d）	15.7	中华人民共和国生态环境部
AT/d	20 743	非致癌效应
	27 313	致癌效应

将各个暴露参数代入暴露评估方程，可得到吸烟暴露砷的非致癌效应 LADD = 2.4×10^{-6}mg/(kg·d)$^{-1}$，致癌效应 LADI 则为 9.3×10^{-3}μg/m^3。

（4）风险度表征　将砷作为非致癌物考虑时，经吸烟暴露砷的 HQ 为 0.008（<1），非致癌风险非常小；将砷作为致癌物时，经吸烟暴露砷的 ILCR 为 4.0×10^{-5}，高于 10^{-6}，表明人群通过吸烟暴露烟气中砷的致癌风险属于关注风险，需要进行监管控制。

（5）不确定性分析　风险评估主要用于化学物质的风险度评价，是对化学物质进行危险管理的重要理论基础。本书根据现有的行业标准测定了国内市售卷烟样品，得到主流烟气中的砷释放量范围，即卷烟主流烟气中的砷暴露浓度范围。根据风险评估的基本框架，对中国人群经吸烟暴露砷的健康效应进行风险评估，为烟气重金属风险评估以及相关管制措施的制定提供了科学依据。

本书采用的毒理学资料来源于国际公认的、说服力较强的国际组织和各国管理机构（IARC、US EPA、FDA 等），以确保毒理学数据的可靠性。用于其他任何领域化学物质风险评估的方程，同样适用于烟草的风险评估。采用中国人群的最新暴露数据进行砷暴露的风险评估。通过评估，砷作为非致癌物考虑时，其风险度估计值为 0.008，非致癌风险非常小；砷作为致癌物考虑时，风险度估计值为 4.0×10^{-5}，高于可接受风险值，需要管控。

目前风险评估技术还处于发展阶段，评估过程中的很多不确定性对定量评估也产生了一定的约束。在进行化学物质风险评估时，一般预先假设环境中各危险因素之间相互独立，所引起的危害健康效应互不相关。卷烟烟气是含有 6000 种化学物质的复杂气溶胶，砷为其中的有害成分之一，在进行砷的风险评估时，未考虑烟气中其他化学物质对砷危害效应的影响。砷的暴露浓度采用吸烟机模拟下的释放量，和人群实际抽吸行为差别很大；对吸烟者来说，暴露主流烟气各成分的情况，在不同人及同一人不同时间抽吸卷烟时并不一致；研究还假设吸烟者对标准抽吸的卷烟烟气全部吸收，未将毒代（效）动力学因素考虑在内，很可能在一定程度上高估了主流烟气中砷吸入的实际暴露情况。这些情况都在一定程度上增加了结果的不确定性。

随着风险评估技术的逐步完善，在这些不确定性被解决的基础上，砷暴露健康风险的科学性和可靠性将会随之提高，对砷及其他有害成分的风险管理势必带来更高的参考价值。

4.2.2 以概率评估评定卷烟烟气中43种有害成分的风险

以风险评估原则，对中国市场上部分卷烟主流烟气的有害成分危害风险进行排序，采用吸烟机抽吸分析测定43种有害成分释放量、卷烟消费数据（每天抽吸烟支数）、中国健康与营养调查吸烟者体重数据，以及由世界卫生组织生命表数据提供的中国人群吸烟时间，采用蒙特卡洛模拟方法计算每种化学成分的ILCR、HQ及MOE。并根据ILCR、HQ和MOE来对卷烟烟气中有害成分的风险排序。

4.2.2.1 评定方法

（1）在中国销售的卷烟主流烟气的化学成分

①卷烟样品的选择：选择在中国销售的30个卷烟品牌进行分析。在这30个品牌中，有20个在国内（即在中国）生产。而在20个国内生产的品牌中，有18个品牌卷烟是烤烟，另外两个品牌则由美式混合烟草制成。在10个非中国品牌卷烟中，有2个主要使用弗吉尼亚烟草卷制，另外8个使用美式混合烟草卷制。30个卷烟品牌中，有25个卷烟品牌的滤棒采用醋酸纤维素滤棒，另外5个品牌滤棒采用活性炭醋酸纤维复合滤棒。在5个采用复合滤棒的品牌中，1个是使用弗吉尼亚烟草卷制的国内品牌，另外4个则使用美式混合烟草（1个国内品牌，3个非国内品牌）。28个品牌卷烟的烟支长度为85mm，两个品牌（均为非国内品牌）卷烟的烟支长度为90mm。所有品牌卷烟的圆周均为25mm。

30种卷烟的盒标焦油介于10~13mg。其中有15个品牌盒标焦油为13mg，7个品牌盒标焦油为12mg，2个品牌盒标焦油为11mg，6个品牌盒标焦油为10mg。18个中国烤烟型品牌涵盖了中国市场上5个不同价类的卷烟。

②主流烟气化学成分释放量：采用加拿大深度抽吸方法，100%封闭滤棒通风口，每口55mL，持续2s，间隔30s。采用加拿大卫生部规定的方法对30种卷烟主流烟气中43种化学成分进行测定。

（2）中国人群的暴露评定

①方程式：卷烟烟气化学成分i的LADI使用式（4-4）计算：

$$\mathrm{LADI}_i = \frac{S_{yi} \times \mathrm{CpD} \times \mathrm{ED} \times \mathrm{EF}}{\mathrm{DIR} \times \mathrm{BW} \times \mathrm{AT} \times \mathrm{CF}} \; (\mu g/m^3) \tag{4-4}$$

式中 S_{yi}——化学成分i的释放量，μ/cig

CpD——每天抽吸卷烟数，cig/d

ED——抽吸时间，y

EF——抽吸频率，d/y

DIR——每天呼吸空气量，L/(kg·d)

BW——体重，kg

AT——平均时间（癌症风险 ILCR 计算时为 70y×365d/y 或 25550d；非致癌风险 HQ 计算时为 ED×365d/y）

CF——转换因子，$10^{-3}m^3/L$

②暴露参数（BW、CpD、ED）：使用概然论方法估算暴露量需要获得卷烟 MSS 化学成分释放量和吸烟行为的人口分布。除 EF 以外，我们对模型中使用的所有暴露变量的概率分布进行估算，这种方法能够提供实际的检测数据，并且可反映更为现实的暴露情况。使用 Crystal Ball 11. 1. 2 软件中的分布拟合函数，对 30 个品牌卷烟的 S_{yi} 的分布进行模拟。Crystal Ball 软件提供了三种不同的拟合优度检验，包括 Kolmogorov - Smirnov 检验、卡方检验和 Anderson-Darling 检验。通常，三种检验结果都是相互吻合的。若不相互吻合，优先选择 Anderson-Darling 拟合优度检验。

BW 和 CpD 的分布依据 2006 年中国健康和营养调查（CHNS）的数据。CHNS 提供了公开免费使用的数据，通过多水平、多阶段和随机集群程序，从中国九省自治区（即广西、贵州、黑龙江、河南、湖北、湖南、江苏、辽宁和山东）抽取了大约 4400 个家庭（大约 19000 口人）的样本。个体水平的 CpD 和 BW 数据源于 2006 年成人（18 周岁以上）吸烟者的调查问卷表，主要是对“您是否一直吸烟?”作肯定回答的吸烟者。ED 根据年龄计算（如 18~100 岁），预期寿命减去 18 岁（在中国的抽烟合法年龄）。预期寿命以世界卫生组织 2006 年中国寿命表为依据。

（3）致癌和非致癌风险

①致癌风险：美国国家环境保护局（US EPA）综合风险信息系统（IRIS）提供的致癌强度因子，常被 US EPA、国际癌症研究所（IARC）以及美国加利福尼亚环境保护署（Cal EPA）用于确定的已知、可能或可疑的人类致癌物的卷烟主流烟气化学成分的剂量-反应关系评估。如果 US EPA 无法提供致癌强度值，则采用 Cal EPA 的数据。如果在同行评审文献中发现更新的致癌强度因子，则使用文献中的致癌强度因子。在染毒途径上，优先采用的是吸入单位风险（IUR）；如果没有 IUR，则采用经口的致癌斜率因子（CSF）。对于

不能在权威数据库获取致癌强度因子，但在文献中有适当的剂量-反应关系数据的，则可以通过计算获取致癌强度因子。相应的，本书也衍生了致癌强度估算值，通常是取自一项或多项动物试验研究，使用线性多阶段模型斜率的95%置信区间。除 NNK 以外，使用的所有致癌强度因子均为点估算值。Naufal 等以贝叶斯模拟方法推导出了 NNK 的癌症斜率因子的分布，本书采用该分布值。

计算主流烟气中已知或可疑人类体致癌物的 ILCR 值，为化学成分的排序提供了依据。利用现有的致癌强度 IUR_i或 CSF_i，通过将每支卷烟主流烟气化学成分的释放量（μg）与致癌强度相乘，即 $ILCR_i = IUR_i$（或 CSF_i）$\times LADI_i$，计算出成分 i 的 ILCR。其中，IUR_i表示成分 i 的吸入单位风险（$\mu g/m^3$）$^{-1}$，CSF_i $[mg/(kg \cdot d)]^{-1}$表示成分 i 的癌症斜率因子，而 $LADI_i$表示成分 i 的终生平均每天摄入量，单位为 $\mu g/m^3$或 $mg/(kg \cdot d)$。

②非致癌风险：采用了 US EPA 提供的参考浓度（RfC），对具有非致癌影响的化学成分进行剂量-反应关系评定。如果没有合适的 RfC，则采用 Cal EPA 提供的慢性参考暴露水平（Chronic Reference Exposure Levels，CREL）、有毒物质与疾病登记处（ATSDR）提供的慢性最低风险水平（MRL）、US EPA提供的参考剂量（RfD）或荷兰国家公共卫生及环境研究院（Rijksinstituut voor Volksgezondheid en Milieu，RIVM）提供的每日容许摄入量（acceptable daily intake，ADI）。如果在同行评审文献中发现有最新的非癌症毒性值，则采用文献中的最新值。

这些数据表示，在慢性试验中，低于这些数值的剂量水平不会出现具有统计学意义的有害效应。根据选择的数据类型，采用从 1 到 1000 的不确定系数来校正动物和人群的差异、人群之间的易感性差异等不确定因素的影响。

HQ 值为非癌症影响的化学成分进行优先排序提供了依据。在计算 HQ 时，需要获得化学物质的估计暴露量和健康风险基准浓度。对于每个具有非癌症效应的化学成分 i 的 HQ 计算为，$HQ_i = \frac{ADI_i}{RfC_i}$，其中，$ADI_i$表示化学成分 i 的平均每天摄入量，单位为 $\mu g/m^3$或 $[mg/(kg \cdot d)]^{-1}$；RfC_i表示化学成分 i 的参考浓度，单位为 $\mu g/m^3$。在某些情况下，RfC_i使用化学成分 i 的慢性参考暴露水平 REL_i（$\mu g/m^3$）、化学成分 i 的慢性最低风险水平 MRL_i（$\mu g/m^3$）、

化学成分 i 的参考剂量 RfD_i $[mg/(kg \cdot d)]^{-1}$ 或化学成分 i 的每天容许摄入量 TDI_i $[mg/(kg \cdot d)]^{-1}$ 代替。毒理学指标来自毒理学或流行病学文献中报告的最敏感值，并且由适当的不确定性系数进行外推。

③暴露范围：对于具有致癌或非致癌作用的化学成分，通过公共数据库确定其起始点（POD）。通常采用基准浓度下限（BMCL）作为 POD，如果没有可用的 BMCL，则使用基准剂量下限（BMDL）、T_{25}、NOAEL 或 LOAEL。如能获得多个 POD，则采用最敏感影响的数值（即最保守的数值）。

MOE 使用单个化学成分 i 的 POD_i 和 $LADI_i$ 计算，具体为：$MOE_i = \frac{POD_i}{LADI_i}$。

④风险度表征：卷烟主流烟气中各化学成分的释放量、抽吸支数、抽吸时间和频率以及人群的体重和每天呼吸率各不相同，因此每个吸烟者具有不同的暴露量。为解决 $LADI_i$ 值中的可变性，采用蒙特卡洛模型的概率论方法获得所有暴露参数的概率分布。该模型在风险分析软件 Crystal Ball 11.2.1 版中运行，使用了 10000 次重复。在第 1000，第 5000，第 10000 和第 100000 次重复时执行了独立模拟，检测数字输出的集中性和稳定性。结果表明，10000 次重复足以确保参数分布的稳定性。随后，从结果分布中提取了 ILCR、HQ 以及 MOE 的平均值、中值和第 95 百分数，并且进行了基于化学成分风险度的优先排序。该排序过程包括根据已确定的化学成分的风险度（即 ILCR、HQ、MOE）的大小，对这些化学成分进行排序。对于致癌风险，US EPA 采用了范围为 $10^{-6} \sim 10^{-4}$ 的风险作为公共健康保护的常用依据。对于非癌症风险，HQ 并非一种直接衡量风险的手段，而是实际暴露量和已确定的暴露阈值之间的比值。如果某种化学成分的实际暴露量（即 ADI）低于对应的阈值暴露量（如 RfC），即 $HQ<1$ 时，该风险不能对公共健康（包括敏感的子人群）造成威胁。如果某种化学成分的暴露水平超过对应的阈值暴露量（即 $HQ>1$），则可能存在潜在的非癌症风险。

与 HQ 相似，MOE 并不对风险进行估算，而是阈值剂量和估算暴露量之间的比率。当 $MOE \geqslant 10000$ 时，通常认为该化学成分的危害可以忽略。MOE 计算为依照危害影响对化学成分进行优先排序提供了依据，但不对非癌症和癌症结果进行区分。

4.2.2.2 评定结果

（1）剂量-反应关系评定 用于 ILCR 计算的致癌强度见表 4-5，非致癌毒性的危害商 HQ 见表 4-6，用于 MOE 计算的 POD 见表 4-7。

表 4-5　　卷烟烟气中致癌毒性化学物质的致癌强度数据（经呼吸）

成分	IUR/($\mu g/m^3$)$^{-1}$	种属	癌症终点	数据来源
1，3-丁二烯	5.00E-07	人	白血病	Grant，et al. 2009
2-萘胺	1.8E+00①	猴	膀胱	Cal EPA
4-苯基苯胺	6.00E-03	小鼠	肝脏	Cal EPA
乙醛	2.20E-06	大鼠	鼻	IRIS
丙烯腈	6.80E-05	人	呼吸系统	IRIS
砷	4.30E-03	人	肺	IRIS
苯	7.80E-06	人	白血病	IRIS
苯并芘	1.10E-03	人	呼吸系统	Cal EPA
镉	1.80E-03	人	肺	IRIS
铬	1.20E-02	人	肺	IRIS
甲醛	1.30E-05	大鼠	鼻	IRIS
异戊二烯	1.70E-02①	小鼠	脾	未发表④
铅	1.60E-01	大鼠	肾	Cal EPA
NNK	1.81E+01①②	大鼠	肺	Naufal，et al. 2009
NNN	4.00E-04③	仓鼠	呼吸系统	Cal EPA
吡啶	1.60E-01	小鼠	肝	未发表④
喹啉	3.00E+00①	大鼠	肝	IRIS

注：①经口癌症斜率因子［mg/（kg·d）］$^{-1}$；

②均数值分布 Naufal，et al.（2009）；

③来源于经口暴露；

④未发表，试验所得剂量-反应关系；

IRIS—综合危险信息系统；Cal EPA—美国加利福尼亚环境保护署。

表 4-6　　卷烟烟气中非致癌毒性化学物质的剂量-反应关系数据

成分	数值	类别	单位	种属	非癌症终点	来源
1，3-丁二烯	3.30E-02	RfC	mg/m^3	小鼠	卵巢萎缩	Grant，et al. 2010
2-丁酮	5.00E+00	RfC	mg/m^3	小鼠	发育	IRIS
乙醛	9.00E-03	RfC	mg/m^3	大鼠	嗅觉	IRIS

续表

成分	数值	类别	单位	种属	非癌症终点	来源
丙酮	3. 10E+01	MRL	mg/m^3	人	神经病	ATSDR 1994
丙烯醛	2. 00E-05	RfC	mg/m^3	大鼠	鼻损伤	IRIS
丙烯腈	2. 00E-03	RfC	mg/m^3	大鼠	鼻	IRIS
氨	1. 00E-01	RfC	mg/m^3	人	呼吸系统	IRIS
砷	1. 50E-05	REL	mg/m^3	人	发育；心血管；中枢神经系统；肺；皮肤	Cal EPA
苯	3. 00E-02	RfC	mg/m^3	人	血液	IRIS
镉	1. 00E-05	RfD	mg/(kg·d)	人	肾脏	ATSDR 2008
CO	2. 30E+01	REL	mg/m^3	人	心血管	Cal EPA
邻苯二酚	4. 00E-02	TDI	mg/(kg·d)	大鼠	神经系统发育；致死	Baars，et al. 2001
铬	1. 00E-04	RfC	mg/m^3	大鼠	肺	IRIS
甲醛	9. 00E-03	REL	mg/m^3	人	呼吸系统	Cal EPA
氢氰酸	8. 00E-04	RfC	mg/m^3	人	Thyroid	IRIS
对苯二酚	2. 50E-02	TDI	mg/(kg·d)	大鼠	Renal	Baars，et al. 2001
铅	3. 60E-03	TDI	mg/(kg·d)	人	中枢神经系统	Baars，et al. 2001
对间甲酚	5. 00E-02	RfD	mg/(kg·d)	大鼠	神经病，体重减轻	IRIS
镍	9. 00E-05	MRL	mg/m^3	大鼠	呼吸系统	ATSDR 2006
邻甲酚	5. 00E-02	RfD	mg/(kg·d)	大鼠	神经病，体重减轻	IRIS
苯酚	2. 00E-01	REL	mg/m^3	大鼠	神经病，肝病	Cal EPA
丙醛	8. 00E-03	RfC	mg/m^3	大鼠	嗅觉	IRIS
嘧啶	1. 00E-03	RfD	mg/(kg·d)	大鼠	肝病	IRIS
间苯二酚	2. 00E+00	RfD	mg/(kg·d)	大鼠	甲状腺	TERA 2004
硒	5. 00E-03	RfD	mg/(kg·d)	人	硒中毒	IRIS
苯乙烯	1. 00E+00	RfC	mg/m^3	人	中枢神经系统	IRIS
甲苯	5. 00E+00	RfC	mg/m^3	人	神经病	IRIS

注：ATDSR—毒性物质及疾病登记署；IRIS—综合危险信息系统；Cal EPA—美国加利福尼亚环境保护署；

MRL—慢性最小危险水平；REL—慢性参考暴露水平；RfC—参考浓度；RfD—参考剂量；TDI—每日可耐受剂量。

表 4-7　卷烟烟气中毒性化学物质的 POD 值

成分	POD 值	类别	单位	种属	终点	数据来源
3-丁二烯	1.02	BMCL	mg/m^3	人	白血病	Grant, et al. 2010
1-萘胺	29.7	T_{25}	mg/(kg·d)	小鼠	肝细胞瘤	Burns, et al. 2008
2-萘胺	0.68	BMDL	mg/(kg·d)	Monkey	膀胱癌	未发表*
2-丁酮	1517	BMCL	mg/m^3	小鼠	发育毒性	IRIS
4-苯基苯胺	2	BMDL	mg/(kg·d)	小鼠	膀胱癌	未发表*
乙醛	103	BMCL	mg/m^3	大鼠	鼻肿瘤	未发表*
丙酮	1700	LOAEL	mg/(kg·d)	大鼠	肾病	IRIS
丙烯醛	0.9	LOAEL	mg/m^3	大鼠	鼻损伤	IRIS
丙烯腈	0.4	BMCL	mg/m^3	大鼠	鼻病理改变	未发表*
氨	17.4	LOAEL	mg/m^3	大鼠	呼吸系统	IRIS
砷	0.003	BMDL	mg/(kg·d)	人	肺癌	JECFA 2010
苯	8.2	BMCL	mg/m^3	人	淋巴细胞减少	IRIS
苯并芘	3	BMDL	mg/(kg·d)	小鼠	食管癌	未发表*
镉	0.005	NOAEL	mg/(kg·d)	人	肾	IRIS
邻苯二酚	3.91	BMDL	mg/(kg·d)	大鼠	腺胃增生	未发表*
铬	0.016	BMC	mg/m^3	大鼠	呼吸系统	IRIS
甲醛	12.6	BMCL	mg/m^3	大鼠	鼻鳞状细胞癌	未发表*
氢氰酸	2.5	BMCL	mg/m^3	人	甲状腺	IRIS
异戊二烯	5.97	BMDL	mg/(kg·d)	小鼠	脾血管肉瘤	未发表*
汞	0.009	BMCL	mg/m^3	人	神经病	ICF 1998
对间甲酚	21	BMDL	mg/(kg·d)	小鼠	肾	未发表*
镍	50	LOAEL	mg/(kg·d)	大鼠	体重及脏器重量降低	IRIS
NNN	0.43	BMDL	mg/(kg·d)	大鼠	鼻腔和鼻窦恶性肿瘤	未发表*
NNK	0.0052	BMDL	mg/(kg·d)	大鼠	肺癌	Naufal, et al. 2009
邻甲酚	21	BMDL	mg/(kg·d)	小鼠	肾	未发表*
苯酚	125	BMDL	mg/(kg·d)	大鼠	降低孕产妇体重增加	未发表*

续表

成分	POD 值	类别	单位	种属	终点	数据来源
嘧啶	3.86	BMDL	mg/(kg·d)	小鼠	肝肿瘤	未发表*
喹啉	0.12	BMDL	mg/(kg·d)	大鼠	肝肿瘤	IRIS
间苯二酚	304	NOAEL	mg/(kg·d)	大鼠	NA	未发表*
硒	0.023	LOAEL	mg/(kg·d)	人	硒中毒	IRIS
苯乙烯	94	NOAEL	mg/m^3	人	中枢神经系统损伤	IRIS
甲苯	238	BMDL	mg/(kg·d)	大鼠	肾脏重量增加	IRIS

注：* 未发表，试验所得剂量-反应关系数据；

ATDSR—毒性物质及疾病登记署；BMCL—低水平基准浓度；BMDL—低水平基准剂量；LOAEL—最低可观察到有害作用剂量；NOAEL—不能观察到有害作用的最高剂量；T_{25}—在动物标准寿命内经自发发生率校正，引起25%动物特定组织肿瘤的慢性剂量率；IRIS—综合危险信息系统。

（2）暴露评定　当前，卷烟烟气有害成分的暴露评定多采用式（4-4）开展，运用概率论模拟可赋予以下优点：使用的方法被广泛接受，并适用于评定卷烟主流烟气中有害成分的 LADI；使用概率论的方法有利于对暴露评定步骤的不确定性进行分析。

但同时该方法还存在一定的缺点，如暴露评定的局限，按照化学物质100%被人体吸收计算，没有考虑实际的生物利用率；使用吸烟机测得的有害成分释放量数据来进行暴露评定；没有使用 PBPK 模型的计算方法。如果有充分的数据，PBPK 模型能够尽可能地计算出化学物质在任何暴露环节中到达靶器官的量。此模型也能够用来进行从未连续暴露的动物和人群试验中推导出连续暴露浓度；通过 DIR 和 BW 的方法不一定能够准确计算单个有害成分的摄入情况，其他的参数可能起到更为重要的作用，但需要进行基于有害成分特异性基础的研究才能确定。

①有害成分释放量：中国市场上30种卷烟主流烟气中43种有害成分释放量的简单统计（均值和标准偏差），见表4-8。

表4-8　中国市场30种卷烟主流烟气43种有害成分释放量

成分	$x±SD$/(μg/cig)	成分	$x±SD$/(μg/cig)
CO	24000±6400	嘧啶	15.9±5.3
乙醛	1048±275	邻甲酚	5.01±1.8

续表

成分	$x \pm SD$/(μg/cig)	成分	$x \pm SD$/(μg/cig)
异戊二烯	650±204	间苯二酚	2. 89±3. 3
NO	425±387	喹啉	0. 51±0. 2
丙酮	378±98	镉	0. 30±0. 2
氢氰酸	283±95	铅	0. 12±0. 1
甲醛	185±78	NAT	0. 06±0. 7
甲苯	124±34	NNN	0. 04±0. 1
对苯二酚	113±32	铬	0. 04±0. 01
1，3-丁二烯	105±40	NNK	0. 03±0. 04
邻苯二酚	111±33	苯并芘	0. 02±0. 01
苯	92. 1±24	砷	0. 02±0. 01
丙烯醛	89. 2±25	镍	0. 02±0. 01
丙醛	82. 0±22	1-萘胺	0. 01±0. 01
2-丁酮	60. 1±16	硒	0. 01±0. 003
丁醛 e	58. 3±16	NAB	0. 01±0. 01
巴豆醛	33. 6±9. 2	2-萘胺	0. 01±0. 003
苯酚	24. 2±8. 2	3-苯基苯胺	0. 002±0. 001
氨	23. 2±11	4-苯基苯胺	0. 001±0. 001
苯乙烯	21. 8±6. 4	汞	<LOQ
对间甲酚	21. 6±12		
丙烯腈	17. 3±7		

注：单位卷烟释放量较大的成分有 CO、乙醛、异戊二烯；释放量较小的有汞（低于检测限）、3-苯基苯胺和 4-苯基苯胺，亚硝胺释放量的变异较大，而 NAB、NAT、NNN 和 NNK 释放量的标准差远远大于均数。

②暴露参数：中国人群暴露参数见表 4-9。

表 4-9　　卷烟暴露参数、来源和描述

参数	缩写	单位	分布	数据来源
每天吸烟量	CpD	cig/d	实验习惯分布 $\mu=16.4$，$P_5=3.0$，$P_{95}=70.0$	2006CHNS

续表

参数	缩写	单位	分布	数据来源
暴露持续时间	ED	y	UNIFORM（18 100） μ=61.7，P_5=58.5，P_{95}=65.9	ED=年龄+寿命-18
暴露频率	EF	d/y	实验习惯分布 μ=319.6	1999—2008 NHANES （NCHS 2010）
寿命	LE	y	NA	WHO（2006）
体重	BW	kg	实验习惯分布 μ=63.7，P_5=46.7，P_{95}=84.2	2006CHNS
平均时间	AT	d	NA	US EPA1989
每天吸入率	DIR	L/d	GAMMA（193.99，31.27，2.46） μ=271.8，P_5=211.9，P_{95}=366.9	Cal EPA2003
当前年龄	Age	y	NA	WHO（2006）

NA 不适当的

（3）风险度表征　卷烟主流烟气化学成分释放量、吸烟强度、持续时间、频率，个体体重，每天呼吸量存在不同以及个体间差异。为了解决 LADI 的易变性，采用蒙特卡洛模型对暴露数据进行分析。取样方法是近似地选取 LADI 来进行评估。LADI 是一种时间加权平均值，通常用于致癌物的危险评定和非致癌物的慢性暴露评定。蒙特卡洛模型在 Crystal Ball 运行 10000 个重复，得出 ILCR、HQ 和 MOE 的均数、中值、第 95 百分数。

①致癌风险：根据已知或可能人类致癌物（n = 17）的致癌强度得到 ILCR 的均数、中位数、第 95 百分数，见表 4-10。通常，化学物质的致癌风险不能超过 10^{-4}，根据模拟，有 9 种化学物质的 ILCR 超过了 10^{-4}，包括异戊二烯、甲醛、乙醛、丙烯腈、苯、吡啶、镉、铬和 NNK。

表 4-10　　致癌毒性化学物质以 ILCR 值排序的致癌风险

成分	均数	中位数	第 95 百分数
异戊二烯	2.52E-03	2.20E-03	5.68E-03
甲醛	2.07E-03	1.66E-03	5.13E-03
乙醛	1.99E-03	1.74E-03	4.49E-03
丙烯腈	1.04E-03	8.48E-04	2.57E-03
苯	6.17E-04	5.39E-04	1.37E-03

续表

成分	均数	中位数	第 95 百分数
嘧啶	5.79E-04	5.07E-04	1.34E-03
镉	5.00E-04	3.99E-04	1.29E-03
铬	4.44E-04	3.81E-04	1.04E-03
NNK	1.90E-04	1.29E-04	5.68E-04
砷	6.13E-05	4.79E-05	1.57E-04
1，3-丁二烯	4.56E-05	3.80E-05	1.08E-04
喹啉	4.17E-05	3.61E-05	9.61E-05
NNN	1.92E-05	1.34E-05	5.76E-05
苯并芘	1.85E-05	1.61E-05	4.23E-05
4-苯基苯胺	6.28E-06	4.70E-06	1.69E-05
2-萘胺	2.45E-06	1.99E-06	6.09E-06
铅	1.24E-06	8.63E-07	3.59E-06

②非致癌风险：27 种化学成分的 HQ（表 4-11）包括均数、中位数、第 95 百分位数的 HQ。如果化学物质的暴露水平超出相应的暴露限值（即 HQ>1），说明这些化学物质有非致癌毒性的危险，从表 4-11 可以清楚地看出，这些需引起关注的化学物质包括丙烯醛、氰化氢、乙醛、镉、甲醛、丙醛、铅、丙烯腈、吡啶、1，3 丁二烯、苯、氢醌、砷和一氧化碳。

表 4-11　　非致癌毒性化学物质的危害商排序的非致癌风险

序号	成分	均数>1	中位数	第 95 百分位数
1	丙烯醛	4311	3773	9684
2	氢氰酸	353	300	819
3	乙醛	115	101	253
4	镉	32	26	80
5	甲醛	20	17	50
6	丙醛	10	9	22
7	铅	9	6	24
8	丙烯腈	9	7	22
9	嘧啶	4	4	9

续表

序号	成分	均数>1	中位数	第95百分位数
10	1，3-丁二烯	3	3	7
11	苯	3	3	7
12	对苯二酚	1.2	1	3
13	砷	1.1	1	3
14	CO	1.03	1	2
		均数<1	中位数	第95百分位数
15	邻苯二酚	0.7	0.6	1.5
16	铬	0.4	0.4	1.0
17	氨	0.2	0.2	0.6
18	镍	0.2	0.1	0.4
19	苯酚	0.1	0.1	0.3
20	对间甲酚	0.1	0.1	0.3
21	邻甲酚	0.03	0.02	0.06
22	甲苯	0.02	0.02	0.05
23	苯乙烯	0.02	0.02	0.05
24	丙酮	0.01	0.01	0.03
25	2-丁酮	0.01	0.01	0.03
26	硒	0.0003	0.0003	0.0008
27	间苯二酚	0.0003	0.0003	0.0009

③MOE：31种化学物质的MOE值包括其均数、中位数和第95百分位数，见表4-12。MOE≥10000，则认为化学物质的风险可以忽略。有18种化学物质的MOE≤10000，包括氰化氢、丙烯醛、1，3-丁二烯、丙烯腈、异戊二烯、甲醛、乙醛、镉、邻苯二酚、苯、铬、砷、氨、喹啉、吡啶、NNK、对间甲酚和苯乙烯。

表4-12　　毒性化学物质的MOE排序的风险

成分	均数<10000	中位数	第95百分位数
氢氰酸	15	9	44
丙烯醛	17	10	50

续表

成分	均数<10000	中位数	第 95 百分位数
1，3-丁二烯	17	10	50
丙烯腈	46	25	132
异戊二烯	57	35	172
甲醛	127	76	383
乙醛	162	99	475
镉	197	65	499
邻苯二酚	244	140	717
苯	545	326	1582
铬	631	388	1875
砷	1369	776	4055
氨	1374	826	4015
喹啉	1525	934	4467
嘧啶	1532	941	4491
NNK	2382	526	6059
对间甲酚	6610	3992	19545
苯乙烯	7352	4509	21785
	均数>10000	中位数	第 95 百分位数
甲苯	11782	7125	34740
硒	24494	14111	72621
邻甲酚	27401	16585	81062
丙酮	27909	16912	81990
苯酚	33392	20270	98214
2-丁酮	42639	26113	123241
NNN	198181	36906	474785
2-萘胺	777441	475988	2343464
间苯二酚	893455	520887	2742760
苯并芘	942281	574473	2745891
4-苯基苯胺	12651704	7414863	38458409
1-萘胺	15761429	9650996	47820842
镍	26673471	13198926	74915729

表 4-13 将 ILCR>10^{-4}、HQ>1 和 MOE≤10000 的化学物质，即风险需要关注的卷烟烟气化学物质一一列出。

表 4-13　　卷烟烟气中需要关注的化学物质

MOE<10000	ILCR>10^{-4}	HQ>1
氢氰酸	异戊二烯	丙烯醛
丙烯醛	甲醛	氢氰酸
1，3-丁二烯	乙醛	乙醛
丙烯腈	丙烯腈	镉
异戊二烯	苯	甲醛
甲醛	嘧啶	丙醛
乙醛	镉	铅
镉	铬	丙烯腈
邻苯二酚	NNK	嘧啶
苯		1，3-丁二烯
铬		苯
砷		对苯二酚
氨		砷
喹啉		CO
嘧啶		
NNK		
对间甲酚		
苯乙烯		

4.2.2.3　不确定性分析及讨论

采用 ILCR、HQ 和 MOE 三种方法，运用中国人群资料对中国市场部分卷烟的主流烟气有害成分进行分级。此外，计算所得指数不能直接与对吸烟者有潜在危害或危险性相关联，如吸烟机抽吸与吸烟者抽吸所得的释放量是不同的；由动物试验所得的剂量-反应关系也与人类暴露条件不同。指数计算同时依靠假设的数据选取及分析方法。因此，不同的数据选择和不同的分析方法可能得出不同的化学成分优先次序分级。以科学为依据的主流烟气有害成分优先分级也需要不断的评估。然而，在烟草管制环境下，采用适当的假设，这些结果可适于危险性管理，同时相对于可能的调控限制，这些结果也可以增强对化学物质的危险性和危害性的了解。

采用 ILCR>10^{-6}、HQ>1 和 MOE<10000 来考虑，有 8 种化学物质超过了三个数值的临界。这些化学物质为 1，3-丁二烯、乙醛、丙烯腈、砷、苯、镉、甲醛和吡啶。对于非癌症终点，检查 HQ 和 MOE 一贯的超过数可能比较重要。有 5 种成分超过了 HQ 和 MOE 的临界值，即丙烯醛、氰化氢、丙烯腈、镉和苯。

有很多文献涉及采用主流烟气有害成分释放量和剂量-反应关系，来对有害成分进行危险评定。其中 Fowles 和 Dybing 采用危险评定方法来对卷烟主流烟气有害成分进行分级。主流烟气中 41 种致癌物采用癌症危险指数进行计算，运用有害成分释放量和来源于 Cal EPA 致癌强度数据。从一切可以得到数据的数据库来获得烟气有害成分释放量，可能的国际卷烟品牌，采用标准抽吸方法抽吸分析。比较后确定采用默认的暴露参数（如 75y 寿命，抽吸 60y，每天吸入 $20m^3$），来计算癌症危险性。癌症危险性比较高的化学物质有 1，3-丁二烯、丙烯腈和砷，都超过了 10^{-4}。15 种非致癌有害成分的危害由 Cal EPA 的 REL 值计算，其中默认的吸入量为 $20m^3/d$，与 HQ 算法相似（每种卷烟有害成分的暴露量 LADD 除以 REL），非致癌指数大于 1 的化学物质有丙烯醛、乙醛、氢氰酸和砷。

Pankow 等对美国市场 26 种卷烟品牌的 13 种确定致癌物进行致癌危险性计算。数据源于致癌强度，卷烟抽吸依据马萨诸塞州条约（抽吸 2s，口容量 45mL，30s 间隔，50%封闭通风口）。其中 1，3-丁二烯、乙醛和丙烯腈的致癌风险超过 10^{-5}。尽管以目前的计算方法，这三种化学物质的致癌风险仍然超过 10^{-5}，但是 1，3-丁二烯比乙醛和丙烯腈低两个数量级。

Burns 等采用 ISO 标准抽吸方法，对菲莫国际卷烟品牌主流烟气的 43 种有害成分进行分析，以有害成分释放量，致癌症强度或 T_{25}值，来计算致癌指数及非致癌指数。排名靠前的致癌物包括 1，3-丁二烯、乙醛、NNK 和异戊二烯；排名靠前的非癌症化学成分包括丙烯醛、乙醛、氢氰酸和甲醛。

Watanabe 等计算了三种致癌物（NNN、NNK 和苯并芘）ILCR 的概率分布，以及检测人群抽吸条件下的释放量。这可能是唯一一个采用概率法对人群抽吸条件下有害成分释放量进行危险评定的试验。ILCR 均数估计值分别是：NNN 5×10^{-6}；NNK 1×10^{-4}；苯并芘 7×10^{-7}。这 3 种化学物质的排名与本

书分析一致。

本书有几个优势。本书是第一个采用中国市场卷烟和中国人群暴露烟气情况，来对卷烟主流烟气有害成分进行风险评定。方程式可用于任何领域的化学物质风险评定，同样适用于特殊产品——烟草的风险评定。暴露参数概率论和数据分布的运用，可以解释采用数据的不确定性和可变性。43 种有害成分非致癌剂量和癌症剂量-反应数据比较系统和全面。此外，还考虑了中国人群的暴露参数，数据源于 CHNS 数据库，同时与目前中国人群吸烟情况进行比较，卷烟抽吸情况的较好描述对理解人群吸烟相关健康危害是非常必要的。在不同的背景下，可以将化学物质分为致癌物和非致癌物分别进行评价，或是运用各自的指数分别进行评价。

同样，这种方法也存在局限性。理想情况下，将模型对混合物内有害成分的危害和风险性，以及有害成分之间的作用考虑在内（如抑制或协同），且考虑真实人群感受到的烟气作用、靶器官的内剂量、人群个体差异、人群抽吸卷烟行为的差异。虽然这些因素会影响到化学物质风险评定，但是，这些因素超出了分析系统的范围。首先，采用固定的方法对独立成分进行评价，像卷烟主流烟气这种复杂体系，化学成分之间的作用已经产生了毒性。由于某些成分有关的毒性强度作用值不能获得，计算 43 种成分的所有数值是不可能完成的。很多在动物试验上得到的毒性作用终点和剂量-反应关系与实际人群暴露所得到的数据不一样。具体而言，癌症危险指数估计可能与目前的流行病学调查结果不一致。个别成分作用方式可能会改变对人群毒作用的认识。此外，不同的作用方式有助于对化学物质进行分类来评价其风险性，即对非致癌和致癌化学物质分别进行风险性优先分级。对考虑个别化学成分的生理学基础上的药代动力学模型是很有用的。卷烟烟气释放量用机器抽吸和人群抽吸是不一样的。对吸烟者来说，暴露主流烟气各成分的情况，在不同人及同一人不同时间抽吸时都是相同的。加拿大深度抽吸方法的烟气成分释放量很可能高于实际人群抽吸暴露量。已证实经口暴露水平远远低于吸烟机抽吸产生的烟气量，特别是加拿大深度抽吸方法，风险评定采用深度抽吸的数据也是出于健康保护。

参考文献

［1］YC/T 379—2010《卷烟　主流烟气中铬、镍、砷、硒、镉、铅的测定》电感耦合

等离子体质谱法.

［2］高俊全，李筱薇，赵京玲，等.2000年中国总膳食研究——膳食铅、镉摄入量［J］. 卫生研究，2006，35（6）：750-754.

［3］李勇，孙棉龄，吴德生，等.As_2O_3对体外培养胚胎致畸作用时效关系研究［J］. 新疆医学院学报，1995，18（3）：166-169.

［4］木潆，潘秀颉，杨陟华，等.NNK和B[a]P在卷烟烟气复杂基质中的联合细胞毒性［J］. 湖南农业大学学报（自然科学版），2012，31（1）：49-52.

［5］杨陟华，朱茂祥，龚诒芬，等.NNK诱发人支气管上皮细胞恶性转化及氧化损伤机理研究［J］. 癌变·畸变·突变，1999，11（4）：184-188.

［6］张晶，王晓云.现行四氯乙烯职业卫生标准的环境影响评价［J］. 中国职业医学，2004，31（3）：18-21.

［7］张梅，王丽敏，李镒冲，等.2010年中国成年人吸烟与戒烟行为现状调查［J］. 中华预防医学杂志，2012，46（5）：401-408.

［8］张桥.卫生毒理学基础（第三版）［M］. 北京：人民卫生出版社，2003：199.

［9］张辛，万志勇，张丽，等.江西省城市居民室内装修环境健康危险度评价［J］. 环境与健康杂，2007，24（9）：698-700.

［10］张玉霞，赖百塘，陈洪雷，等.烟草致癌原NNK诱发大鼠肺癌前病变的实验研究［J］. 中国肺癌杂志，2006，9（2）：152-156.

［11］郑怡.Sulforaphane拮抗砷吸入染毒致肺部损伤及其机制的研究［J］. 沈阳：中国医科大学，2013.

［12］中华人民共和国国家统计局.我国人口平均预期寿命达到74.83岁.（2012）［2014-05-11］.http：//www.stats.gov.cn/tjsj/tjgb/rkpcgb/qgrkpcgb/201209/t20120921_30330.html.

［13］中华人民共和国环境保护部.中国人群暴露参数手册（成人卷）［M］. 北京：中国环境出版社，2013.

［14］周宗灿.毒理学教程（第三版）［M］. 北京：北京大学医学出版社，2006：288.

［15］Baker R. B.，Bishop L. J.. the pyrolysis of tobacco ingredients. J Anal Appl Pyrol，2004，71：223-311.

［16］Brown C. C.，Chu K. C.. Implications of the multistage theory of carcinogenesis applied to occupational arsenic exposure. J Natl Cancer Inst，1983，70（3）：455-463.

［17］California Environmental Protection Agency（Cal EPA）. The air toxic hot spots program guidance manual for preparation of health risk assessments.（2003）［2014-05-11］. http：//oehha.ca.gov/air/hot_spots/hraguidefinal.html.

［18］Carcinogenic Potency Database（CPDB）. Berkeley：University of California. 2009

[2018-09-10]. http://potency.berkeley.edu/pdfs/ChemicalTable.pdf.

[19] Chiang H.C., Wang C.Y., Lee H.L., et al. Metabolic effects of CYP2A6 and CYP2A13 on 4-(methylnitrosamino)-1-(3-pyridyl)-1-butanone (NNK)-induced gene mutation--a mammalian cell-based mutagenesis approach. Toxicol Appl Pharmacol, 2011, 253: 145-152.

[20] China Health and Nutrition Survey (CHNS), 2006. http://www.cpc.unc.edu/projects/china.

[21] Chiou T.J., Chu S.T., Tzeng W.F., et al. Arsenic trioxide impairs spermatogenesis via reducing gene expression levels in testosterone synthesis pathway. Chem Res Toxicol, 2008, 21(8): 1562-1569.

[22] Derby K.S., Cuthrell K., Caberto C., et al. Exposure to the carcinogen 4-(methylnitrosamino)-1-(3-pyridyl)-1-butanone (NNK) in smokers from 3 populations with different risks of lung cancer. Int J Cancer, 2009, 125(10): 2418-2424.

[23] Djordjevic M.V., Stellman S.D., Zang E.. Doses of nicotine and lung carcinogens delivered to cigarette smokers. J Natl Cancer Inst, 2000, 92(2): 106-111.

[24] European Food Safety Authority (EFSA). Opinion of the Scientific Committee on a request from EFSA related to a harmonized approach for risk assessment of substances which are both genotoxic and carcinogenic. 2005. http://www.efsa.europa.eu/en/scdocs/scdoc/282.htm.

[25] European Scientific Committee on Toxicity, Ecotoxicity and Environment (CSTEE). Opinion on: Position Paper on: Ambient Air Pollution by Arsenic Compounds-Final Version, October 2000. Opinion expressed at the 24th CSTEE plenary meeting, Brussels, 12 June 2001. http://europa.eu.int/comm/health/ph_risk/committees/sct/docshtml/sct_out106_en.htm.

[26] Food and Drug Administration (FDA). Maximum recommended therapeutic dose (MRTD) database. (2008) [2014-05-11]. http://www.fda.gov/aboutfda/centersoffices/officeofmedicalproductsandtobacco/cder/ucm092199.htm.

[27] Fowles J., Bates M.. The Chemical Constituents in Cigarettes and Cigarette Smoke: Priorities for Harm Reduction. New Zealand, Institute of Environmental Science and Research Limited, 2000, 22.

[28] Fowles J., Dybing E.. Application of toxicological risk assessment principles to the chemical constituents of cigarette smoke. Tob Control, 2003, 12: 424-430.

[29] Health Canada, 2006. Constituents and emissions reported for cigarettes sold in Canada-2004. A backgrounder. [2018-05-11]. http://www.hc-sc.gc.ca/hc-ps/alt_formats/hecs-sesc/pdf/tobac-tabac/legislation/reg/indust/constitu-eng.pdf.

[30] Health Canada. Tobacco reporting regulations - Methods. 2007, http://www.hc -

sc. gc. ca/hc-ps/tobac-tabac/legislation/reg/indust/method/index-eng. php#main.

[31] Holson J. F. , Stump D. G. , Ulrich C. E. , et al. Absence of prenatal developmental toxicity from inhaled arsenic trioxide in rats. Toxicol Sci, 1999, 51 (1): 87-97.

[32] Hughes K. . Inorganic Arsenic: Evaluation of Risks to Health from Environmental Exposure in Canada. Environmental Carcinogenesis & Ecotoxicology Reviews, 1994, 12 (2): 145-149.

[33] Lagerkvist B. , Linderholm H. , Nordberg G. F. . Vasospastic tendency and Raynaud's phenomenon in smelter workers exposed to arsenic. Environ Res, 1986, 39 (2): 465-474.

[34] Lagerkvist B. J. , Zetterlund B. . Assessment of exposure to arsenic among smelter workers: a five-year follow-up. Am J Ind Med, 1994, 25 (4): 477-488.

[35] Maud J. , Rumsby P. . A review of the toxicity of arsenic in air. Bristol: Environment Agency, 2008.

[36] Mohamed K. B. . Occupational contact dermatitis from arsenic in a tin-smelting factory. Contact Dermatitis, 1998, 38 (4): 224-225.

[37] Naufal Z. , Kathman S. , Wilson C. . Bayesian derivation of an oral cancer slope factor distribution for 4- (methylnitrosamino) -1- (3-pyridyl) -1-butanone (NNK) . Regul Toxicol Pharmacol, 2009, 55 (1): 69-75.

[38] Office of Environment Health Hazard Assessment (OEHHA) . Expedited cancer potency values and no significant risk levels (NSRLs) for six proposition 65 carcinogens: carbazole, meiq, meiqx, methyl carbamate, 4-n-nitrosomethylamino) -1- (3-pyridyl) -1-butanone, trimethyl phosphate. Sacramento, California Environmental Protection Agency, 2001: 9.

[39] Pankow J. F. , Watanabe K. H. , Toccalino P. L. , Luo W. , Austin D. F. . Calculated Cancer Risks For Conventional and "Potentially Reduced Exposure Product" Cigarettes. Cancer Epidemiol. Biomarkers Prevent, 2007, 16 (3): 584-592.

[40] Rodgman A. , Green C. R. . Toxic chemicals in cigarette mainstream smoke - Hazard and hoopla. Beitr Tabakfor Int, 2003, 20 (8): 481-545.

[41] Sarkar M. , Chaudhuri G. R. , Chattopadhyay A. , et al. Effect of sodium arsenite on spermatogenesis, plasma gonadotrophins and testosterone in rats. Asian J Androl, 2003, 5 (1): 27-31.

[42] Takahashi M. , Barrett J. C. , Tsutsui T. , et al. Transformation by inorganic arsenic compounds of normal Syrian hamster embryo cells into a neoplastic state in which they become anchorage-independent and cause tumors in newborn hamsters. Int J Cancer, 2002, 99 (5): 629-634.

[43] Tseng W. P. , Chu H. M. , How S. W. , et al. Prevalence of skin cancer in an

endemic area of chronic arsenicism in Taiwan. J Natl Cancer Inst, 1968, 40 (3): 453-463.

[44] Tseng W. P.. Effects and dose-response relationships of skin cancer and blackfoot disease with arsenic. Environ Health Perspect, 1977, 19: 109-119.

[45] U. S. Environmental Protection Agency (EPA). Risk Assessment Guidance for Superfund. Volume I. Human Health Evaluation Manual (Part A) Interim Final. Washington D. C.: Office of Emergency and Remedial Response, 1989: 39.

[46] U. S. Environmental Protection Agency (UE EPA). Arsenic, inorganic (CASRN 7440-38-2). (1993) [2019-05-11]. http://www.epa.gov/iris/subst/0278.htm.

[47] Waalkes M. P., Liu J., Ward J. M., et al. Urogenital carcinogenesis in female CD1 mice induced by in utero arsenic exposure is exacerbated by postnatal diethylstilbestrol treatment. Cancer Res, 2006, 66 (3): 1337-1345.

[48] Wang G. Q., Huang Y. Z., Xiao B. Y., et al. Toxicity from water containing arsenic and fluoride in Xinjiang. Fluoride, 1997, 30 (2): 81-84.

[49] Watanabe K. H., Djordjevic M. V., Stellman S. D., et al. Incremental lifetime cancer risks computed for benzo [a] pyrene and two tobacco-specific *N*-nitrosamines in mainstream cigarette smoke compared with lung cancer risks derived from epidemiologic data. Regul Toxicol Pharmacol, 2009, 55 (2): 123-133.

[50] Weems J. M., Lamb J. G., D'Agostino J., et al. Potent mutagenicity of 3-methylindole requires pulmonary cytochrome P450-mediated bioactivation: a comparison to the prototype cigarette smoke mutagens B [a] P and NNK. Chem Res Toxicol, 2010, 23: 1682-1690.

[51] World Health Organization (WHO). Life tables for member states. China 2006. [2010-1-12]. http://www.who.int/healthinfo/statistics/mortality_life_tables/en/.

[52] World Health Organization (WHO). Ten chemicals of major public health concern. (2010) [2019-05-11]. http://www.who.int/ipcs/assessment/public_health/chemicals_phc/en/.

[53] Xiao L., Yang J., Wan X., Yang G.. What is the prevalence of smoking in China. Chin. J. Epidemiol, 2009, 30 (1): 30-33.

[54] Xie J. P., Marano K. M., Wilson C. L., et al. A probabilistic risk assessment approach used to prioritize chemical constituents in mainstream smoke of cigarettes sold in China. Regul Toxicol Pharmacol, 2012, 62 (2): 355-362.

附录一
IARC 对化学物质的致癌分级汇总

（根据 CAS 号排序，更新时间：2020-06-26）

序号	CAS No.	英文名称	中文名称	级别	卷宗来源	确定的时间
1	100-00-5	4 - Chloronitrobenzene	4-硝基氯苯	2B	65，123	文件修订中
2	100-17-4	para-Nitroanisole	4-硝基苯甲醚	2B	123	文件修订中
3	10026-24-1	Cobalt sulfate and other soluble cobalt (II) salts	硫酸钴（七水）	2B	86	2006
4	100-40-3	4 - Vinylcyclohexene	4-乙烯-1-环己烯（靛蓝）	2B	Sup 7，60	1994
5	100-41-4	Ethylbenzene	乙基苯	2B	77	2000
6	100-42-5	Styrene	苯乙烯	2A	60，82，121	文件修订中
7	10043-66-0	Iodine - 131 (see Radioiodines)	碘-131（见放射性碘）			
8	10043-92-2	Radon-222 and its decay products	氡-222 及其衰变产物	1	43，78，100D	2012
9	10048-13-2	Sterigmatocystin	柄曲霉素	2B	10，Sup 7	1987
10	10048-32-5	Parasorbic acid	类山梨酸	3	10，Sup 7	1987
11	100-75-4	*N* - Nitrosopiperidine	*N*-亚硝基哌啶	2B	17，Sup 7	1987
12	10098-97-2	Strontium-90 (see Fission products)	锶-90（见裂变产物）			
13	101043-37-2	Microcystin-LR	微囊藻毒素-LR	2B	94	2010

续表

序号	CAS No.	英文名称	中文名称	级别	卷宗来源	确定的时间
14	101-14-4	4, 4′-Methylenebis (2-chloroaniline) (MOCA)	4, 4′-二氨基-3, 3′-二氯二苯甲烷	1	Sup 7, 57, 99, 100F	2012
15	101-21-3	Chloropropham	氯苯胺灵	3	12, Sup 7	1987
16	101-25-7	Dinitrosopentamethylenetetramine	N, N′-二亚硝基五亚甲基四胺	3	11, Sup 7	1987
17	101-61-1	Michler's base [4, 4′-methylenebis (N, N-dimethyl) benzenamine]	4, 4′-(对二甲氨基)二苯基甲烷	2B	27, Sup 7, 99	2010
18	101-68-8	4, 4′-Methylenediphenyl diisocyanate	4, 4′-亚甲基双(异氰酸苯酯)	3	19, Sup 7, 71	1999
19	101-77-9	4, 4′-Methylenedianiline	4, 4′-二氨基二苯甲烷	2B	39, Sup 7	1987
20	101-80-4	4, 4′-Diaminodiphenyl ether	4, 4′-二氨基二苯醚	2B	29, Sup 7	1987
21	101-90-6	Diglycidyl resorcinol ether	间苯二酚二缩水甘油醚	2B	36, Sup 7, 71	1999
22	102-50-1	meta-Cresidine	2-甲基-4-甲氧基苯胺	3	27, Sup 7	1987
23	102-71-6	Triethanolamine	三乙醇胺	3	77	2000
24	103-03-7	Phenicarbazide	1-苯基氨基脲	3	12, Sup 7	1987
25	103-11-7	2-Ethylhexyl acrylate	丙烯酸异辛酯	2B	60, 122	文件准备中
26	103-23-1	Di (2-ethylhexyl) adipate	己二酸二(2-乙基己)酯	3	Sup 7, 77	2000
27	103-33-3	Azobenzene	偶氮苯	3	8, Sup 7	1987
28	10380-28-6	Copper 8-hydroxyquinoline	8-羟基喹啉铜	3	15, Sup 7	1987

续表

序号	CAS No.	英文名称	中文名称	级别	卷宗来源	确定的时间
29	103-90-2	Acetaminophen (see Paracetamol)	对乙酰氨基酚(扑热息痛)			
30	103-90-2	Paracetamol (Acetaminophen)	扑热息痛(对乙酰氨基酚)	3	50, 73	1999
31	104-94-9	para-Anisidine	对甲氧基苯胺	3	27, Sup 7	1987
32	105-11-3	para-Benzoquinone dioxime	1, 4-苯醌二肟	3	29, Sup 7, 71	1999
33	10540-29-1	Tamoxifen	三苯氧胺	1	66, 100A	2012
34	105-55-5	*N*, *N'* - Diethylthiourea	1, 3-二乙基硫脲	3	79	2001
35	105-60-2	Caprolactam	己内酰胺	3	39, Sup 7, 71	1999
36	105650-23-5	PhIP (2-Amino-1-methyl-6-phenylimidazo [4, 5-b] pyridine)	PhIP (2-氨基-1-甲基-6-苯基咪唑 [4, 5-b] 吡啶)	2B	56	1993
37	105735-71-5	3, 7 - Dinitrofluoranthene	3, 7-二硝基荧蒽	2B	46, 65, 105	2014
38	105-74-8	Lauroyl peroxide	过氧化双月桂酰	3	36, Sup 7, 71	1999
39	10595-95-6	*N*-Nitrosomethylethylamine	*N*-亚硝基甲基乙基胺	2B	17, Sup 7	1987
40	10599-90-3	Chloramine	氯胺	3	84	2004
41	106-46-7	para - Dichlorobenzene	1, 4-二氯苯	2B	Sup 7, 73	1999
42	106-47-8	para-Chloroaniline	4-氯苯胺	2B	57	1993
43	106-50-3	para-Phenylenediamine	对苯二胺	3	16, Sup 7	1987
44	106-51-4	para-Quinone	苯醌	3	15, Sup 7, 71	1999
45	106-87-6	4-Vinylcyclohexene diepoxide	4-乙烯基-1-环己烯二环氧化物	2B	Sup 7, 60	1994

续表

序号	CAS No.	英文名称	中文名称	级别	卷宗来源	确定的时间
46	106-88-7	1，2-Epoxybutane	1，2-环氧丁烷	2B	47，71	1999
47	106-89-8	Epichlorohydrin	环氧氯丙烷	2A	11，Sup 7，71	1999
48	106-91-2	Glycidyl methacrylate	甲基丙烯酸缩水甘油酯	2A	125	文件准备中
49	106-93-4	Ethylene dibromide	1，2-二溴乙烷	2A	15，Sup 7，71	1999
50	106-94-5	1-Bromopropane	正丙基溴	2B	115	2018
51	106-99-0	1，3-Butadiene	1，3-丁二烯	1	Sup 7，54，71，97，100F	2012
52	107-02-8	Acrolein	丙烯醛	3	63，Sup 7	1995
53	107-05-1	Allyl chloride	氯丙烯	3	36，Sup 7，71	1999
54	107-06-2	1，2-Dichloroethane	1，2-二氯乙烷	2B	20，Sup 7，71	1999
55	107-13-1	Acrylonitrile	丙烯腈	2B	71	1999
56	107-14-2	Chloroacetonitrile	氯乙腈	3	52，71	1999
57	1071-83-6	Glyphosate	草甘膦	2A	112	2017
58	1072-52-2	2-（1-Aziridinyl）ethanol	1-羟乙基氮丙啶	3	9，Sup 7	1987
59	107-30-2	Chloromethyl methyl ether [see Bis（chloromethyl）ether; chloromethyl methyl ether]	氯甲基甲基醚［见双（氯甲基）醚；氯甲基甲醚］			
60	108-05-4	Vinyl acetate	乙酸乙烯酯	2B	Sup 7，63	1995
61	108-10-1	Methyl isobutyl ketone	4-甲基-2-戊酮	2B	101	2013
62	108-30-5	Succinic anhydride	丁二酸酐	3	15，Sup 7	1987
63	108-45-2	meta-Phenylenediamine	间苯二胺	3	16，Sup 7	1987
64	108-46-3	Resorcinol	间苯二酚	3	15，Sup 7，71	1999

续表

序号	CAS No.	英文名称	中文名称	级别	卷宗来源	确定的时间
65	108-60-1	Bis (2-chloro-1-methylethyl) ether	二氯异乙醚	3	41, Sup 7, 71	1999
66	108-78-1	Melamine	三聚氰胺	2B	Sup 7, 73, 119	文件准备中
67	108-88-3	Toluene	甲苯	3	47, 71	1999
68	108-94-1	Cyclohexanone	环己酮	3	47, 71	1999
69	108-95-2	Phenol	苯酚	3	47, 71	1999
70	108-99-6	β-Picoline	3-甲基吡啶	3	122	文件准备中
71	109-70-6	1-Bromo-3-chloropropane	1-溴-3-氯丙烷	2B	125	文件准备中
72	109-99-9	Tetrahydrofuran	四氢呋喃	2B	119	文件准备中
73	110-00-9	Furan	呋喃	2B	63	1995
74	11056-06-7	Bleomycins	博莱霉素	2B	26, Sup 7	1987
75	110-57-6	trans-1, 4-Dichlorobutene	反式-1, 4-二氯-2-丁烯	3	15, Sup 7, 71	1999
76	110-86-1	Pyridine	吡啶	2B	77, 119	文件准备中
77	110-91-8	Morpholine	吗啉	3	47, 71	1999
78	111025-46-8	Pioglitazone	匹格列酮	2A	108	2016
79	111189-32-3	Naphtho [1, 2-b] fluoranthene	茚并 [1, 2, 3-hi] 屈, 萘 [1, 2-b] 氟蒽	3	92	2010
80	111-42-2	Diethanolamine	二乙醇胺	2B	77, 101	2013
81	111-44-4	Bis (2-chloroethyl) ether	二氯乙醚	3	9, Sup 7, 71	1999
82	1116-54-7	*N*-Nitrosodiethanolamine	*N*-硝基二乙醇胺	2B	17, Sup 7, 77	2000
83	111-76-2	2-Butoxyethanol	乙二醇单丁醚	3	88	2006
84	1120-71-4	1, 3-Propane sultone	1, 3-丙基磺酸内酯	2A	4, Sup 7, 71, 110	2017
85	1143-38-0	Dithranol	地蒽酚	3	13; Sup 7	1987

续表

序号	CAS No.	英文名称	中文名称	级别	卷宗来源	确定的时间
86	115-02-6	Azaserine	偶氮丝胺酸	2B	10, Sup 7	1987
87	115-07-1	Propylene	丙烯	3	Sup 7, 60	1994
88	115-28-6	Chlorendic acid	氯菌酸	2B	48	1990
89	115-32-2	Dicofol	三氯杀螨醇	3	30, Sup 7	1987
90	115-96-8	Tris(2-chloroethyl) phosphate	磷酸三（2-氯乙基）酯	3	48, 71	1999
91	116-06-3	Aldicarb	涕灭威（铁灭克）	3	53	1991
92	116-14-3	Tetrafluoroethylene	四氟乙烯	2A	19, Sup 7, 71, 110	2017
93	1163-19-5	Decabromodiphenyl oxide	十溴二苯醚	3	48, 71	1999
94	116355-83-0	Fumonisin B_1	伏马毒素 B_1	2B	82	2002
95	116355-83-0	Fusarium moniliforme, toxins derived from (fumonisin B_1, fumonisin B_2, and fusarin C)	念珠菌镰刀菌毒素（伏马菌素 B_1，伏马菌素 B_2 和褐素 C）	2B	56	1993
96	117-10-2	Dantron (Chrysazin; 1, 8 - Dihydroxyanthraquinone)	1, 8-二羟基蒽醌	2B	50	1990
97	117-39-5	Quercetin	槲皮素	3	Sup 7, 73	1999
98	117-79-3	2-Aminoanthraquinone	2-氨基蒽醌	3	27, Sup 7	1987
99	117-81-7	Bis (2-ethylhexyl) phthalate [see Di (2 - ethylhexyl) phthalate]	邻苯二甲酸二(2-乙基己）酯			
100	117-81-7	Di (2-ethylhexyl) phthalate	邻苯二甲酸二(2-乙基己）酯	2B	Sup 7, 77, 101	2013

续表

序号	CAS No.	英文名称	中文名称	级别	卷宗来源	确定的时间
101	118399-22-7	Nodularins	节球毒素	3	94	2010
102	118-74-1	Hexachlorobenzene	六氯苯	2B	Sup 7, 79	2001
103	118-92-3	Anthranilic acid	邻氨基苯甲酸	3	16, Sup 7	1987
104	118-96-7	2, 4, 6-Trinitrotoluene	2, 4, 6-三硝基甲苯	3	65	1996
105	119-34-6	4-Amino-2-nitrophenol	2-硝基-4-氨基苯酚	3	16, Sup 7	1987
106	119-61-9	Benzophenone	二苯甲酮	2B	101	2013
107	119-90-4	3, 3′-Dimethoxybenzidine (ortho-Dianisidine)	3, 3′-二甲氧基联苯胺（邻联茴香胺）	2B	4, Sup 7	1987
108	119-93-7	3, 3′-Dimethylbenzidine (ortho-Tolidine)	4, 4′-二氨基-3, 3′-二甲基联苯(邻联甲苯胺)	2B	1, Sup 7	1987
109	12001-79-5	Vitamin K substances	维生素 K	3	76	2000
110	120-12-7	Anthracene	蒽	3	92, Sup 7	2010
111	120-58-1	Isosafrole	异黄樟素	3	10, Sup 7	1987
112	12070-12-1; 7440-48-4	Tungsten carbide with cobalt metal (see Cobalt metal with tungsten carbide)	含钴金属的碳化钨（见含碳化钨的钴金属）			
113	120-71-8	para-Cresidine	2-甲氧基-5-甲基苯胺	2B	27, Sup 7	1987
114	120-80-9	Catechol	邻苯二酚	2B	15, Sup 7, 71	1999
115	121-14-2	2, 4-Dinitrotoluene	2, 4-二硝基甲苯	2B	65	1996
116	12122-67-7	Zineb	代森锌	3	12, Sup 7	1987

续表

序号	CAS No.	英文名称	中文名称	级别	卷宗来源	确定的时间
117	121-66-4	2-Amino-5-nitrothiazole	2-氨基-5-硝基噻唑	3	31, Sup 7	1987
118	121-69-7	*N*, *N*-Dimethylaniline	*N*, *N*-二甲基苯胺	3	57	1993
119	12174-11-7	Attapulgite (see Palygorskite)	阿塔凝胶			
120	12174-11-7	Palygorskite (Attapulgite) (long fibres > 5 micrometres)	阿塔凝胶（长纤维>5μm）	2B	68	1997
121	12174-11-7	Palygorskite (Attapulgite) (short fibres < 5 micrometres)	阿塔凝胶（短纤维<5μm）	3	68	1997
122	121-75-5	Malathion	马拉硫磷	2A	30, Sup 7, 112	2017
123	121-88-0	2-Amino-5-nitrophenol	2-氨基-5-硝基苯酚	3	57	1993
124	12192-57-3	Aurothioglucose	葡糖硫金	3	13, Sup 7	1987
125	122320-73-4	Rosiglitazone	罗格列酮	3	108	2016
126	122-34-9	Simazine	西玛津	3	53, 73	1999
127	122-42-9	Propham	苯胺灵	3	12, Sup 7	1987
128	122-60-1	Phenyl glycidyl ether	苯基缩水甘油醚	2B	47, 71	1999
129	123-31-9	Hydroquinone	1, 4-苯二酚（对苯二酚）	3	15, Sup 7, 71	1999
130	123-33-1	Maleic hydrazide	马来酰肼	3	4, Sup 7	1987
131	123-35-3	β-Myrcene	7-甲基-3-亚甲基-1, 6-辛二烯（香叶烯）	2B	119	文件准备中

续表

序号	CAS No.	英文名称	中文名称	级别	卷宗来源	确定的时间
132	123-91-1	1，4-Dioxane	1，4-二氧六环	2B	11，Sup 7，71	1999
133	12427-38-2	Maneb	代森锰	3	12，Sup 7	1987
134	124-48-1	Chlorodibromomethane	氯二溴甲烷	3	52，71	1999
135	124-58-3	Methylarsonic acid	甲基胂酸	2B	100C	2012
136	124-58-3	Monomethylarsonic acid（see Methylarsonic acid）	单甲基磺酸（见甲基胂酸）			
137	125-33-7	Primidone	扑米酮	2B	108	2016
138	126-07-8	Griseofulvin	灰黄霉素	2B	Sup 7，79	2001
139	12663-46-6	Cyclochlorotine	环氯素	3	10，Sup 7	1987
140	126-72-7	Tris（2，3-dibromopropyl）phosphate	磷酸三（2，3-二溴丙基）酯	2A	20，Sup 7，71	1999
141	126-85-2	Nitrogen mustard *N*-oxide	氮芥 *N*-氧化物	2B	9，Sup 7	1987
142	126-99-8	Chloroprene	2-氯-1，3-丁二烯	2B	Sup 7，71	1999
143	127-07-1	Hydroxyurea	羟基脲	3	76	2000
144	127-18-4	Tetrachloroethylene（Perchloroethylene）	四氯乙烯	2A	Sup 7，63，106	2014
145	127-69-5	*N*，*N*-Dimethylacetamide	*N*，*N*-二甲基乙酰胺	2B	123	文件准备中
146	127-69-5	Sulfafurazole（Sulfisoxazole）	磺胺二甲异唑（磺胺异唑）	3	24，Sup 7	1987
147	128-37-0	Butylated hydroxytoluene（BHT）	抗氧剂 264	3	40，Sup 7	1987
148	128-66-5	Vat Yellow 4	还原黄 4	3	48	1990
149	129-00-0	Pyrene	芘	3	Sup 7，92	2010

续表

序号	CAS No.	英文名称	中文名称	级别	卷宗来源	确定的时间
150	129-15-7	2-Methyl-1-nitroanthraquinone (uncertain purity)	1-硝基-2-甲基蒽醌	2B	27, Sup 7	1987
151	129-17-9	Blue VRS	酸性蓝 1	3	16, Sup 7	1987
152	129-20-4	Oxyphenbutazone	羟保松	3	13, Sup 7	1987
153	129-43-1	1-Hydroxyanthraquinone	1-羟基蒽醌	2B	82	2002
154	13010-47-4	1-(2-Chloroethyl)-3-cyclohexyl-1-nitrosourea (CCNU)	1-(2-氯乙烯)-3-环己基-1-亚硝基脲	2A	26, Sup 7	1987
155	1303-00-0	Gallium arsenide (see Arsenic and inorganic arsenic compounds)	砷化镓(见“砷和无机砷化合物”)		86, 100C	2012
156	13045-94-8	Medphalan	马法兰，右旋苯丙氨酸氮芥(烷化剂抗肿瘤药)	3	9, Sup 7	1987
157	1309-37-1	Ferric oxide	三氧化二铁	3	1, Sup 7	1987
158	1309-64-4	Antimony trioxide	三氧化二锑	2B	47	1989
159	1313-27-5	Molybdenum trioxide	氧化钼	2B	118	2018
160	1314-62-1	Vanadium pentoxide	五氧化二钒	2B	86	2006
161	1317-60-8	Haematite	赤铁矿	3	1, Sup 7	1987
162	131-79-3	Yellow OB	颜料黄 OB(2-甲苯偶氮-2-萘胺)	3	8, Sup 7	1987

续表

序号	CAS No.	英文名称	中文名称	级别	卷宗来源	确定的时间
163	1318-02-1	Zeolites other than erionite (clinoptilolite, phillipsite, mordenite, non-fibrous Japanese zeolite, synthetic zeolites)	非离子性沸石以外的沸石（斜发沸石、钙十字沸石、丝光沸石、非纤维状日本沸石、合成沸石）	3	68	1997
164	132-27-4	Sodium ortho-phenylphenate	邻苯基苯酚钠	2B	Sup 7, 73	1999
165	13233-32-4	Radium-224 and its decay products	镭-224及其衰变产物	1	78, 100D	2012
166	13256-22-9	*N*-Nitrososarcosine	*N*-亚硝基肌氨酸	2B	17, Sup 7	1987
167	132-65-0	Dibenzothiophene	二苯并噻吩	3	103	2013
168	13292-46-1	Rifampicin	利福平	3	24, Sup 7	1987
169	1330-20-7	Xylenes	二甲苯	3	47, 71	1999
170	133-06-2	Captan	克菌丹	3	30, Sup 7	1987
171	1332-21-4; 77536-67-5*; 12172-73-5; 77536-66-4*; 12001-29-5; 12001-28-4; 77536-68-6*	Asbestos (all forms, including actinolite, amosite, anthophyllite, chrysotile, crocidolite, tremolite)	石棉（各种形式，包括阳起石、凹凸棒石、叶闪石、温石棉、青石棉、透闪石）	1	14, Sup 7, 100C	2012
172	1333-86-4	Carbon black	炭黑	2B	Sup 7, 65, 93	2010
173	1336-36-3	Polychlorinated biphenyls	多氯化联苯	1	18, Sup 7, 107	2016
174	1338-16-5	Iron sorbitol-citric acid complex	山梨醇-柠檬酸络合物	3	2, Sup 7	1987

续表

序号	CAS No.	英文名称	中文名称	级别	卷宗来源	确定的时间
175	134-29-2	ortho - Anisidine hydrochloride (see also ortho - Anisidine)	盐酸邻氨基茴香碱（另见邻氨基茴香碱）	2A	127	文件准备中
176	134-32-7	1-Naphthylamine	1-萘胺	3	4, Sup 7	1987
177	1345-04-6	Antimony trisulfide	三硫化二锑	3	47	1989
178	13463-67-7	Titanium dioxide	二氧化钛	2B	47, 93	2010
179	13483-18-6	1, 2-Bis (chloromethoxy) ethane	1, 2-双（氯甲氧基）乙烷	3	15; Sup 7, 71	1999
180	135-20-6	Cupferron	铜铁试剂	2B	127	文件准备中
181	135-88-6	*N* - Phenyl - 2 -naphthylamine	*N*-苯基-2-萘胺	3	16, Sup 7	1987
182	136-40-3	Phenazopyridine hydrochloride	盐酸非那吡啶	2B	24, Sup 7	1987
183	137-17-7	2, 4, 5-Trimethylaniline	2, 4, 5-三甲基苯胺	3	27, Sup 7	1987
184	137-26-8	Thiram	双硫胺甲酰（促进剂 T）	3	Sup 7, 53	1991
185	137-30-4	Ziram	福美锌（橡胶硫化促进剂 PZ）	3	Sup 7, 53	1991
186	138-59-0	Shikimic acid	莽草酸	3	40, Sup 7	1987
187	139-05-9	Cyclamates (sodium cyclamate)	环己基氨基磺酸钠	3	Sup 7, 73	1999
188	13909-09-6	1-(2-Chloroethyl)-3-(4-methylcyclohexyl)-1-nitrosourea (Methyl-CCNU) (see Semustine)	1-（2-氯乙基）-3-（4-环己基）-1-亚硝基脲，甲基环己亚硝脲			

续表

序号	CAS No.	英文名称	中文名称	级别	卷宗来源	确定的时间
189	13909-09-6	Semustine [1-(2-Chloroethyl)-3-(4-methylcyclohexyl)-1-nitrosourea, Methyl-CCNU]	甲基环己亚硝脲	1	Sup 7, 100A	2012
190	139-13-9	Nitrilotriacetic acid and its salts	次氮基三乙酸	2B	48, 73	1999
191	139-65-1	4, 4′-Thiodianiline	4, 4-二氨基二苯硫醚	2B	27, Sup 7	1987
192	13982-63-3	Radium-226 and its decay products	镭-226及其衰变产物	1	78, 100D	2012
193	13983-17-0	Wollastonite	硅酸钙岩矿，钙硅石，硅灰石	3	Sup 7, 68	1997
194	139-94-6	Nithiazide	尼噻吖	3	31, Sup 7	1987
195	140-11-4	Benzyl acetate	乙酸苄酯	3	40, Sup 7, 71	1999
196	1401-55-4	Tannic acid and tannins	单宁酸和单宁	3	10, Sup 7	1987
197	1402-68-2	Aflatoxins (B_1, B_2, G_1, G_2, M_1)	黄曲霉毒素（B_1、B_2、G_1、G_2、M_1）	1	Sup 7, 56, 82, 100F	2012
198	14047-09-7	3, 3′, 4, 4′-Tetrachloroazobenzene	3, 3′, 4, 4′-四氯偶氮苯	2A	117	文件准备中
199	140-56-7	para-Dimethylaminoazobenzenediazo sodium sulfonate	对二甲氨基偶氮苯二氮磺酸钠（敌克松）	3	8, Sup 7	1987
200	140-57-8	Aramite®	阿螨特	2B	5, Sup 7	1987
201	140-88-5	Ethyl acrylate	丙烯酸乙酯	2B	39, Sup 7, 71, 122	文件准备中
202	141-32-2	n-Butyl acrylate	丙烯酸正丁酯	3	39, Sup 7, 71	1999

续表

序号	CAS No.	英文名称	中文名称	级别	卷宗来源	确定的时间
203	141-37-7	3, 4-Epoxy-6-methylcyclohexylmethyl-3, 4-epoxy-6-methylcyclo-hexanecarboxylate	3, 4-环氧-6-甲基环己基甲基-3, 4-环氧-6-甲基环己酯	3	11, Sup 7, 71	1999
204	141-90-2	Thiouracil	2-硫脲嘧啶	2B	Sup 7, 79	2001
205	142-04-1	Aniline hydrochloride (see also Aniline)	苯胺盐酸盐（另见苯胺）	2A	127	文件准备中
206	142-83-6	2, 4-Hexadienal	2, 4-己二烯醛	2B	101	2013
207	143-50-0	Chlordecone (Kepone)	十氯酮（开蓬）	2B	20, Sup 7	1987
208	143-67-9	Vinblastine sulfate	硫酸长春碱	3	26, Sup 7	1987
209	144-34-3	Methyl selenac	甲基硒酸	3	12, Sup 7	1987
210	14484-64-1	Ferbam	福美铁	3	12, Sup 7	1987
211	14596-37-3	Phosphorus-32, as phosphate	磷-32，磷酸盐	1	78, 100D	2012
212	1464-53-5	1, 2: 3, 4-Diepoxybutane (see Monographs on 1, 3-Butadiene)	双环氧丁烷		11, Sup 7	1987
213	14807-96-6	Talc containing asbestiform fibres (see Asbestos)	含石棉纤维的滑石（见石棉）		42, Sup 7	1987
214	14807-96-6	Talc not containing asbestos or asbestiform fibres	不含石棉或石棉纤维的滑石	3	42, Sup 7, 93	2010
215	14807-96-6	Talc-based body powder (perineal use of)	滑石粉体粉（会阴使用）	2B	93	2010

续表

序号	CAS No.	英文名称	中文名称	级别	卷宗来源	确定的时间
216	14808-60-7	Silica dust, crystalline, in the form of quartz or cristobalite	石英或方石英晶态硅尘	1	Sup 7, 68, 100C	2012
217	148-18-5	Sodium diethyldithiocarbamate	二乙基二硫代氨基甲酸钠	3	12, Sup 7	1987
218	148-24-3	8 - Hydroxyquinoline	8-羟基喹啉	3	13, Sup 7	1987
219	148-82-3	Melphalan	美法仑	1	9, Sup 7, 100A	2012
220	14901-08-7	Cycasin	苏铁素	2B	10, Sup 7	1987
221	149-29-1	Patulin	棒曲霉素	3	40, Sup 7	1987
222	149-30-4	2-Mercaptobenzothiazole	2-巯基苯并噻唑	2A	115	2018
223	150-13-0	para-Aminobenzoic acid	对氨基苯甲酸	3	16, Sup 7	1987
224	150-68-5	Monuron	灭草隆	3	Sup 7, 53	1991
225	150-69-6	Dulcin	(4-乙氧基苯基)脲	3	12, Sup 7	1987
226	15086-94-9	Eosin	溶剂红 43, 曙红	3	15, Sup 7	1987
227	151-56-4	Aziridine	氮丙啶	2B	9, Sup 7, 71	1999
228	15262-20-1	Radium - 228 and its decay products	镭-228 及其衰变产物	1	78, 100D	2012
229	154-93-8	Bischloroethyl nitrosourea (BCNU)	双氯乙亚硝脲	2A	26, Sup 7	1987
230	15501-74-3	Sepiolite	海泡石	3	Sup 7, 68	1997
231	15503-86-3	Isatidine	菘蓝千里光碱	3	10, Sup 7	1987
232	156-10-5	para-Nitrosodiphenylamine	对亚硝基二苯胺	3	27, Sup 7	1987

续表

序号	CAS No.	英文名称	中文名称	级别	卷宗来源	确定的时间
233	15625-89-5	Trimethylolpropane triacrylate, technical grade	三甲基丙烷三丙烯酸酯，技术等级	2B	122	文件准备中
234	156-51-4	Phenelzine sulfate	硫酸苯乙肼	3	24, Sup 7	1987
235	15663-27-1	Cisplatin	顺-二氯二氨络铂，顺铂	2A	26, Sup 7	1987
236	15721-02-5	2, 2′, 5, 5′-Tetrachlorobenzidine	2, 2′, 5, 5′-四氯二苯胺	3	27, Sup 7	1987
237	1582-09-8	Trifluralin	氟乐灵	3	53	1991
238	16065-83-1	Chromium (Ⅲ) compounds	三价铬化合物	3	49	1990
239	16071-86-6	CI Direct Brown 95 (see Benzidine, dyes metabolized to)	直接耐晒棕 BRL (见联苯胺，被代谢的染料)			
240	1615-80-1	1, 2 - Diethylhydrazine	1, 2-二乙基肼	2B	4, Sup 7, 71	1999
241	1634-04-4	Methyl tert-butyl ether	甲基叔丁基醚	3	73	1999
242	16543-55-8; 64091-91-4	*N′*-Nitroso-nornicotine (NNN) and 4 - (*N* - Nitrosomethylamino) - 1- (3-pyridyl) - 1-butanone (NNK)	*N*-亚硝基降烟碱 (NNN) 和 4 - (*N*-甲基亚硝胺基) -1- (3-吡啶基) -1-丁酮 (NNK)	1	Sup 7, 89, 100E	2012
243	16568-02-8	Gyromitrin	鹿花菌素	3	31, Sup 7	1987
244	1675-54-3	Bisphenol A diglycidyl ether (Araldite)	2, 2-双-(4-甘胺氧苯) 丙烷	3	47, 71	1999
245	1689-82-3	4 - Hydroxyazobenzene	4-羟基偶氮苯	3	8, Sup 7	1987

续表

序号	CAS No.	英文名称	中文名称	级别	卷宗来源	确定的时间
246	1694-09-3	Benzyl violet 4B	酸性紫 49	2B	16，Sup 7	1987
247	16984-48-8	Fluorides (inorganic, used in drinking-water)	氟化物（无机物，用于饮用水）	3	27，Sup 7	1987
248	1705-85-7	6-Methylchrysene	6-甲基䓛	3	Sup 7，92	2010
249	1706-01-0	3 - Methylfluoranthene	3-甲基荧蒽	3	Sup 7，92	2010
250	17117-34-9	3 - Nitrobenzanthrone	3-硝基苯并蒽酮	2B	105	2014
251	1746-01-6	2，3，7，8-Tetrachlorodibenzo - para-dioxin	硫丙磷	1	Sup 7，69，100F	2012
252	1836-75-5	Nitrofen (technical-grade)	2，4-二氯-4′-硝基二苯醚	2B	30，Sup 7	1987
253	18540-29-9	Chromium (VI) compounds	五价铬化合物	1	Sup 7，49，100C	2012
254	18883-66-4	Streptozotocin	链脲菌素	2B	17，Sup 7	1987
255	189-55-9	Dibenzo[a，i]pyrene	二苯并[a，i]芘	2B	92	2010
256	189-64-0	Dibenzo[a，h]pyrene	二苯并[a，h]屈	2B	Sup 7，92	2010
257	1897-45-6	Chlorothalonil	百菌清	2B	Sup 7，73	1999
258	191-07-1	Coronene	晕苯，六苯并苯	3	32，Sup 7，92	1987
259	1912-24-9	Atrazine	阿特拉津	3	53，73	1999
260	191-24-2	Benzo [ghi] perylene	1，12-苯并芘	3	92，Sup 7	2010
261	191-26-4	Anthanthrene	蒽嵌蒽	3	92，Sup 7	2010
262	191-30-0	Dibenzo[a，l]pyrene	二苯并[a，l]芘	2A	Sup 7，92	2010

续表

序号	CAS No.	英文名称	中文名称	级别	卷宗来源	确定的时间
263	1918-02-1	Picloram	4-氨基-3，5，6-三氯吡啶羧酸	3	53	1991
264	192-47-2	Dibenzo[h，rst] pentaphene	二苯并[h，rst]五烯	3	Sup 7，92	2010
265	192-51-8	Dibenzo[e，l]pyrene	二苯并[e，l]芘	3	92	2010
266	192-65-4	Dibenzo[a，e]pyrene	二苯并[a，e]芘	3	Sup 7，92	2010
267	192-97-2	Benzo[e]pyrene	苯并[e]芘	3	92，Sup 7	2010
268	193-09-9	Naphtho[2，3-e]pyrene	萘[2，3-e]芘	3	92	2010
269	193-39-5	Indeno [1，2，3-cd] pyrene	茚并 [1，2，3-cd] 芘	2B	Sup 7，92	2010
270	1936-15-8	CI Orange G	酸性橙 10	3	8，Sup 7	1987
271	1936-15-8	Orange G (see CI Orange G)	酸性橙 10			
272	1937-37-7	CI Direct Black 38 (see Benzidine, dyes metabolized to)	直接黑 38			
273	194-59-2	7H-Dibenzo[c，g]carbazole	7H-二苯并[c，g]咔唑	2B	32，Sup 7，103	2013
274	195-19-7	Benzo[c]phenanthrene	苯并[c]菲	2B	92，Sup 7	2010
275	1954-28-5	Triethylene glycol diglycidyl ether	依托格鲁	3	11，Sup 7，71	1999
276	196-78-1	Benzo [g] chrysene	苯并 [g] 䓛	3	92	2010
277	198-55-0	Perylene	苝	3	Sup 7，92	2010

续表

序号	CAS No.	英文名称	中文名称	级别	卷宗来源	确定的时间
278	20073-24-9	3-Carbethoxypsoralen	3-羰乙氧基补骨脂素	3	40, Sup 7	1987
279	202-33-5	Benz[j]aceanthrylene	苯[j]醋蒽烯	2B	92	2010
280	20268-51-3	7-Nitrobenz[a]anthracene	7-硝基苯[a]蒽	3	46	1989
281	202-94-8	11H-Benz[bc]aceanthrylene	11H-苯[bc]醋蒽烯	3	92	2010
282	202-98-2	4H-Cyclopenta[def]chrysene	4H-环戊[def]䓛	3	92	2010
283	203-12-3	Benzo[ghi]fluoranthene	苯并[ghi]荧蒽	3	92, Sup 7	2010
284	203-20-3	Naphtho[2, 1-a]fluoranthene	萘[2,1-a]荧蒽	3	92	2010
285	203-33-8	Benzo[a]fluoranthene	苯并[a]荧蒽	3	92, Sup 7	2010
286	205-12-9	Benzo[c]fluorene	苯并[c]芴	3	92, Sup 7	2010
287	205-82-3	Benzo[j]fluoranthene	苯并[j]荧蒽	2B	92	2010
288	20589-63-3	3-Nitroperylene	3-硝基苝	3	46	1989
289	205-99-2	Benzo[b]fluoranthene	苯并[b]荧蒽	2B	92	2010
290	206-44-0	Fluoranthene	荧蒽	3	Sup 7, 92	2010
291	2068-78-2	Vincristine sulfate	硫酸长春新碱	3	26, Sup 7	1987
292	207-08-9	Benzo[k]fluoranthene	苯并[k]荧蒽	2B	92	2010
293	207-83-0	13H-Dibenzo[a, g]fluorene	13H-二苯并[a, g]芴	3	92	2010

续表

序号	CAS No.	英文名称	中文名称	级别	卷宗来源	确定的时间
294	20830-75-5	Digoxin	地高辛	2B	108	2016
295	20830-81-3	Daunomycin	柔红霉素	2B	10, Sup 7	1987
296	20941-65-5	Ethyl tellurac	二乙基二硫代氨基甲酸碲	3	12, Sup 7	1987
297	211-91-6	Benz [l] aceanthrylene	苯[l]醋蒽烯	3	92	2010
298	21259-20-1	T2-Trichothecene	T2-毒素(镰刀菌属)	3	31, Sup 7	1987
299	213-46-7	Picene	苉	3	92	2010
300	214-17-5	Benzo[b]chrysene	苯并[b]䓛	3	92	2010
301	215-58-7	Dibenz[a, c]anthracene	1,2,3,4-二苯并蒽;二苯并[a,c]蒽	3	Sup 7, 92	2010
302	2164-17-2	Fluometuron	伏草隆	3	30, Sup 7	1987
303	2168-68-5	Bis(1-aziridinyl) morpholinophosphine sulfide	双(1-叠氮吡啶基)吗啡磷硫	3	9, Sup 7	1987
304	217-59-4	Triphenylene	9,10-苯并菲;三亚苯	3	Sup 7, 92	2010
305	218-01-9	Chrysene	䓛	2B	92	2010
306	21884-44-6	Luteoskyrin	藤黄醌茜素	3	10, Sup 7	1987
307	22248-79-9	Tetrachlorvinphos	杀虫畏,杀虫威	2B	30, Sup 7, 112	2017
308	22349-59-3	1, 4 - Dimethylphenanthrene	二甲基噻蒽	3	Sup 7, 92	2010
309	22398-80-7	Indium phosphide	磷化铟	2A	86	2006
310	2243-62-1	1,5-Naphthalenediamine	1,5-萘二胺	3	27, Sup 7	1987
311	224-41-9	Dibenz[a, j]anthracene	二苯并[a,j]蒽	3	Sup 7, 92	2010

续表

序号	CAS No.	英文名称	中文名称	级别	卷宗来源	确定的时间
312	224-42-0	Dibenz[a, j] acridine	二苯并[a,j]氮蒽	2A	32, Sup 7, 103	2013
313	224-53-3	Dibenz[c, h] acridine	二苯并[c,h]氮蒽	2B	103	2013
314	22506-53-2	3, 9 - Dinitrofluoranthene	3,9-二硝基氟蒽	2B	46, 65, 105	2014
315	225-11-6	Benz[a]acridine	苯[a]氮蒽	3	32, Sup 7, 103	2013
316	225-51-4	Benz[c]acridine	苯[c]氮蒽	3	32, Sup 7, 103	2013
317	22571-95-5	Symphytine	西门肺草碱	3	31, Sup 7	1987
318	226-36-8	Dibenz[a, h] acridine	二苯[a,h]氮蒽	2B	32, Sup 7, 103	2013
319	22966-79-6	Oestradiol mustard	雌二醇双{4-[二(2-氯乙基)氨基]苯乙酸}酯	3	9, Sup 7	1987
320	22975-76-4	4, 4′-Dimethylangelicin plus ultraviolet A radiation	4,4‘-二甲基当归根素加紫外线A辐射	3	Sup 7	1987
321	2303-16-4	Diallate	燕麦敌	3	30, Sup 7	1987
322	2318-18-5	Senkirkine	氧化苦参碱，苦参素	3	31, Sup 7	1987
323	23214-92-8	Adriamycin	阿霉素	2A	10, Sup 7	1987
324	23246-96-0	Riddelliine	一种吡咯双烷类生物碱	2B	10, Sup 7, 82	2002
325	23255-93-8	Hycanthone mesylate	甲磺酸羟胺硫蒽酮	3	13, Sup 7	1987
326	2353-45-9	Fast Green FCF	固绿 FCF	3	16, Sup 7	1987
327	23537-16-8	Rugulosin	细皱青霉素	3	40, Sup 7	1987
328	23746-34-1	Potassium bis (2-hydroxyethyl) dithiocarbamate	双(2-羟乙基)二硫代氨基甲酸钾	3	12, Sup 7	1987

续表

序号	CAS No.	英文名称	中文名称	级别	卷宗来源	确定的时间
329	2385-85-5	Mirex	灭蚁灵	2B	20, Sup 7	1987
330	2386-90-5	Bis(2,3-epoxycyclopentyl)ether	双(2,3-环氧环戊基)醚	3	47, 71	1999
331	238-84-6	Benzo[a]fluorene	苯并[a]芴	3	92, Sup 7	2010
332	239-35-0	Benzo[b]naphtho[2,1-d]thiophene	苯并[b]萘并[2,1-d]噻吩	3	103	2013
333	2425-06-1	Captafol	敌菌丹	2A	53	1991
334	2425-85-6	CI Pigment Red 3	颜料红3	3	57	1993
335	2426-08-6	1-Butyl glycidyl ether	1-丁基缩水甘油醚	2B	125	文件准备中
336	2429-74-5	CI Direct Blue 15	直接湖蓝5B	2B	57	1993
337	243-17-4	Benzo[b]fluorene	苯并[b]芴	3	92, Sup 7	2010
338	2432-99-7	11-Aminoundecanoic acid	11-氨基十一酸	3	39, Sup 7	1987
339	24560-98-3	cis-9,10-Epoxystearic acid	顺-9,10-环氧硬脂酸	3	11, Sup 7, 71	1999
340	2475-45-8	Disperse Blue 1	分散蓝1	2B	48	1990
341	24938-64-5	para-Aramid fibrils	对芳纶纤维	3	68	1997
342	25013-15-4	Vinyl toluene	乙烯基甲苯	3	60	1994
343	25013-16-5	Butylated hydroxyanisole (BHA)	叔丁基-4-羟基苯甲醚	2B	40, Sup 7	1987
344	25038-54-4	Nylon 6	聚酰胺粉(尼龙6)	3	19, Sup 7	1987
345	25732-74-5	Acepyrene[3,4-dihydrocyclopenta(cd)pyrene]	乙炔[3,4-二氢环戊二烯(cd)芘]	3	92	2010
346	25812-30-0	Gemfibrozil	吉非贝齐	3	66	1996

续表

序号	CAS No.	英文名称	中文名称	级别	卷宗来源	确定的时间
347	25962-77-0	trans-2-[(Dimethylamino) methylimino]-5-[2-(5-nitro-2-furyl)-vinyl]-1,3,4-oxadiazole	反式-2-[(二甲基氨基)甲基亚胺]-5-[2-(5-硝基-2-呋喃基)-乙烯基]-1,3,4-噁二唑	2B	7, Sup 7	1987
348	2602-46-2	CI Direct Blue 6 (see Benzidine, dyes metabolized to)	二氨基蓝 BB(见联苯胺,染料经代谢)			
349	26148-68-5	A-alpha-C[2-Amino-9H-pyrido(2,3-b)indole]	2-氨基-9H-吡啶[2,3-b]吲哚	2B	40, Sup 7	1987
350	262-12-4	Dibenzo-para-dioxin	二苯并对二噁英	3	69	1997
351	26308-28-1	Ripazepam	利帕西泮	3	66	1996
352	2646-17-5	Oil Orange SS	溶剂橙 2	2B	8, Sup 7	1987
353	26471-62-5	Toluene diisocyanates	甲苯二异氰酸酯	2B	39, Sup 7, 71	1999
354	26782-43-4	Hydroxysenkirkine	羟基克氏千里光碱	3	10, Sup 7	1987
355	271-89-6	Benzofuran	苯并呋喃	2B	63	1995
356	27208-37-3	Cyclopenta[cd]pyrene	环戊并[cd]芘	2A	Sup 7, 92	2010
357	2757-90-6	Agaritine	蘑菇氨酸	3	31, Sup 7	1987
358	2783-94-0	Sunset Yellow FCF	食品黄 3	3	8, Sup 7	1987
359	2784-94-3	HC Blue No. 1	*N*-[4-(甲基氨基)-3-硝基苯基]二乙醇胺	2B	57	1993
360	2832-40-8	Disperse Yellow 3	分散黄 3	3	48	1990
361	2835-39-4	Allyl isovalerate	异戊酸烯丙酯	3	36, Sup 7, 71	1999

续表

序号	CAS No.	英文名称	中文名称	级别	卷宗来源	确定的时间
362	28434-86-8	3, 3′-Dichloro-4, 4′-diaminodiphenyl ether	3,3-二氯-4,4-二氨基二苯基醚	2B	16, Sup 7	1987
363	2871-01-4	HC Red No. 3	2-(4-氨基-2-硝基苯胺基)乙醇	3	57	1993
364	29069-24-7	Prednimustine	泼尼莫司汀	3	50	1990
365	29291-35-8	*N*-Nitrosofolic acid	*N*-亚硝基叶酸	3	17, Sup 7	1987
366	2955-38-6	Prazepam	普拉西泮	3	66	1996
367	2973-10-6	Diisopropyl sulfate	硫酸二异丙酯	2B	54, 71	1999
368	29767-20-2	Teniposide	替尼泊甙	2A	76	2000
369	298-00-0	Methyl parathion	甲基对硫磷	3	30, Sup 7	1987
370	298-81-7	Methoxsalen (8-methoxypsoralen) plus ultraviolet A radiation	花椒毒素(8-甲氧基补骨脂素)	1	24, Sup 7, 100A	2012
371	29975-16-4	Estazolam	艾司唑仑	3	66	1996
372	299-75-2	Treosulfan	曲奥舒凡	1	26, Sup 7, 100A	2012
373	3018-12-0	Dichloroacetonitrile	二氯乙腈	3	52, 71	1999
374	302-01-2	Hydrazine	肼	2A	4, Sup 7, 71, 115	2018
375	302-17-0	Chloral hydrate	水合氯醛	2A	63, 84, 106	2014
376	30310-80-6	*N*-Nitrosohydroxyproline	(4R)-4-羟基-1-亚硝基-L-脯氨酸	3	17, Sup 7	1987
377	303-34-4	Lasiocarpine	毛果天芥菜碱	2B	10, Sup 7	1987
378	303-47-9	Ochratoxin A	赭曲霉毒素 A	2B	Sup 7, 56	1993
379	305-03-3	Chlorambucil	苯丁酸氮芥	1	26, Sup 7, 100A	2012
380	30516-87-1	Zidovudine (AZT)	齐多夫定	2B	76	2000
381	3068-88-0	beta-Butyrolactone	β-丁内酯	2B	11, Sup 7, 71	1999
382	308068-56-6	Carbon nanotubes, multiwalled MWCNT-7	碳纳米管, 多壁 MWCNT-7	2B	111	2017

续表

序号	CAS No.	英文名称	中文名称	级别	卷宗来源	确定的时间
383	308068-56-6	Carbon nanotubes, multiwalled, other than MWCNT-7	多壁碳纳米管, MWCNT-7 除外	3	111	2017
384	308068-56-6	Carbon nanotubes, single-walled	碳纳米管,单壁	3	111	2017
385	308068-56-6	Multiwalled carbon nanotubes MWCNT-7 (see Carbon nanotubes, multiwalled MWCNT-7)	多壁碳纳米管 MWCNT-7(见碳纳米管,多壁碳纳米管-7)			
386	308068-56-6	Multiwalled carbon nanotubes other than MWCNT-7 (see Carbon nanotubes, multiwalled, other than MWCNT-7)	非 MWCNT-7 的多壁碳纳米管(见多壁碳纳米管, MWCNT-7 除外)			
387	308068-56-6	Single-walled carbon nanotubes (see Carbon nanotubes, single-walled)	单壁碳纳米管(见碳纳米管,单壁碳纳米管)			
388	308076-74-6	Silicon carbide, fibrous	碳化硅,纤维的	2B	111	2017
389	309-00-2	Aldrin (see Dieldrin, and aldrin metabolized to dieldrin)	艾氏剂(狄氏剂和被代谢为狄氏剂的艾氏剂)			
390	3118-97-6	Sudan II	苏丹橙Ⅱ	3	8, Sup 7	1987
391	313-67-7	Aristolochic acid	马兜铃酸	1	82, 100A	2012

续表

序号	CAS No.	英文名称	中文名称	级别	卷宗来源	确定的时间
392	313-67-7	Aristolochic acid, plants containing		1	82, 100A	2012
393	314-13-6	Evans blue	伊文思蓝	3	8, Sup 7	1987
394	315-18-4	Zectran	兹克威	3	12, Sup 7	1987
395	315-22-0	Monocrotaline	野百合碱	2B	10, Sup 7	1987
396	3173-72-6	1, 5 - Naphthalene diisocyanate	1,5-萘二异氰酸酯	3	19, Sup 7, 71	1999
397	320-67-2	Azacitidine	5-氮杂胞嘧啶核苷	2A	50	1990
398	3252-43-5	Dibromoacetonitrile	二溴乙腈	2B	52, 71, 101	2013
399	3296-90-0	2,2-Bis(bromomethyl)propane-1,3-diol	二溴新戊二醇	2B	77	2000
400	331-39-5	Caffeic acid	咖啡酸	2B	56	1993
401	33229-34-4	HC Blue No. 2	3-硝基-4-羟乙氨基-*N*,*N*-二羟乙基苯胺	3	57	1993
402	333-41-5	Diazinon	二嗪磷	2A	112	2017
403	33419-42-0	Etoposide	依托泊苷	1	76, 100A	2012
404	33419-42-0; 15663-27-1; 11056-06-7	Etoposide in combination with cisplatin and bleomycin	依托泊苷联合顺铂和博莱霉素	1	76, 100A	2012
405	334-88-3	Diazomethane	重氮甲烷	3	7, Sup 7	1987
406	3351-28-8	1-Methylchrysene	1-甲基屈	3	Sup 7, 92	2010
407	3351-30-2	4-Methylchrysene	4-甲基屈	3	Sup 7, 92	2010
408	3351-31-3	3-Methylchrysene	3-甲基屈	3	Sup 7, 92	2010
409	3351-32-4	2-Methylchrysene	2-甲基屈	3	Sup 7, 92	2010
410	33543-31-6	2 - Methylfluoranthene	2-甲基荧蒽	3	Sup 7, 92	2010

续表

序号	CAS No.	英文名称	中文名称	级别	卷宗来源	确定的时间
411	335-67-1	Perfluorooctanoic acid (PFOA)	全氟辛酸	2B	110	2017
412	3564-09-8	Ponceau 3R	丽春红 3R	2B	8, Sup 7	1987
413	3567-69-9	Carmoisine	4-羟基-3-(4-磺酸-1-萘偶氮)-1-萘磺酸二钠盐	3	8, Sup 7	1987
414	3570-75-0	2-(2-Formylhydrazino)-4-(5-nitro-2-furyl)thiazole	硝呋噻唑	2B	7, Sup 7	1987
415	366-70-1	Procarbazine hydrochloride	盐酸甲基苄肼	2A	26, Sup 7	1987
416	3688-53-7	AF-2 [2-(2-Furyl)-3-(5-nitro-2-furyl) acrylamide]	2-(2-呋喃基)-3-(5-硝基-2-呋喃基)丙烯酰胺	2B	31, Sup 7	1987
417	3697-24-3	5-Methylchrysene	5-甲基-1,2-苯并菲	2B	Sup 7, 92	2010
418	37319-17-8	Pentosan polysulfate sodium	硫酸戊聚糖钠	2B	108	2016
419	3761-53-3	Ponceau MX	酸性红 26	2B	8, Sup 7	1987
420	37620-20-5	*N′*-Nitrosoanabasine (NAB)	1-亚硝基-2-(3-吡啶基)哌啶(NAB)	3	37, Sup 7, 89	2007
421	3771-19-5	Nafenopin	萘酚平	2B	24, Sup 7	1987
422	3778-73-2	Isophosphamide	异环磷酰胺	3	26, Sup 7	1987
423	3795-88-8	5-(Morpholinomethyl)-3-[(5-nitrofurfurylidene) amino]-2-oxazolidinone	左呋喃他酮	2B	7, Sup 7	1987

续表

序号	CAS No.	英文名称	中文名称	级别	卷宗来源	确定的时间
424	3844-45-9	Brilliant Blue FCF, disodium salt	食用色素亮蓝	3	16, Sup 7	1987
425	38571-73-2	1,2,3-Tris(chloromethoxy)propane	1,2,3-三(氯甲氧基)丙烷	3	15, Sup 7, 71	1999
426	3902-71-4	4,5′,8-Trimethylpsoralen	4,5‘,8-三甲基补骨脂素	3	40, Sup 7	1987
427	396-01-0	Triamterene	三氨喋啶	2B	108	2016
428	4063-41-6	4,5′-Dimethylangelicin plus ultraviolet A radiation	4,5′-二甲基异补骨脂素	3	Sup 7	1987
429	40762-15-0	Doxefazepam	度氟西泮	3	66	1996
430	409-21-2	Silicon carbide whiskers	碳化硅晶须	2A	111	2017
431	4170-30-3	Crotonaldehyde	巴豆醛	3	63	1995
432	420-12-2	Ethylene sulfide	环硫乙烷	3	11, Sup 7	1987
433	42397-64-8	1,6-Dinitropyrene	1,6-二硝基芘	2B	46, 105	2014
434	42397-65-9	1,8-Dinitropyrene	1,8-二硝基芘	2B	Sup 7, 46, 105	2014
435	4342-03-4	Dacarbazine	达卡巴嗪	2B	26, Sup 7	1987
436	439-14-5	Diazepam	地西泮	3	Sup 7, 66	1996
437	443-48-1	Metronidazole	甲硝唑	2B	13, Sup 7	1987
438	446-86-6	Azathioprine	硫唑嘌呤	1	26, Sup 7, 100A	2012
439	4548-53-2	Ponceau SX	胭脂红 SX	3	8, Sup 7	1987
440	4549-40-0	*N*-Nitrosomethylvinylamine	甲基乙烯基亚硝胺	2B	17, Sup 7	1987
441	4657-93-6	5-Aminoacenaphthene	5-氨基乙酰苯	3	16, Sup 7	1987
442	4680-78-8	Guinea Green B	基尼绿 B	3	16, Sup 7	1987
443	480-54-6	Retrorsine	倒千里光碱	3	10, Sup 7	1987

续表

序号	CAS No.	英文名称	中文名称	级别	卷宗来源	确定的时间
444	480-81-9	Seneciphylline	千里光非林	3	10, Sup 7	1987
445	484-20-8	5-Methoxypsoralen	5-甲氧基补骨脂素	2A	40, Sup 7	1987
446	492-17-1	2,4′-Diphenyldiamine	2,4′-二苯胺	3	16, Sup 7	1987
447	492-80-8	Auramine	金胺	2B	1, Sup 7, 99, 100F	2012
448	493-52-7	Methyl red	甲基红	3	8, Sup 7	1987
449	494-03-1	Chlornaphazine	萘氮芥	1	4, Sup 7, 100A	2012
450	494-03-1	*N*,*N*-Bis(2-chloroethyl)-2-naphthylamine (see Chlornaphazine)	*N*,*N*-双(2-氯乙基)-2-萘胺(萘氮芥)			
451	494-38-2	Acridine orange	吖啶橙	3	16, Sup 7	1987
452	50-00-0	Formaldehyde	甲醛	1	Sup 7, 62, 88, 100F	2012
453	50-06-6	Phenobarbital	苯巴比妥	2B	Sup 7, 79	2001
454	50-07-7	Mitomycin C	丝裂霉素 C	2B	10, Sup 7	1987
455	501-30-4	Kojic acid	曲酸	3	79	2001
456	50-18-0 6055-19-2	Cyclophosphamide	环磷酰胺	1	26, Sup 7, 100A	2012
457	50-29-3	滴滴涕(4,4′-dichlorodiphenyltrichloroethane)	滴滴涕(二氯二苯三氯乙烷,)	2A	Sup 7, 53, 113	2018
458	50-32-8	Benzo[a]pyrene	苯并[a]芘	1	Sup 7, 92, 100F	2012
459	50-33-9	Phenylbutazone	苯基丁氮酮	3	13, Sup 7	1987
460	50-41-9	Clomiphene citrate	克罗米酚柠檬酸盐	3	21, Sup 7	1987
461	50-44-2	6-Mercaptopurine	6-巯基嘌呤	3	26, Sup 7	1987

续表

序号	CAS No.	英文名称	中文名称	级别	卷宗来源	确定的时间
462	50-55-5	Reserpine	利血平,塞尔芬	3	24, Sup 7	1987
463	505-60-2	Mustard gas (see Sulfur mustard)	芥子气(硫芥子气)			
464	505-60-2	Sulfur mustard	硫芥子气	1	9, Sup 7, 100F	2012
465	50-76-0	Actinomycin D	放线菌素 D	3	10, Sup 7	1987
466	509-14-8	Tetranitromethane	四硝基甲烷	2B	65	1996
467	50926-11-9	Indium tin oxide	氧化铟锡	2B	118	2018
468	510-15-6	Chlorobenzilate	二氯二苯乙醇酸乙酯	3	30, Sup 7	1987
469	51-02-5	Pronetalol hydrochloride	盐酸丙茶洛尔	3	13, Sup 7	1987
470	51-03-6	Piperonyl butoxide	胡椒基丁醚	3	30, Sup 7	1987
471	51-18-3	2,4,6-Tris(1-aziridinyl)-s-triazine	2,4,6-三(1-叠氮基)-s-三嗪	3	9, Sup 7	1987
472	51-21-8	5-Fluorouracil	5-氟尿嘧啶	3	26, Sup 7	1987
473	51264-14-3	Amsacrine	安吖啶	2B	76	2000
474	5131-60-2	4-Chloro-meta-phenylenediamine	4-氯-1,3-苯二胺	3	27, Sup 7	1987
475	513-37-1	1-Chloro-2-methylpropene	1-氯-2-甲基丙烯	2B	63	1995
476	5141-20-8	Light Green SF	亮绿 SF 淡黄	3	16, Sup 7	1987
477	51481-61-9	Cimetidine	西咪替丁	3	50	1990
478	51-52-5	Propylthiouracil	丙基硫氧嘧啶	2B	Sup 7, 79	2001
479	5160-02-1	D & C Red No. 9	颜料红 53:1	3	Sup 7, 57	1993
480	51630-58-1	Fenvalerate	氰戊菊酯	3	53	1991
481	51-75-2	Nitrogen mustard	氮芥	2A	9, Sup 7	1987

续表

序号	CAS No.	英文名称	中文名称	级别	卷宗来源	确定的时间
482	51-79-6	Ethyl carbamate (Urethane)	氨基甲酸乙酯(尿素)	2A	7, Sup 7, 96	2010
483	518-75-2	Citrinin	橘青霉素	3	40, Sup 7	1987
484	52-01-7	Spironolactone	螺旋内酯甾酮	3	Sup 7, 79	2001
485	520-18-3	Kaempferol	山奈酚	3	31, Sup 7	1987
486	52-24-4	Thiotepa	噻替派,三胺硫磷	1	Sup 7, 50, 100A	2012
487	523-44-4	CI Acid Orange 20	酸性橙 20	3	8, Sup 7	1987
488	523-44-4	Orange I (see CI Acid Orange 20)	酸性橙 I(见酸性橙 20)			
489	523-50-2	Angelicin plus ultraviolet A radiation	异补骨脂素	3	40, Sup 7	1987
490	52-46-0	Apholate	唑磷嗪	3	9, Sup 7	1987
491	52645-53-1	Permethrin	氯菊酯	3	53	1991
492	52-68-6	Trichlorfon	三氯磷酸酯	3	30, Sup 7	1987
493	52918-63-5	Deltamethrin	溴氰菊酯	3	53	1991
494	53-03-2	Prednisone	泼尼松,强的松	3	26, Sup 7	1987
495	5307-14-2	1, 4 - Diamino - 2-nitrobenzene	2-硝基-1,4-苯二胺	3	Sup 7, 57	1993
496	531-76-0	Merphalan	消旋苯丙氨酸氮芥	2B	9, Sup 7	1987
497	531-82-8	*N*-[4-(5-Nitro-2-furyl)-2-thiazolyl]acetamide	*N*-[4-(5-硝基-2-呋喃基)-2-噻唑基]乙酰胺	2B	7, Sup 7	1987
498	532-82-1	Chrysoidine	橘红	3	8, Sup 7	1987
499	536-33-4	Ethionamide	乙硫异烟胺	3	13, Sup 7	1987
500	53-70-3	Dibenz[a, h]anthracene	二苯并[a,h]蒽	2A	Sup 7, 92	2010

续表

序号	CAS No.	英文名称	中文名称	级别	卷宗来源	确定的时间
501	5385-75-1	Dibenzo[a,e]fluoranthene	二苯(A,E)荧蒽	3	Sup 7, 92	2010
502	53973-98-1	Carrageenan, degraded (Poligeenan)	卡拉胶，降解角叉胶	2B	31, Sup 7	1987
503	53973-98-1	Poligeenan (see Carrageenan, degraded)	降解角叉胶(见卡拉胶)	—	—	—
504	54-05-7	Chloroquine	氯喹	3	13, Sup 7	1987
505	540-73-8	1, 2 - Dimethylhydrazine	1,2-二甲基肼	2A	4, Sup 7, 71	1999
506	541-73-1	meta - Dichlorobenzene	1,3-二氯苯	3	73	1999
507	542-56-3	Isobutyl nitrite	亚硝酸异丁酯	2B	122	文件准备中
508	542-75-6	1, 3 - Dichloropropene (technical-grade)	1,3-二氯丙烯	2B	41, Sup 7, 71	1999
509	542-78-9	Malonaldehyde	—	3	36, Sup 7, 71	1999
510	542-88-1; 107-30-2	Bis(chloromethyl) ether; chloromethyl methyl ether (technical-grade)	氯甲基甲醚，二氯甲基醚(技术级)	1	4, Sup 7, 100F	2012
511	5431-33-4	Glycidyl oleate	油酸缩水甘油酯	3	11, Sup 7	1987
512	54-31-9	Furosemide (Frusemide)	呋塞米	3	50	1990
513	545-06-2	Trichloroacetonitrile	三氯乙腈	3	52, 71	1999
514	545-55-1	Tris(1-aziridinyl) phosphine oxide	三-(氮环丙基)-膦化氧	3	9, Sup 7	1987

续表

序号	CAS No.	英文名称	中文名称	级别	卷宗来源	确定的时间
515	5456-28-0	Ethyl selenac	乙基硒酸	3	12, Sup 7	1987
516	54749-90-5	Chlorozotocin	氯脲菌素	2A	50	1990
517	54-85-3	Isonicotinic acid hydrazide (Isoniazid)	异烟肼	3	4, Sup 7	1987
518	551-74-6	Mannomustine dihydrochloride	曼诺莫司汀二盐酸盐	3	9, Sup 7	1987
519	55-18-5	*N* - Nitrosodiethylamine	*N*-亚硝基二乙胺	2A	17, Sup 7	1987
520	5522-43-0	1-Nitropyrene	1-硝基芘	2A	Sup 7, 46, 105	2014
521	55557-01-2	*N*-Nitrosoguvacine	*N*-亚硝基去甲槟榔次碱	3	Sup 7, 85	2004
522	55557-02-3	*N* - Nitrosoguvacoline	*N*-亚硝基去甲槟榔碱	3	Sup 7, 85	2004
523	555-84-0	1-[(5-Nitrofurfurylidene) amino]-2-imidazolidinone	硝呋拉定	2B	7, Sup 7	1987
524	556-52-5	Glycidol	缩水甘油；环氧丙醇	2A	77	2000
525	5589-96-8	Bromochloroacetic acid	溴氯代乙酸	2B	101	2013
526	55-98-1	1, 4 - Butanediol dimethanesulfonate (see Busulfan)	1,4-丁二醇二甲磺酸酯（见“白消安”）	—	—	—
527	55-98-1	Busulfan	白消安	1	4, Sup 7, 100A	2012
528	55-98-1	Myleran (see Busulfan)	麦里浪（见“白消安”）			
529	56-04-2	Methylthiouracil	甲硫氧嘧啶	2B	Sup 7, 79	2001

续表

序号	CAS No.	英文名称	中文名称	级别	卷宗来源	确定的时间
530	562-10-7	Doxylamine succinate	琥珀酸多西拉敏	3	79	2001
531	56-23-5	Carbon tetrachloride	四氯化碳	2B	20, Sup 7, 71	1999
532	56-25-7	Cantharidin	斑蝥素	3	10, Sup 7	1987
533	563-41-7	Semicarbazide hydrochloride	盐酸氨基脲	3	12, Sup 7	1987
534	563-47-3	3-Chloro-2-methylpropene, technical grade	3-氯-2-甲基丙烯	2B	63, 115	2018
535	56-38-2	Parathion	对硫磷	2B	30, Sup 7, 112	2017
536	56-53-1	Diethylstilbestrol	己烯雌酚	1	21, Sup 7, 100A	2012
537	56-55-3	Benz[a]anthracene	苯并[a]蒽	2B	92, Sup 7	2010
538	56-75-7	Chloramphenicol	氯霉素	2A	Sup 7, 50	1990
539	56894-91-8	1,4-Bis(chloromethoxymethyl)benzene	1,4-二(氯甲氧基甲基)苯	3	15; Sup 7, 71	1999
540	569-61-9	CI Basic Red 9	碱性红 9	2B	57, 99	2010
541	57018-52-7	1-tert-Butoxypropan-2-ol	1-叔-丁氧基-2-丙醇	2B	88, 119	文件准备中
542	57-06-7	Allyl isothiocyanate	异硫氰酸丙烯酯	3	73, Sup 7	1999
543	57117-31-4	2,3,4,7,8-Pentachlorodibenzofuran	2,3,4,7,8-五氯二苯并呋喃	1	100F	2012
544	57-14-7	1,1-Dimethylhydrazine	1,1-二甲肼	2B	4, Sup 7, 71	1999
545	57-39-6	Tris(2-methyl-1-aziridinyl)phosphine oxide	三(2-甲基氮丙啶)氧化膦	3	9, Sup 7	1987

续表

序号	CAS No.	英文名称	中文名称	级别	卷宗来源	确定的时间
546	57-41-0	Phenytoin(5,5-Diphenylhydantoin)	苯妥英(5,5-联苯基乙内酰脲)	2B	Sup 7, 66	1996
547	57465-28-8	3, 4, 5, 3', 4'-Pentachlorobiphenyl (PCB-126)	3,3′,4,4′,5-五氯联苯	1	100F	2012
548	57-57-8	beta-Propiolactone	β-丙内酯	2B	4, Sup 7, 71	1999
549	57-68-1	Sulfamethazine	磺胺二甲基嘧啶	3	79	2001
550	57-74-9	Chlordane	氯丹	2B	Sup 7, 53, 79	2001
551	57835-92-4	4-Nitropyrene	4-硝基芘	2B	46, 105	2014
552	57-88-5	Cholesterol	胆固醇	3	31, Sup 7	1987
553	58-08-2	Caffeine	咖啡因	3	51	1991
554	58-14-0	Pyrimethamine	乙胺嘧啶	3	13, Sup 7	1987
555	581-89-5	2-Nitronaphthalene	2-硝基萘	3	46	1989
556	58-55-9	Theophylline	茶碱	3	51	1991
557	58-89-9	Lindane (see also Hexachlorocyclohexanes)	林丹(六氯环己烷)	1	113	2018
558	58-93-5	Hydrochlorothiazide	六氯环己烷	2B	50, 108	2016
559	59-05-2	Methotrexate	甲氨蝶呤	3	26, Sup 7	1987
560	592-62-1	Methylazoxymethanol acetate	甲氮氧甲醇乙酸酯	2B	10, Sup 7	1987
561	59277-89-3	Aciclovir	阿昔洛韦	3	76	2000
562	593-60-2	Vinyl bromide	溴乙烯	2A	39, Sup 7, 71, 97	2008
563	593-70-4	Chlorofluoromethane	氯氟甲烷	3	41, Sup 7, 71	1999

续表

序号	CAS No.	英文名称	中文名称	级别	卷宗来源	确定的时间
564	59536-65-1	Polybrominated biphenyls	阻燃剂Bp-6	2A	41, Sup 7, 107	2016
565	59820-43-8	HC Yellow No. 4	HC黄NO. 4;*N*-[2-(2-羟基乙氧基)-4-硝基苯基]乙醇胺	3	57	1993
566	598-55-0	Methyl carbamate	氨基甲酸甲酯	3	12, Sup 7	1987
567	59865-13-3; 79217-60-0	Ciclosporin (see Cyclosporine)	环孢素(见环孢霉素)			
568	59865-13-3; 79217-60-0	Cyclosporine	环孢霉素	1	50, 100A	2012
569	59-87-0	Nitrofural (Nitrofurazone)	呋喃西林	3	50	1990
570	59-89-2	*N*-Nitrosomorpholine	*N*-亚硝基吗啉	2B	17, Sup 7	1987
571	5989-27-5	d-Limonene	右旋萜二烯	3	56, 73	1999
572	599-79-1	Sulfasalazine	柳氮磺吡啶	2B	108	2016
573	60-09-3	para-Aminoazobenzene	对氨基偶氮苯	2B	8, Sup 7	1987
574	60102-37-6	Petasitenine	蜂斗菜碱	3	31, Sup 7	1987
575	60-11-7	para-Dimethylaminoazobenzene	对二甲氨基偶氮苯(甲基黄)	2B	8, Sup 7	1987
576	60153-49-3	3-(*N*-Nitrosomethylamino) propionitrile	3-(甲基亚硝基氨基)丙腈	2B	Sup 7, 85	2004
577	602-60-8	9-Nitroanthracene	9-硝基蒽	3	33, Sup 7	1987
578	602-87-9	5-Nitroacenaphthene	5-硝基苊	2B	16, Sup 7	1987
579	60-35-5	Acetamide	乙酰胺	2B	7, Sup 7, 71	1999

续表

序号	CAS No.	英文名称	中文名称	级别	卷宗来源	确定的时间
580	604-75-1	Oxazepam	奥沙西泮	2B	Sup 7, 66	1996
581	60-56-0	Methimazole	2-巯基-1-甲基咪唑	3	79	2001
582	60-57-1	Dieldrin (see Dieldrin, and aldrin metabolized to dieldrin)	狄氏剂(见"艾氏剂,氧桥氯甲桥萘")			
583	60-57-1, 309-00-2	Dieldrin, and aldrin metabolized to dieldrin	艾氏剂,氧桥氯甲桥萘氧桥氯甲桥萘	2A	5, Sup 7, 117	文件准备中
584	606-20-2	2,6-Dinitrotoluene	2,6-二硝基甲苯	2B	65	1996
585	607-57-8	2-Nitrofluorene	2-硝基芴	2B	46, 105	2014
586	609-20-1	2, 6 - Dichloro - para - phenylenediamine	2,6-二氯对苯二胺	3	39, Sup 7	1987
587	611-06-3	2, 4 - Dichloro - 1-nitrobenzene	2,4-二氯硝基苯	2B	123	文件准备中
588	613-35-4	*N*, *N'* - Diacetylbenzidine	*N*,*N'*-二醋酸联苯胺	2B	16, Sup 7	1987
589	615-05-4	2, 4 - Diaminoanisole	2,4-二氨基苯甲醚	2B	Sup 7, 79	2001
590	615-28-1	ortho - Phenylenediamine dihydrochloride	邻苯二胺二盐酸盐	2B	123	文件准备中
591	615-53-2	*N*-Methyl-*N*-nitrosourethane	*N*-亚硝基-*N*-甲基尿烷	2B	4, Sup 7	1987
592	61-57-4	Niridazole	尼立达唑	2B	13, Sup 7	1987
593	6164-98-3	Chlordimeform	杀虫脒	3	30, Sup 7	1987
594	61-82-5	Amitrole	杀草强	3	79, Sup 7	2001

续表

序号	CAS No.	英文名称	中文名称	级别	卷宗来源	确定的时间
595	618-85-9	3,5-Dinitrotoluene	3,5-二硝基甲苯	3	65	1996
596	621-64-7	*N* - Nitrosodi - n-propylamine	*N*-亚硝基二丙胺	2B	17, Sup 7	1987
597	62-44-2	Phenacetin	对乙酰氨基苯乙醚	1	24, Sup 7, 100A	2012
598	62450-06-0	Trp-P-1 (3-Amino-1,4-dimethyl-5H-pyrido[4,3-b]indole)	Trp-P-1(1,4-二甲基-9H-吡啶并[4,3-b]吲哚-3-胺)	2B	31, Sup 7	1987
599	62450-07-1	Trp-P-2 (3-Amino - 1 - methyl - 5H-pyrido[4,3-b]indole)	Trp - P - 2 (3 - 氨基-1-甲基-5H-吡啶[4,3-B]吲哚)	2B	31, Sup 7	1987
600	62-50-0	Ethyl methanesulfonate	甲烷磺酸乙酯	2B	7, Sup 7	1987
601	62-53-3	Aniline	苯胺	3	27, Sup 7	1987
602	62-55-5	Thioacetamide	硫代乙酰胺	2B	7, Sup 7	1987
603	62-56-6	Thiourea	硫脲	3	Sup 7, 79	2001
604	627-12-3	n - Propyl carbamate	正丙基氨基甲酸酯	3	12, Sup 7	1987
605	62-73-7	Dichlorvos	敌敌畏	2B	Sup 7, 53	1991
606	62-75-9	*N* - Nitrosodimethylamine	*N*-亚硝基二甲胺	2A	17, Sup 7	1987
607	630-20-6	1, 1, 1, 2 - Tetrachloroethane	1, 1, 1, 2 - 四氯乙烷	2B	41, Sup 7, 71, 106	2014
608	63041-90-7	6 - Nitrobenzo[a]pyrene	6-硝基苯并[a]芘	3	Sup 7, 46	1989
609	631-64-1	Dibromoacetic acid	二溴乙酸	2B	101	2013
610	63-25-2	Carbaryl	胺甲萘	3	12, Sup 7	1987

续表

序号	CAS No.	英文名称	中文名称	级别	卷宗来源	确定的时间
611	632-99-5	Magenta	碱性紫 14	2B	Sup 7, 57, 99, 100F	2012
612	6358-53-8	Citrus Red No. 2	柑橘红 2	2B	8, Sup 7	1987
613	6368-72-5	Sudan Red 7B	苏丹红 7B	3	8, Sup 7	1987
614	637-07-0	Clofibrate	氯贝特	3	Sup 7, 66	1996
615	6373-74-6	CI Acid Orange 3	酸性橙 3	3	57	1993
616	63-92-3	Phenoxybenzamine hydrochloride	盐酸酚苄明	2B	24, Sup 7	1987
617	641-48-5	Dihydroacean-thrylene	二氢蒽	3	92	2010
618	6416-57-5	Sudan Brown RR	苏丹褐 RR	3	8, Sup 7	1987
619	64-17-5	Ethanol in alcoholic beverages	酒精饮料中的乙醇	1	96, 100E	2012
620	64436-13-1	Arsenobetaine and other organic arsenic compounds that are not metabolized in humans	砷甜菜碱和其他在人体内未代谢的有机砷化合物	3	100C	2012
621	6459-94-5	CI Acid Red 114	C. I. 酸性红 114	2B	57	1993
622	64-67-5	Diethyl sulfate	硫酸二乙酯	2A	54, 71	1999
623	64742-93-4	Bitumens, occupational exposure to oxidized bitumens and their emissions during roofing	沥青、职业性接触氧化沥青及其在屋顶中的排放	2A	103	2013
624	65271-80-9	Mitoxantrone	米托蒽醌	2B	76	2000
625	65996-93-2	Coal-tar pitch	煤焦油沥青	1	35, Sup 7, 100F	2012
626	66-27-3	Methyl methanesulfonate	甲基磺酸甲酯	2A	7, Sup 7, 71	1999

续表

序号	CAS No.	英文名称	中文名称	级别	卷宗来源	确定的时间
627	66733-21-9	Erionite	毛沸石 I	1	42, Sup 7, 100C	2012
628	66-75-1	Uracil mustard	乌拉莫司汀	2B	9, Sup 7	1987
629	67-20-9	Nitrofurantoin	呋喃妥因	3	50	1990
630	67-45-8	Furazolidone	呋喃唑酮	3	31, Sup 7	1987
631	67-63-0	Isopropyl alcohol	异丙醇	3	15, Sup 7, 71	1999
632	67-66-3	Chloroform	氯仿	2B	Sup 7, 73	1999
633	67-72-1	Hexachloroethane	六氯乙烷	2B	73	1999
634	67730-10-3	Glu-P-2[2-Aminodipyrido(1,2-a:3′,2′-d)imidazole]	Glu-P-2[2-氨基二吡啶并(1,2-A:3′,2′-D)咪唑盐酸盐]	2B	40, Sup 7	1987
635	67730-11-4	Glu-P-1[2-Amino-6-methyldipyrido(1,2-a:3′,2′-d)imidazole]	Glu-P-1[6-甲基-吡啶并(3′,2′:4,5)咪唑并(1,2-a)吡啶-2-胺]	2B	40, Sup 7	1987
636	68006-83-7	MeA-alpha-C[2-Amino-3-methyl-9H-pyrido(2,3-b)indole]	3-甲基-9H-吡啶并(2,3-b)吲哚-2-胺	2B	40, Sup 7	1987
637	680-31-9	Hexamethylphosphoramide	六甲基磷酰三胺	2B	15, Sup 7, 71	1999
638	68-12-2	*N*, *N*-Dimethylformamide	*N*,*N*-二甲基甲酰胺	2A	47, 71, 115	2018
639	68308-34-9	Shale oils	页岩油	1	35, Sup 7, 100F	2012
640	684-93-5	*N*-Methyl-*N*-nitrosourea	*N*-甲基-*N*-亚硝基脲	2A	17, Sup 7	1987

续表

序号	CAS No.	英文名称	中文名称	级别	卷宗来源	确定的时间
641	68603-42-9	Coconut oil diethanolamine condensate	椰子油二乙醇胺缩合物，N，N-二(羟基乙基)椰油酰胺	2B	101	2013
642	6870-67-3	Jacobine	夹可宾	3	10, Sup 7	1987
643	68-76-8	Tris (aziridinyl) -para-benzoquinone (Triaziquone)	三亚胺醌	3	9, Sup 7	1987
644	693-98-1	2-Methylimidazole	2-甲基咪唑	2B	101	2013
645	69-53-4	Ampicillin	氨苄西林	3	50	1990
646	69655-05-6	Didanosine	地达诺辛	3	76	2000
647	70-25-7	*N*-Methyl-*N'*-nitro-*N*-nitrosoguanidine (MNNG)	*N*-甲基-*N'*-硝基-*N*-亚硝基胍	2A	4, Sup 7	1987
648	70-30-4	Hexachlorophene	毒菌酚	3	20, Sup 7	1987
649	7099-43-6	5, 6-Cyclopenteno-1, 2-benzanthracene	5,6-环戊烯-1,2-苯并蒽	3	92	2010
650	71267-22-6	*N'*-Nitrosoanatabine (NAT)	*N*-亚硝基新烟草碱(NAT)	3	37, Sup 7, 89	2007
651	712-68-5	2-Amino-5-(5-nitro-2-furyl)-1,3,4-thiadiazole	2-氨基-5-(5-亚硝基-2-呋喃基)-1,3,4-噻重氮	2B	7, Sup 7	1987
652	71-43-2	Benzene	苯	1	29, Sup 7. 100F, 120	文件准备中
653	71-55-6	1, 1, 1-Trichloroethane	1,1,1-三氯乙烷	3	20, Sup 7, 71	1999

续表

序号	CAS No.	英文名称	中文名称	级别	卷宗来源	确定的时间
654	71-58-9	Medroxyprogesterone acetate	醋酸甲羟孕酮	2B	21, Sup 7	1987
655	7220-79-3	Methylene blue	碱性亚甲蓝三水合物	3	108	2016
656	72-20-8	Endrin	异狄氏剂	3	5, Sup 7	1987
657	723-46-6	Sulfamethoxazole	磺胺甲噁唑	3	Sup 7, 79	2001
658	72-43-5	Methoxychlor	甲氧氯	3	20, Sup 7	1987
659	72-57-1	Trypan blue	锥虫蓝	2B	8, Sup 7	1987
660	73459-03-7	5 - Methylangelicin plus ultraviolet A radiation	5-甲基当归素加紫外线 A 辐射	3	Sup 7	1987
661	7439-92-1	Lead	铅	2B	23, Sup 7	1987
662	7439-97-6	Mercury and Inorganic Mercury Compounds	汞及无机汞化合物	3	58	1993
663	7440-02-0	Nickel, Metallic and Alloys	镍,金属和合金	2B	Sup 7, 49	1990
664	7440-07-5	Plutonium	钚	1	78, 100D	2012
665	7440-29-1	Thorium - 232 and its decay products	钍-232 及其衰变产物	1	78, 100D	2012
666	7440-38-2	Arsenic and inorganic arsenic compounds	砷及无机砷化合物	1	23, Sup 7, 100C	2012
667	7440-41-7	Beryllium and beryllium compounds	铍及铍化合物	1	Sup 7, 58, 100C	2012
668	7440-43-9	Cadmium and cadmium compounds	镉及镉化合物	1	58, 100C	2012
669	7440-47-3	Chromium, metallic	金属铬	3	Sup 7, 49	1990

续表

序号	CAS No.	英文名称	中文名称	级别	卷宗来源	确定的时间
670	7440-48-4	Cobalt and cobalt compounds	钴和钴化合物	2B	52	1991
671	7440-48-4	Cobalt metal without tungsten carbide	无碳化钨钴金属	2B	86	2006
672	7440-48-4;12070-12-1	Cobalt metal with tungsten carbide	硬质合金钴金属	2A	86	2006
673	7446-09-5	Sulfur dioxide	二氧化硫	3	54	1992
674	7460-84-6	Glycidyl stearate	硬脂酸缩水甘油酯	3	11, Sup 7	1987
675	7481-89-2	Zalcitabine	扎西他滨	2B	76	2000
676	74-83-9	Methyl bromide	溴甲烷	3	41, Sup 7, 71	1999
677	74-85-1	Ethylene	乙烯	3	Sup 7, 60	1994
678	74-87-3	Methyl chloride	氯甲烷	3	41, Sup 7, 71	1999
679	74-88-4	Methyl iodide	碘甲烷	3	41, Sup 7, 71	1999
680	7496-02-8	6-Nitrochrysene	6-硝基联苯	2A	Sup 7, 46, 105	2014
681	74-96-4	Bromoethane	溴乙烷	3	52, 71	1999
682	75-00-3	Chloroethane	氯乙烷	3	52, 71	1999
683	75-01-4	Vinyl chloride	氯乙烯	1	Sup 7, 97, 100F	2012
684	75-02-5	Vinyl fluoride	氟乙烯	2A	Sup 7, 63, 97	2008
685	75-07-0	Acetaldehyde	乙醛	2B	36, Sup 7, 71	1999
686	75-07-0	Acetaldehyde associated with consumption of alcoholic beverages	与饮用含酒精饮料有关的乙醛	1	100E	2012
687	75-09-2	Dichloromethane (Methylene chloride)	二氯甲烷	2A	Sup 7, 71, 110	2017

续表

序号	CAS No.	英文名称	中文名称	级别	卷宗来源	确定的时间
688	7519-36-0	*N* - Nitrosoproline; *N*-Nitroso-L-proline	*N*-亚硝基-L-脯氨酸	3	17, Sup 7	1987
689	75-21-8	Ethylene oxide	环氧乙烷	1	Sup 7, 60, 97, 100F	2012
690	75-25-2	Bromoform	溴仿;三溴甲烷	3	52, 71	1999
691	75-27-4	Bromodichloromethane	溴二氯代甲烷	2B	52, 71	1999
692	75321-20-9	1,3-Dinitropyrene	1,3-二硝基芘	2B	46, 105	2014
693	75-35-4	Vinylidene chloride	亚乙烯基氯;偏氯乙烯;1,1-二氯乙烯	2B	39, Sup 7, 71, 119	文件准备中
694	75-38-7	Vinylidene fluoride	偏氟乙烯;偏二氟乙烯;1,1-二氟乙烯	3	39, Sup 7, 71	1999
695	75-45-6	Chlorodifluoromethane	一氯二氟甲烷	3	41, Sup 7, 71	1999
696	75-52-5	Nitromethane	硝基甲烷	2B	77	2000
697	75-55-8	2 - Methylaziridine (Propyleneimine)	2-甲基氮丙啶;丙烯亚胺	2B	9, Sup 7, 71	1999
698	75-56-9	Propylene oxide	1,2-环氧丙烷	2B	Sup 7, 60	1994
699	75-60-5	Dimethylarsinic acid	二甲胂酸	2B	100C	2012
700	7572-29-4	Dichloroacetylene	二氯乙炔	3	39, Sup 7, 71	1999
701	75-87-6	Chloral	氯醛	2A	63, 84, 106	2014
702	75-88-7	2 - Chloro - 1, 1, 1-trifluoroethane	一氯三氟乙烷	3	41, Sup 7, 71	1999
703	759-73-9	*N*-Ethyl-*N*-nitrosourea	*N*-乙基-*N*-亚硝基脲	2A	17, Sup 7	1987

续表

序号	CAS No.	英文名称	中文名称	级别	卷宗来源	确定的时间
704	76-01-7	Pentachloroethane	五氯乙烷	3	41, Sup 7, 71	1999
705	76-03-9	Trichloroacetic acid	三氯乙酸	2B	63, 84, 106	2014
706	76180-96-6	IQ (2-Amino-3-methylimidazo [4, 5-f] quinoline)	IQ(2-氨基-3-甲基-3H-咪唑并喹啉)	2A	Sup 7, 56	1993
707	7631-86-9	Silica, amorphous	二氧化硅,无定形的	3	Sup 7, 68	1997
708	76-44-8	Heptachlor	七氯	2B	Sup 7, 53, 79	2001
709	7647-01-0	Hydrochloric acid	盐酸	3	54	1992
710	765-34-4	Glycidaldehyde	缩水甘油醛	2B	11, Sup 7, 71	1999
711	7664-93-9	Strong - inorganic - acid mists containing sulfuric acid (see Acid mists)	含硫酸的强无机酸雾(参见酸雾)			
712	77094-11-2	MeIQ [2-Amino-3,4-dimethylimidazo (4,5-f) quinoline]	MeIQ(2-氨基-3,4-二甲基-3H-咪唑并喹啉)	2B	Sup 7, 56	1993
713	77-09-8	Phenolphthalein	酚酞	2B	76	2000
714	7722-84-1	Hydrogen peroxide	过氧化氢	3	36, Sup 7, 71	1999
715	77439-76-0	3-Chloro-4-(dichloromethyl)-5-hydroxy-2(5H)-furanone	3-氯-4(二氯甲基)5-羟基-2(5H)-呋喃酮	2B	84	2004
716	77500-04-0	MeIQx (2-Amino-3,8-dimethylimidazo [4,5-f] quinoxaline)	MeIQx(2-氨基-3,8-二甲基咪唑并喹喔啉)	2B	Sup 7, 56	1993
717	7758-01-2	Potassium bromate	溴酸钾	2B	Sup 7, 73	1999
718	7758-19-2	Sodium chlorite	亚氯酸钠	3	52	1991
719	77-78-1	Dimethyl sulfate	硫酸二甲酯	2A	4, Sup 7, 71	1999

续表

序号	CAS No.	英文名称	中文名称	级别	卷宗来源	确定的时间
720	7782-49-2	Selenium and selenium compounds	硒与硒化合物	3	9, Sup 7	1987
721	78-79-5	Isoprene	异戊二烯	2B	60, 71	1999
722	78-87-5	1, 2 - Dichloropropane	1,2-二氯丙烷	1	41, Sup 7, 71, 110	2017
723	789-07-1	2-Nitropyrene	2-硝基芘	3	46	1989
724	78-98-8	Methylglyoxal	丙酮醛	3	51	1991
725	79-00-5	1, 1, 2 - Trichloroethane	1,1,2-三氯乙烷	3	52, 71	1999
726	79-01-6	Trichloroethylene	三氯乙烯	1	Sup 7, 63, 106	2014
727	79-06-1	Acrylamide	丙烯酰胺	2A	60, Sup 7	1994
728	79-10-7	Acrylic acid	丙烯酸	3	19, Sup 7, 71	1999
729	79-34-5	1, 1, 2, 2 - Tetrachloroethane	1, 1, 2, 2 - 四氯乙烷	2B	20, Sup 7, 71, 106	2014
730	79-43-6	Dichloroacetic acid	二氯乙酸	2B	63, 84, 106	2014
731	79-44-7	Dimethylcarbamoyl chloride	二甲氨基甲酰氯	2A	12, Sup 7, 71	1999
732	79-46-9	2-Nitropropane	2-硝基丙烷	2B	29, Sup 7, 71	1999
733	794-93-4	Dihydroxymethylfuratrizine (see also Panfuran S)	平菌利,呋喃羟甲三嗪(潘富安)	3	24, Sup 7	1987
734	794-93-4	Panfuran S (containing dihydroxymethylfuratrizine)	潘富安(含有呋喃羟甲三嗪)	2B	24, Sup 7	1987
735	79-94-7	Tetrabromobisphenol A	四溴双酚 A	2A	115	2018
736	8001-35-2	Toxaphene (Polychlorinated camphenes)	毒杀芬(多氯联苯)	2B	Sup 7, 79	2001

续表

序号	CAS No.	英文名称	中文名称	级别	卷宗来源	确定的时间
737	8001-50-1	Terpene polychlorinates (Strobane®)	聚氯酸萜烯(氯化松节油®)	3	5, Sup 7	1987
738	8001-58-9	Creosotes	杂酚油	2A	Sup 7, 92	2010
739	8002-05-9	Crude oil	原油	3	45	1989
740	800-24-8	Aziridyl benzoquinone	阿齐里基苯醌	3	9, Sup 7	1987
741	8007-45-2	Coal tars (see Coal-tar distillation)	煤焦油(见煤焦油蒸馏)		35, Sup 7	1987
742	8007-45-2	Coal - tar distillation	煤焦油蒸馏	1	92, 100F	2012
743	80-08-0	Dapsone	氨苯砜;4,4′-二氨基二苯砜	3	24, Sup 7	1987
744	8018-07-3	Acriflavinium chloride	吖啶黄	3	13, Sup 7	1987
745	804-36-4	Nitrovin	硝呋烯腙	3	31, Sup 7	1987
746	8047-67-4	Saccharated iron oxide	含糖氧化铁	3	2, Sup 7	1987
747	8052-42-4	Bitumens, extracts of steam - refined and air - refined; steam - refined, cracking - residue and air - refined bitumens (see Bitumens, occupational exposures)	沥青,蒸汽精制和空气精制的萃取物;蒸汽精制,裂解残渣和空气精制沥青(见沥青,职业暴露)		35, Sup 7	1987
748	8052-42-4; 64741-56-6	Bitumens, occupational exposure to straight-run bitumens and their emissions during road paving	沥青,柏油直馏道路铺设时的职业暴露	2B	103	2013

续表

序号	CAS No.	英文名称	中文名称	级别	卷宗来源	确定的时间
749	80-62-6	Methyl methacrylate	甲基丙烯酸甲酯	3	Sup 7, 60	1994
750	81-07-2	Saccharin and its salts	糖精	3	Sup 7, 73	1999
751	81-15-2	Musk xylene	二甲苯麝香	3	65	1996
752	81-49-2	1-Amino-2,4-dibromoanthraquinone	1-氨基-2,4-二溴蒽醌	2B	101	2013
753	817-09-4	Trichlormethine (Trimustine hydrochloride)	三(2-氯乙基)胺盐酸盐	2B	Sup 7, 50	1990
754	81-88-9	Rhodamine B	罗丹明 B	3	16, Sup 7	1987
755	822-36-6	4-Methylimidazole	4-甲基咪唑	2B	101	2013
756	82-28-0	1-Amino-2-methylanthraquinone	分散橙 11	3	27, Sup 7	1987
757	82413-20-5	Droloxifene	屈洛昔芬	3	66	1996
758	82-68-8	Quintozene (Pentachloronitrobenzene)	五氯硝基苯	3	5, Sup 7	1987
759	828-00-2	Dimethoxane	乙酰二甲二烷	3	15, Sup 7	1987
760	832-69-9	1 - Methylphenanthrene	1-甲基胆蒽	3	Sup 7, 92	2010
761	83-32-9	Acenaphthene	苊	3	92	2010
762	83463-62-1	Bromochloroacetonitrile	溴代氯乙腈	3	52, 71	1999
763	83-63-6	Diacetylaminoazotoluene	二乙酰氨基偶氮甲苯	3	8, Sup 7	1987
764	83-66-9	Musk ambrette	葵子麝香	3	65	1996
765	83-67-0	Theobromine	可可碱	3	51	1991

续表

序号	CAS No.	英文名称	中文名称	级别	卷宗来源	确定的时间
766	838-88-0	4，4′ - Methylene bis (2 - methylaniline)	4,4′-二氨基-3,3′-二甲基二苯甲烷	2B	4，Sup 7	1987
767	842-07-9	Sudan I	苯偶氮-2-萘酚	3	8，Sup 7	1987
768	846-50-4	Temazepam	替马西泮	3	66	1996
769	84-65-1	Anthraquinone	蒽醌	2B	101	2013
770	85-01-8	Phenanthrene	菲	3	Sup 7，92	2010
771	85502-23-4	3 - (*N* - Nitrosomethylamino) propionaldehyde	*N*-亚硝基-*N*-甲基-*N*-氧代丙胺	3	Sup 7，85	2004
772	85-68-7	Butyl benzyl phthalate	邻苯二甲酸丁苄酯	3	Sup 7，73	1999
773	85-83-6	Scarlet Red	苏丹 IV	3	8，Sup 7	1987
774	85-84-7	Yellow AB	溶剂黄 5；荧光黄 YJP-1	3	8，Sup 7	1987
775	85-86-9	Sudan III	苏丹 III	3	8，Sup 7	1987
776	85878-62-2	Pyrido(3,4-c)psoralen	吡啶(3,4-c)补骨脂素	3	40，Sup 7	1987
777	85878-63-3	7 - Methylpyrido (3,4-c)psoralen	7-甲基吡啶(3,4-c)补骨脂素	3	40，Sup 7	1987
778	86-30-6	*N*-Nitrosodiphenylamine	*N*-亚硝基二苯胺	3	27，Sup 7	1987
779	86-54-4	Hydralazine	肼屈嗪	3	24，Sup 7	1987
780	86-57-7	1-Nitronaphthalene	1-硝基萘	3	46	1989
781	86-73-7	Fluorene	芴	3	Sup 7，92	2010
782	86-74-8	Carbazole	咔唑	2B	32，Sup 7，71，103	2013

续表

序号	CAS No.	英文名称	中文名称	级别	卷宗来源	确定的时间
783	86-88-4	1-Naphthylthiourea (ANTU)	1-萘基硫脲	3	30, Sup 7	1987
784	868-85-9	Dimethyl hydrogen phosphite	亚磷酸二甲酯	3	48, 71	1999
785	87-29-6	Cinnamyl anthranilate	邻氨基苯甲酸肉桂酯	3	Sup 7, 77	2000
786	87625-62-5	Ptaquiloside	原蕨苷	3	40, Sup 7	1987
787	87-62-7	2,6-Dimethylaniline (2,6-Xylidine)	2,6-二甲基苯胺	2B	57	1993
788	87-68-3	Hexachlorobutadiene	六氯-1,3-丁二烯	3	73	1999
789	87-86-5	Pentachlorophenol (see also Polychlorophenols)	五氯苯酚(见"氯酚类")	1	53, 71, 117	文件准备中
790	88-05-1	2,4,6-Trimethylaniline	2,4,6-三甲基苯胺	3	27, Sup 7	1987
791	88-06-2	2,4,6-Trichlorophenol (see also Polychlorophenols)	2,4,6-三氯苯酚(见"氯酚类")	2B	117	文件准备中
792	88-12-0	*N*-Vinyl-2-pyrrolidone	乙烯基-2-吡咯烷酮	3	19, Sup 7, 71	1999
793	88-72-2	2-Nitrotoluene	邻硝基甲苯	2A	101	2013
794	88-73-3	2-Chloronitro-benzene	1-氯-2-硝基苯	2B	65, 123	文件准备中
795	88-73-3; 121-73-3; 100-00-5	Chloronitrobenzenes (see 2-Chloronitrobenzene, 3-Chloronitrobenzene, 4-Chloronitrobenzene)	1-氯-2-硝基苯(见"2-氯硝基苯""3-氯硝基苯""4-氯硝基苯")			

续表

序号	CAS No.	英文名称	中文名称	级别	卷宗来源	确定的时间
796	892-21-7	3 - Nitrofluoranthene	3-硝基荧蒽	3	33, Sup 7	1987
797	89-61-2	1, 4 - Dichloro - 2-nitrobenzene	2,5-二氯硝基苯	2B	65, 123	文件准备中
798	89778-26-7	Toremifene	托瑞米芬	3	66	1996
799	89-82-7	Pulegone	(R)-(+)-长叶薄荷酮	2B	108	2016
800	9000-07-1	Carrageenan, native	卡拉胶,天然的	3	31, Sup 7	1987
801	9000-38-8	Kava extract	卡瓦内酯	2B	108	2016
802	9002-84-0	Polytetrafluoroethylene	聚四氟乙烯	3	19, Sup 7	1987
803	9002-86-2	Polyvinyl chloride	聚氯乙烯	3	19, Sup 7	1987
804	9002-88-4	Polyethylene	聚乙烯	3	19, Sup 7	1987
805	9002-89-5	Polyvinyl alcohol	聚乙烯醇	3	19, Sup 7	1987
806	9003-01-4	Polyacrylic acid	卡波姆树脂	3	19, Sup 7	1987
807	9003-07-0	Polypropylene	聚丙烯	3	19, Sup 7	1987
808	9003-20-7	Polyvinyl acetate	聚醋酸乙烯酯	3	19, Sup 7	1987
809	9003-22-9	Vinyl chloride-vinyl acetate copolymers	氯乙烯-醋酸乙烯共聚物	3	19, Sup 7	1987
810	9003-39-8	Polyvinyl pyrrolidone	聚乙烯吡咯烷酮	3	19, Sup 7, 71	1987
811	9003-53-6	Polystyrene	聚苯乙烯	3	19, Sup 7	1987
812	9003-54-7	Styrene - acrylonitrile copolymers	苯乙烯-丙烯腈共聚物	3	19, Sup .7	1987
813	9003-55-8	Styrene-butadiene copolymers	苯乙烯-丁二烯共聚物	3	19, Sup 7	1987
814	90-04-0	ortho-Anisidine	邻甲氧基苯胺	2B	Sup 7, 73	1999

续表

序号	CAS No.	英文名称	中文名称	级别	卷宗来源	确定的时间
815	9004-51-7	Iron-dextrin complex	铁糊精配合物，糊精铁	3	2, Sup 7	1987
816	90045-36-6	Ginkgo biloba extract	银杏叶提取物	2B	108	2016
817	9004-66-4	Iron-dextran complex	右旋糖酐铁	2B	2, Sup 7	1987
818	9009-54-5	Polyurethane foams	聚氨酯树脂	3	19, Sup 7	1987
819	9010-98-4	Polychloroprene	氯丁橡胶	3	19, Sup 7	1987
820	9011-06-7	Vinylidene chloride-vinyl chloride copolymers	偏氯乙烯-氯乙烯共聚物，氯乳液	3	19, Sup 7	1987
821	9011-14-7	Polymethyl methacrylate	聚甲基丙烯酸甲酯（有机玻璃）	3	19, Sup 7	1987
822	9016-87-9	Polymethylene polyphenyl isocyanate	聚亚甲基苯基异氰酸酯	3	19, Sup 7	1987
823	90370-29-9	4,4′,6-Trimethylangelicin plus ultraviolet A radiation	4,4′,6-三甲基异补骨脂素	3	Sup 7	1987
824	90-43-7	ortho-Phenylphenol	2-联苯酚	3	73	1999
825	90-65-3	Penicillic acid	青霉酸	3	10, Sup 7	1987
826	90-94-8	Michler's ketone [4,4′-Bis(dimethylamino)benzophenone]	4,4′-四甲基二氨二苯酮	2B	99	2010
827	91-20-3	Naphthalene	萘	2B	82	2002
828	91-22-5	Quinoline	喹啉	2B	121	文件准备中

续表

序号	CAS No.	英文名称	中文名称	级别	卷宗来源	确定的时间
829	91-23-6	2-Nitroanisole	2-硝基苯甲醚	2B	65	1996
830	915-67-3	Amaranth	苋菜红	3	8, Sup 7	1987
831	91-59-8	2-Naphthylamine	2-萘胺	1	4, Sup 7, 99, 100F	2012
832	91-64-5	Coumarin	邻氧萘酮	3	Sup 7, 77	2000
833	91-93-0	3, 3′ - Dimethoxy-benzidine - 4, 4′-diisocyanate	3,3′-二甲氧基-4,4′-联苯二异氰酸酯	3	39, Sup 7	1987
834	91-94-1	3,3′-Dichlorobenzidine	3,3′-二氯联苯胺	2B	29, Sup 7	1987
835	924-16-3	*N* - Nitrosodi - n-butylamine	二丁基亚硝胺	2B	17, Sup 7	1987
836	924-42-5	*N* - Methylolacrylamide	*N*-羟甲基丙烯酰胺	3	60	1994
837	92-67-1	4-Aminobiphenyl	4-氨基联苯	1	1, Sup 7, 99, 100F	2012
838	92-87-5	Benzidine	联苯胺	1	29, Sup 7, 99, 100F	2012
839	92-93-3	4-Nitrobiphenyl	4-硝基联苯	3	4, Sup 7	1987
840	930-55-2	*N* - Nitrosopyrrolidine	*N*-亚硝基吡咯烷	2B	17, Sup 7	1987
841	93-15-2	Methyleugenol	甲基丁香酚	2B	101	2013
842	94-36-0	Benzoyl peroxide	过氧化苯甲酰	3	36, Sup 7, 71	1999
843	94-58-6	Dihydrosafrole	二氢黄樟油精	2B	10, Sup 7	1987
844	94-59-7	Safrole	黄樟素	2B	10, Sup 7	1987
845	94-75-7	2,4-D (2,4-dichlorophenoxyacetic acid) (See also Chlorophenoxy herbicides)	2,4-二氯苯氧乙酸	2B	113	2018

续表

序号	CAS No.	英文名称	中文名称	级别	卷宗来源	确定的时间
846	95-06-7	Sulfallate	草克死	2B	30, Sup 7	1987
847	95-50-1	ortho - Dichlorobenzene	1,2-二氯苯	3	Sup 7, 73	1999
848	95-53-4	ortho-Toluidine	邻甲苯胺	1	Sup 7, 77, 99, 100F	2012
849	95-54-5	ortho - Phenylenediamine	邻苯二胺	2B	123	文件准备中
850	95-68-1	2,4-Xylidine	2,4-二甲基苯胺	3	16, Sup 7	1987
851	95-69-2	4-Chloro-ortho-toluidine	4-氯-2-甲基苯胺	2A	77, 99	2010
852	95-70-5	2, 5 - Diaminotoluene	2,5-二氨基甲苯	3	16, Sup 7	1987
853	95-78-3	2,5-Xylidine	2,5-二甲基苯胺	3	16, Sup 7	1987
854	95-79-4	5-Chloro-ortho-toluidine	5-氯邻甲苯胺（红色 KB）	3	77, 99	2010
855	95-80-7	2, 4 - Diaminotoluene	2,4-二氨基甲苯	2B	16, Sup 7	1987
856	95-83-0	4-Chloro-ortho-phenylenediamine	4-氯-1, 2-苯二胺	2B	27, Sup 7	1987
857	95-85-2	2-Amino-4-chlorophenol	4-氯-2-氨基苯酚	2B	123	文件准备中
858	96-09-3	Styrene-7,8-oxide	氧化苯乙烯	2A	Sup 7, 60, 121	文件准备中
859	96-12-8	1, 2 - Dibromo - 3-chloropropane	1,2-二溴-3-氯丙烷	2B	20, Sup 7, 71	1999
860	96-13-9	2, 3 - Dibromopropan-1-ol	2, 3-二溴-1-丙醇	2B	77	2000
861	96-18-4	1, 2, 3 - Trichloropropane	1,2,3-三氯丙烷	2A	63	1995

续表

序号	CAS No.	英文名称	中文名称	级别	卷宗来源	确定的时间
862	96-23-1	1, 3 - Dichloro - 2-propanol	1,3-二氯丙醇	2B	101	2013
863	96-24-2	3-Monochloro-1, 2-propanediol	3-氯-1,2-丙二醇	2B	101	2013
864	96-33-3	Methyl acrylate	丙烯酸甲酯	2B	39, Sup 7, 71, 122	文件准备中
865	96-45-7	Ethylenethiourea	亚乙基硫脲	3	Sup 7, 79	2001
866	96-48-0	gamma - Butyrolactone	γ-丁内酯	3	11, Sup 7, 71	1999
867	97-53-0	Eugenol	丁香酚	3	36, Sup 7	1987
868	97-56-3	ortho-Aminoazotoluene	邻氨基偶氮甲苯	2B	8, Sup 7	1987
869	97-77-8	Disulfiram	二硫化四乙基秋兰姆	3	12, Sup 7	1987
870	98-00-0	Furfuryl alcohol	糠醇	2B	119	文件准备中
871	98-01-1	Furfural	糠醛	3	63	1995
872	98-56-6	4 - Chlorobenzotrifluoride	4-氯苯并三氟化物	2B	125	文件准备中
873	98-82-8	Cumene	异丙基苯	2B	101	2013
874	98-83-9	a-Methylstyrene	2-苯基-1-丙烯	2B	101	2013
875	98-87-3 98-07-7 100-44-7 98-88-4	alpha - Chlorinated toluenes (benzal chloride, benzotrichloride, benzyl chloride) and benzoyl chloride (combined exposures)	alpha-二氯甲苯(苯氯化苯、三氯化苯、苯甲基氯)和苯并甲苯(组合暴露)	2A	29, Sup 7, 71	1999
876	989-38-8	Rhodamine 6G	碱性红 1	3	16, Sup 7	1987
877	98-95-3	Nitrobenzene	硝基苯	2B	65	1996

续表

序号	CAS No.	英文名称	中文名称	级别	卷宗来源	确定的时间
878	99-08-1 99-99-0	3-Nitrotoluenes	3-硝基甲苯	3	65	1996
879	99-55-8	5 - Nitro - ortho -toluidine	2-氨基-4-硝基甲苯	3	48	1990
880	99-56-9	1, 2 - Diamino - 4-nitrobenzene	4-硝基邻苯二胺	3	16, Sup 7	1987
881	99-57-0	2-Amino-4-nitrophenol	2-氨基-4-硝基苯酚	3	57	1993
882	99-59-2	5 - Nitro - ortho -anisidine	2-氨基-4-硝基苯甲醚	3	27, Sup 7	1987
883	99-80-9	*N* - Methyl - *N*, 4-dinitrosoaniline	*N*-甲基-*N*,4-二亚硝基苯胺	3	1, Sup 7	1987
884	99-97-8	*N*, *N* - Dimethyl - p-toluidine	*N*,*N*-二甲基对甲苯胺	2B	115	2018
885		Acheson process, occupational exposure associated with	艾奇逊法，职业暴露	1	111	2017
886		Acid mists, strong inorganic	酸雾，强无机	1	54, 100F	2012
887		Acrylic fibres	丙烯酸纤维类	3	19, Sup 7	1987
888		Acrylonitrile-butadiene-styrene copolymers	丙烯腈-丁二烯-苯乙烯共聚物	3	19, Sup 7	1987
889		Alcoholic beverages	酒精饮料	1	44, 96, 100E	2012
890		Aloe vera, whole leaf extract	芦荟全叶提取物	2B	108	2016
891		Alpha particles (see Radionuclides)	α 粒子（见放射性核素）	—	—	—

续表

序号	CAS No.	英文名称	中文名称	级别	卷宗来源	确定的时间
892		Aluminium production	铝生产	1	34, Sup 7, 92, 100F	2012
893		Anaesthetics, volatile	麻醉剂,挥发性的	3	11, Sup 7	1987
894		Androgenic (anabolic) steroids	雄激素(合成)类固醇	2A	Sup 7	1987
895		Areca nut	槟榔果,大腹子	1	85, 100E	2012
896		Art glass, glass containers and pressed ware (manufacture of)	艺术玻璃、玻璃容器和压制品(制造)	2A	58	1993
897		Auramine production	月桂胺生产	1	Sup 7, 99, 100F	2012
898		Benzidine, dyes metabolized to	联苯胺,代谢的	1	99, 100F	2012
899		Beta particles (see Radionuclides)	β粒子(见放射性核素)			
900		Betel quid with tobacco	槟榔和烟草	1	Sup 7, 85, 100E	2012
901		Betel quid without tobacco	槟榔,不伴随烟草使用	1	Sup 7, 85, 100E	2012
902		Biomass fuel (primarily wood), indoor emissions from household combustion of	生物质燃料(主要是木材),家庭燃烧产生的室内排放	2A	95	2010
903		Bisulfites	亚硫酸氢盐	3	54	1992
904		Bitumens, occupational exposure to hard bitumens and their emissions during mastic asphalt work	沥青混合料,职业暴露,硬质沥青及其在沥青加工过程中的排放	2B	103	2013

续表

序号	CAS No.	英文名称	中文名称	级别	卷宗来源	确定的时间
905		BK polyomavirus (BKV)	BK 多瘤病毒	2B	104	2014
906		Boot and shoe manufacture and repair (see Leather dust, Benzene)	靴子和鞋的制造和修理(见皮革粉尘、苯)		25, Sup 7	1987
907		Bracken fern	欧洲蕨	2B	40, Sup 7	1987
908		Calcium carbide production	电石生产	3	92	2010
909		Carbon electrode manufacture	碳电极制造	2A	92	2010
910		Carpentry and joinery	木工和细木工	2B	25, Sup 7	1987
911		Ceramic implants	陶瓷种植体	3	74	1999
912		Chimney sweeping (see Soot)	清洗烟囱(煤烟,烟灰)		92	2010
913		Chlorinated drinking-water	氯化饮用水	3	52	1991
914		Chlorinated paraffins of average carbon chain length C_{12} and average degree of chlorination approximately 60%	平均碳链长度 C_{12} 和平均氯化程度约 60% 的氯化石蜡	2B	48	1990
915		Chlorophenols (see Polychlorophenols)	氯酚(见多氯酚)	—	—	—
916		Chlorophenoxy herbicides	氯苯氧基除草剂	2B	41, Sup 7	1987

续表

序号	CAS No.	英文名称	中文名称	级别	卷宗来源	确定的时间
917		Clonorchis sinensis (infection with)	华支睾吸虫感染	1	61, 100B	2012
918		Coal dust	煤尘	3	68	1997
919		Coal gasification	煤气	1	Sup 7, 92, 100F	2012
920		Coal, indoor emissions from household combustion of	煤,家用燃烧产生的室内排放物	1	95, 100E	2012
921		Coffee, drinking	咖啡,饮用	3	51, 116	2018
922		Coke production	焦炭生产	1	Sup 7, 92, 100F	2012
923		Continuous glass filament (see Glass filament)	连续玻璃丝(见玻璃丝)	—	—	—
924		Dental materials	牙科材料	3	74	1999
925		Diesel engine exhaust (see Engine exhaust, diesel)	柴油机尾气	—	—	—
926		Diesel fuel, marine	柴油、船用	2B	45	1989
927		Diesel fuels, distillate (light)	柴油燃料,馏分油	3	45	1989
928		Dry cleaning (occupational exposures in)	干洗(职业暴露)	2B	63	1995
929		Dyes metabolized to benzidine (see Benzidine, dyes metabolized to)	代谢成联苯胺的染料(见联苯胺,染料代谢)	—	—	—
930		Electric fields, extremely low - frequency	极低频电场	3	80	2002

续表

序号	CAS No.	英文名称	中文名称	级别	卷宗来源	确定的时间
931		Electric fields, static	电场,静态的	3	80	2002
932		Engine exhaust, diesel	发动机排气,柴油	1	46, 105	2014
933		Engine exhaust, gasoline	发动机排气,汽油	2B	46, 105	2014
934		Epstein-Barr virus	EB 病毒	1	70, 100B	2012
935		Estrogen therapy, postmenopausal	雌激素治疗,绝经后	1	72, 100A	2012
936		Estrogen-progestogen menopausal therapy (combined)	雌激素-孕激素绝经期治疗(联合)	1	72, 91, 100A	2012
937		Estrogen - progestogen oral contraceptives (combined)	雌激素-孕激素口服避孕药(组合)	1	72, 91, 100A	2012
938		Firefighter (occupational exposure as a)	消防员(职业暴露)	2B	98	2010
939		Fission products, including strontium-90	裂变产物,包括锶-90	1	100D	2012
940		Flat-glass and specialty glass (manufacture of)	平板玻璃和特种玻璃(制造)	3	58	1993
941		Fluorescent lighting	荧光照明	3	55	1992
942		Fluoro-edenite fibrous amphibole	氟代岩纤维角闪石	1	111	2017

续表

序号	CAS No.	英文名称	中文名称	级别	卷宗来源	确定的时间
943		Foreign bodies (see Ceramic implants, Dental materials, Implanted foreign bodies, Metallic implants, Organic polymeric materials, Orthopaedic implants, Polymeric implants, Silicone breast implants)	异物(见陶瓷植入物、牙科材料、植入异物、金属植入物、有机高分子材料、骨科植入物、聚合体植入物、硅胶乳房植入物)	—	—	—
944		Frying, emissions from high-temperature	油炸,高温排放	2A	95	2010
945		Fuel oils, distillate (light)	燃料油,馏分(轻)	3	45	1989
946		Fuel oils, residual (heavy)	燃料油,残余(重)	2B	45	1989
947		Furniture and cabinet making (see Wood dust)	家具和橱柜制作(见木屑)		25, Sup 7	1987
948		*Fusarium graminearum*, *F. culmorum*, and *F. crookwellense*, toxins derived from (zearalenone, deoxynivalenol, nivalenol, and fusarenone X)	禾谷镰刀菌(*Fusariumgramin-earum*)、雪腐镰刀菌(*F. culmorum*)和枯草芽孢杆菌(*F. crookwellense*),源于(齐拉酮、脱氧雪腐烯醇、雪戊烯醇和褐素 X)	3	Sup 7, 56	1993

续表

序号	CAS No.	英文名称	中文名称	级别	卷宗来源	确定的时间
949		Fusarium sporotrichioides, toxins derived from (T-2 toxin)	镰刀菌孢霉毒素,源自(T-2 毒素)	3	56	1993
950		Gamma-Radiation (see X- and Gamma-Radiation)	伽马辐射(见 X-和 γ-辐射)			
951		Gasoline	汽油	2B	45	1989
952		Gasoline engine exhaust (see Engine exhaust, gasoline)	汽油发动机排气(发动机排气,汽油)			
953		Glass filament, continuous	玻璃丝,连续的	3	43, 81	2002
954		Goldenseal root powder	北美黄连根粉	2B	108	2016
955		Haematite mining (underground)	赤铁矿开采(地下)	1	1, Sup 7, 100D	2012
956		Hair colouring products (personal use of)	染发产品(个人使用)	3	57, 99	2010
957		Hairdresser or barber (occupational exposure as a)	理发师(职业暴露)	2A	57, 99	2010
958		Helicobacter pylori (infection with)	幽门螺杆菌感染	1	61, 100B	2012
959		Hepatitis B virus (chronic infection with)	乙型肝炎病毒(慢性感染)	1	59, 100B	2012
960		Hepatitis C virus (chronic infection with)	丙型肝炎病毒(慢性感染)	1	59, 100B	2012

续表

序号	CAS No.	英文名称	中文名称	级别	卷宗来源	确定的时间
961		Hepatitis D virus	丁型肝炎病毒	3	59	1994
962		Hexachlorocyclo-hexanes	六氯化苯	2B	20, Sup 7	1987
963		High - temperature frying (see Frying)	高温煎炸(见油炸)	—	—	—
964		Household combustion of biomass fuel (see Biomass fuel, indoor emissions from household combustion of)	生物质燃料的家用燃烧(参见生物质燃料、来自家庭燃烧的室内排放)	—	—	—
965		Household combustion of coal (see Coal, indoor emissions from household combustion)	家用煤燃烧(见煤,家用燃烧的室内排放)			
966		Human herpesvirus type 4 (see Epstein-Barr virus)	人类疱疹病毒4型(见EB病毒)	—	—	—
967		Human herpesvirus type 8 (see Kaposi sarcoma herpesvirus)	人类疱疹病毒8型(见卡波西肉瘤疱疹病毒)	—	—	—
968		Human immunodeficiency virus type 1 (infection with)	人类免疫缺陷病毒1型(感染)	1	67, 100B	2012
969		Human immunodeficiency virus type 2 (infection with)	人体免疫缺陷病毒2型(感染)	2B	67	1996
970		Human papillomavirus genus beta (except types 5 and 8) and genus gamma	人乳头瘤病毒β属(5型和8型除外)和γ属	3	90, 100B	2012

续表

序号	CAS No.	英文名称	中文名称	级别	卷宗来源	确定的时间
971		Human papillomavirus type 68	人乳头瘤病毒68型	2A	100B	2012
972		Human papillomavirus types 16, 18, 31, 33, 35, 39, 45, 51, 52, 56, 58, 59	人乳头瘤病毒16,18,31,33,35,39,45,51,52,56,58,59型	1	64, 90, 100B	2012
973		Human papillomavirus types 26, 53, 66, 67, 70, 73, 82	人乳头瘤病毒26, 53, 66, 67, 70, 73, 82型	2B	100B	2012
974		Human papillomavirus types 30, 34, 69, 85, 97	人乳头瘤病毒30, 34, 69, 85, 97型	2B	100B	2012
975		Human papillomavirus types 5 and 8 (in patients with epidermodysplasia verruciformis)	人乳头瘤病毒5型和8型(在疣状表皮异常增生患者)	2B	100B	2012
976		Human papillomavirus types 6 and 11	人乳头瘤病毒6和11型	3	90, 100B	2012
977		Human T - cell lymphotropic virus type I	人类T淋巴细胞趋化病毒I型	1	67, 100B	2012
978		Human T - cell lymphotropic virus type II	人类T淋巴细胞白血病病毒II型	3	67	1996
979		Hypochlorite salts	次氯酸盐	3	52	1991

续表

序号	CAS No.	英文名称	中文名称	级别	卷宗来源	确定的时间
980		Implanted foreign bodies of metallic chromium or titanium and of cobalt-based, chromium - based, and titanium-based alloys, stainless steel and depleted uranium	植入金属铬或钛和钴基、铬基和钛基合金、不锈钢和贫化铀的异物	3	74	1999
981		Implanted foreign bodies of metallic cobalt, metallic nickeland an alloy powder containing 66%~67% nickel, 13% ~ 16% chromium, and 7% iron	金属钴,金属镍和含有 66% ~ 67% 镍,13% ~ 16% 铬和 7%铁的合金粉末的异物	2B	74	1999
982		Insulation glass wool	绝缘玻璃棉	3	43, 81	2002
983		Involuntary smoking (see Tobacco smoke, second-hand)	被动吸烟(见烟草烟气,二手烟)			
984		Ionizing radiation (all types)	电离辐射(各种类型)	1	100D	2012
985		Iron and steel founding (occupational exposure during)	钢铁铸造(职业暴露期间)	1	34, Sup 7, 100F	2012
986		Isopropyl alcohol manufacture using strong acids	使用强酸生产异丙醇	1	Sup 7, 100F	2012

续表

序号	CAS No.	英文名称	中文名称	级别	卷宗来源	确定的时间
987		Isopropyl oils	异丙基油	3	15, Sup 7, 71	1999
988		JC polyomavirus (JCV)	JC 多瘤病毒(JCV)	2B	104	2014
989		Jet fuel	机油,航空涡轮发动机燃料	3	45	1989
990		Kaposi sarcoma herpesvirus	卡波西肉瘤疱疹病毒	1	70, 100B	2012
991		Lead compounds, inorganic	铅化合物,无机的	2A	Sup 7, 87	2006
992		Lead compounds, organic	铅化合物,有机的	3	23, Sup 7, 87	2006
993		Leather dust	皮革尘埃	1	100C	2012
994		Leather goods manufacture	皮件加工	3	25, Sup 7	1987
995		Leather tanning and processing	制革和皮革处理	3	25, Sup 7	1987
996		Lumber and sawmill industries (including logging)	木材和锯木厂工业(包括伐木)	3	25, Sup 7	1987
997		Madder root (*Rubia tinctorum*)	茜草根(茜草属)	3	82	2002
998		Magenta production	品红生产制造	1	Sup 7, 57, 99, 100F	2012
999		Magnetic fields, extremely low-frequency	极低频磁场	2B	80	2002
1000		Magnetic fields, static	磁场,静态的	3	80	2002

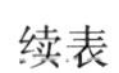

续表

序号	CAS No.	英文名称	中文名称	级别	卷宗来源	确定的时间
1001		Malaria (caused by infection with Plasmodium falciparum in holoendemic areas)	疟疾(在全流行区由恶性疟原虫感染引起)	2A	104	2014
1002		Mate, not very hot (drinking)	非特高温热饮	3	51, 116	2018
1003		Mate, hot (see Very hot beverages)	高温热饮			
1004		Merkel cell polyomavirus (MCV)	默克尔细胞多瘤病毒(MCV)	2A	104	2014
1005		Metabisulfites	偏亚硫酸氢盐	3	54	1992
1006		Metallic implants prepared as thin smooth films	光滑薄膜金属植入物	2B	74	1999
1007		Methylmercury compounds	甲基汞化合物	2B	58	1993
1008		Microcystis extracts	微囊藻提取物	3	94	2010
1009		Mineral oils, highly-refined	矿物油,高精制的	3	33, Sup 7	1987
1010		Mineral oils, untreated or mildly treated	矿物油,未经处理或轻度处理	1	33, Sup 7, 100F	2012
1011		Modacrylic fibres	改性聚丙烯腈纤维	3	19, Sup 7	1987
1012		MOPP and other combined chemotherapy including alkylating agents	MOPP(氮芥、长春新碱、甲基苄肼、强的松)和其他联合化疗,包括烷化剂	1	Sup 7, 100A	2012

续表

序号	CAS No.	英文名称	中文名称	级别	卷宗来源	确定的时间
1013		Neutron radiation	中子辐射	1	75, 100D	2012
1014		Nickel compounds	镍化学物质	1	Sup 7, 49, 100C	2012
1015		Nickel refining (see Nickel compounds)	镍精炼(见镍化学物质)		11	1976
1016		Night shift work	夜晚轮班工作	2A	98, 124	2020
1017		Nitrate or nitrite (ingested) under conditions that result in endoge-nous ni-trosation	在导致内源性亚硝化的条件下,硝酸盐或亚硝酸盐(摄入)	2A	94	2010
1018		Non-arsenical in-secticides (occupa-tional exposures in spraying and appli-cation of)	非砷杀虫剂(喷洒和使用时的职业暴露)	2A	53	1991
1019		Oestrogen (see Es-trogen)	雌激素			
1020		Opisthorchis felineus (infection with)	猫后睾吸虫(感染)	3	61	1994
1021		Opisthorchis viverrini (infection with)	麝后睾吸虫(感染)	1	61, 100B	2012
1022		Oral contraceptives, combined estrogen-progestogen (see Estrogen-prog-es-togen oral contra-ceptives)	口服避孕药,雌激素-孕激素口服避孕(见雌激素-孕激素口服避孕药)			
1023		Organic polymeric materials	有机高分子材料	3	74	1999

续表

序号	CAS No.	英文名称	中文名称	级别	卷宗来源	确定的时间
1024		Orthopaedic implants of complex composition and cardiac pacemakers	复杂装置和心脏起搏器的矫形植入物	3	74	1999
1025		Outdoor air pollution	室外空气污染	1	109	2016
1026		Outdoor air pollution, particulate matter in	室外空气污染,颗粒物	1	109	2016
1027		Opium (preliminary name)	鸦片(最初名称)		126	文件准备中
1028		Paint manufacture (occupational exposure in)	颜料生产(职业暴露)	3	47	1989
1029		Painter (occupational exposure as a)	画家(职业暴露)	1	47, 98, 100F	2012
1030		Particulate matter in outdoor air pollution (see Outdoor air pollution, particulate matter in)	室外空气颗粒物污染(见室外空气污染,颗粒物)			
1031		Paving and roofing with coal-tar pitch (see Coal-tar pitch)	用煤焦油沥青铺筑路面和屋面(见煤焦油沥青)		35, Sup 7, 92, 100F	2010
1032		Petroleum refining (occupational exposures in)	石油炼制(职业暴露)	2A	45	1989
1033		Petroleum solvents	石油溶剂	3	47	1989

续表

序号	CAS No.	英文名称	中文名称	级别	卷宗来源	确定的时间
1034		Phenacetin, analgesic mixtures containing	非那西丁,镇痛药混合物	1	Sup 7, 100A	2012
1035		Pickled vegetables (traditional Asian)	腌菜(传统亚洲菜)	2B	56	1993
1036		Polychlorinated biphenyls, dioxin-like, with a Toxicity Equivalency Factor (TEF) according to WHO (PCBs 77, 81, 105, 114, 118, 123, 126, 156, 157, 167, 169, 189)	多氯联苯,类二噁英,世界卫生组织的毒性等效因子(TEF)(多氯联苯77, 81, 105, 114, 118, 123, 126, 156, 157, 167, 169, 189)	1	107	2016
1037		Polychlorinated dibenzofurans (see 2,3,4,7,8-Pentachlorodibenzofuran)	多氯联苯二苯并呋喃(见2,3,7,8-五氯二苯并呋喃)	3	69	1997
1038		Polychlorinated dibenzo-para-dioxins (other than 2,3,7,8-tetrachlorodibenzo-para-dioxin)	多氯二苯二氮二硫代辛(非2,3,7,8-四氯二苯二氮二硫代辛)	3	69	1997
1039		Polychlorophenols and their sodium salts (mixed exposures) (see Pentachlorophenol; 2,4,6-Trichlorophenol)	多氯苯酚及其钠盐(混合暴露)[见五氯苯酚;2,4,6-三氯(苯)酚]	2B	53, 71	1999

续表

序号	CAS No.	英文名称	中文名称	级别	卷宗来源	确定的时间
1040		Polymeric implant prepared as thin smooth films (with the exception of poly-glycolic acid)	制备成光滑薄膜的聚合物植入物(聚乙醇酸除外)	2B	74	1999
1041		Printing inks	印刷油墨	3	65	1996
1042		Printing processes (occupational exposures in)	印刷工艺(职业暴露)	2B	65	1996
1043		Processed meat (consumption of)	加工肉类(食用)	1	114	2018
1044		Proflavine salts	原黄素盐	3	24, Sup 7	1987
1045		Progestins	孕激素类	2B	Sup 7	1987
1046		Progestogen-only contraceptives	孕激素(仅指避孕药)	2B	72	1999
1047		Pulp and paper manufacture	制浆造纸	3	25, Sup 7	1987
1048		Radiofrequency electromagnetic fields	射频电磁场	2B	102	2013
1049		Radioiodines, including iodine-131	放射碘,包括碘-131	1	78, 100D	2012
1050		Radionuclides, alpha-particle-emitting, internally deposited	放射性核素,α 粒子发射,内部沉积	1	78, 100D	2012
1051		Radionuclides, beta-particle-emitting, internally deposited	放射性核素,β 粒子发射,内部沉积	1	78, 100D	2012

续表

序号	CAS No.	英文名称	中文名称	级别	卷宗来源	确定的时间
1052		Red meat (consumption of)	红肉(食用)	2A	114	2018
1053		Refractory ceramic fibres	耐火陶瓷纤维	2B	43, 81	2002
1054		Rock (stone) wool	石羊毛	3	43, 81	2002
1055		Rubber manufacturing industry	橡胶制造业	1	28, Sup 7, 100F	2012
1056		Salted fish, Chinese-style	咸鱼,中国的	1	56, 100E	2012
1057		Schistosoma haematobium (infection with)	血吸虫病(感染)	1	61, 100B	2012
1058		Schistosoma japonicum (infection with)	日本血吸虫(感染)	2B	61	1994
1059		Schistosoma mansoni (infection with)	曼氏裂体吸虫(感染)	3	61	1994
1060		Silicone breast implants	乳房硅胶植入手术	3	74	1999
1061		Slag wool	渣棉	3	43, 81	2002
1062		Solar radiation	太阳辐射	1	55, 100D	2012
1063		Soot (as found in occupational exposure of chimney sweeps)	烟灰(烟囱清洁工职业暴露中发现的)	1	35, Sup 7, 92, 100F	2012
1064		Special-purpose fibres such as E-glass and '475' glass fibres	特殊用途纤维,如E-玻璃和"475"玻璃纤维	2B	81	2002

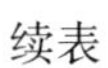

续表

序号	CAS No.	英文名称	中文名称	级别	卷宗来源	确定的时间
1065		Sulfites	亚硫酸盐	3	54	1992
1066		Sunlamps and sunbeds (see Ultraviolet - emitting tanningdevices)	日光灯和日光浴床(见紫外线辐射晒黑设备)			
1067		Surgical implants (see Ceramic implants, Dental materials, Implanted foreign bodies, Metallic implants, Organic polymeric materials, Orthopaedic implants, Polymeric implants, Silicone breast implants)	外科植入物(见陶瓷植入物、牙科材料、植入异物、金属植入物、有机高分子材料、骨科植入物、高分子植入物、硅胶乳房植入物)			
1068		SV40 polyomavirus	SV 40 型多瘤病毒	3	104	2014
1069		Tea	茶叶	3	51	1991
1070		Tetrakis (hydroxymethyl) phosphonium salts	四羟甲基季磷盐	3	48, 71	1999
1071		Textile manufacturing industry (work in)	纺织制造业(工作中)	2B	48	1990
1072		Tobacco smoke, second-hand	烟草烟气,二手烟	1	83, 100E	2012
1073		Tobacco smoking	烟草烟气,二手烟	1	83, 100E	2012
1074		Tobacco, smokeless	烟草,无烟气	1	Sup 7, 89, 100E	2012
1075		Toxins derived from certain Fusarium species (see Fusarium)	某些镰刀菌属的毒素(见镰刀菌属)	—	—	—

续表

序号	CAS No.	英文名称	中文名称	级别	卷宗来源	确定的时间
1076		Ultraviolet radiation (wavelengths 100~400nm, encompassing UVA, UVB, and UVC)	紫外线辐射(波长100~400纳米,包括UVA、UVB和UVC)	1	55, 100D *, 118#	2018。*:第100D卷得出结论:焊工眼部黑色素瘤有充分证据;#:第118卷得出结论,焊接产生的紫外线辐射对人类致癌(1级)。在人类中有足够的证据证明焊接紫外线辐射致癌。
1077		Ultraviolet-emitting tanning devices	紫外线发光日光浴设备	1	100D	2012
1078		Urethane (see Ethyl carbamate)	尿素(见羧酸酯)			
1079		Very hot beverages at above 65℃ (drinking)	65℃以上高温饮料(饮用)	2A	116	2018
1080		Welding fumes	焊接烟雾	1	49, 118	2018
1081		Wood dust	木尘,木屑	1	62, 100C	2012
1082		Wood smoke (see Biomass fuel, indoor emissions from household combustion)	木材烟雾(见生物质燃料,家庭燃烧产生的室内排放物)			
1083		X- and Gamma-Radiation	X和γ辐射	1	75, 100D	2012

附录二

CPDB 对化学物质致癌强度 TD_{50}的汇总

1. 查阅 CPDB 致癌强度数据（表 2~表 5）需要了解的内容

致突变性：在沙门菌试验中，如果一种化学物质被 Zeiger 评价为“致突变性”或“弱致突变性”，或被基因毒素计划评为“阳性”，则该化学物质被分类为致突变“+”。由这两种来源评估的其他化学物质报告为“-”。“·”表示没有开展沙门菌评估。在 CPDB 的 1547 种化学物质中，860 种开展了沙门菌的致突变性评估。

2. 荷瘤组织器官的简称（表 1）

表 1　荷瘤组织器官简称

组织简称	英文全称	中文释义	组织简称	英文全称	中文释义
ADR	Adrenal Gland	肾上腺	OVA	Ovary	卵巢
BON	Bone	骨	PAN	Pancreas	胰腺
CLI	Clitoral Gland	阴蒂腺	PER	Peritoneal Cavity	腹膜腔
ESO	Esophagus	食道	PIT	Pituitary Gland	脑下垂体
EZY	Ear/Zymbal's Gland	耳朵/ Zymbal 腺	PRE	Preputial Gland	包皮腺
GAL	Gall Bladder	胆囊	PRO	Prostate	前列腺
HAG	Harderian Gland	哈氏腺	SKI	Skin	皮肤
HMO	Hematopoietic System	造血系统	SMI	Small Intestine	小肠
KID	Kidney	肾脏	SPL	Spleen	脾
LGI	Large Intestine	大肠	STO	Stomach	胃
LIV	Liver	肝	SUB	Subcutaneous Tissue	皮下组织
LUN	Lung	肺	TBA	All Tumor Bearing Animals	所有荷瘤动物

续表

组织简称	英文全称	中文释义	组织简称	英文全称	中文释义
MEO	Mesovarium	卵巢系膜	TES	Testes	睾丸
MGL	Mammary Gland	乳腺	THY	Thyroid Gland	甲状腺
MIX	Lung And Nasal Cavity Combined	肺和鼻腔组合	UBL	Urinary Bladder	膀胱
MYC	Myocardium	心肌	UTE	Uterus	子宫
NAS	Nasal Cavity (includes tissues of the nose, nasal turbinates, paranasal sinuses and trachea	鼻腔（包括鼻子、鼻甲、副鼻窦和气管的组织）	VAG	Vagina	阴道
NRV	Nervous System	神经系统	VSC	Vascular System	血管系统
ORC	Oral Cavity (includes tissues of the mouth, oropharynx, pharynx, and larynx)	口腔（包括口腔、口咽、咽、喉等组织）			

3. 关于 CPDB 测试结果的附加信息（表 2~表 5）

表 2　CPDB 中化学物质对大鼠和小鼠的致癌强度 TD_{50} 及对鼠伤寒沙门菌的致突变作用的汇总

序号	化学物质英文名称	化学物质中文名称	CAS 号	鼠伤寒沙门菌回复突变	TD_{50}/[mg/(kg·d)]		大鼠靶器官		小鼠靶器官	
					大鼠	小鼠	雄性	雌性	雄性	雌性
1	2-Amino-9H-pyrido［2，3-b］indole	2-氨基-9H-吡啶［2，3-b］吲哚	26148-68-5	+	.	49.8[m]	.	.	liv vsc	liv vsc
2	Acesulfame-K	乙酰舒泛钾	55589-62-3	.	.	–	.	.	–	–
3	Acetaldehyde[s]	乙醛[s]	75-07-0	–	153[m]	.	nas	nas	.	.
4	Acetaldehyde methylformylhydrazone	乙醛甲基甲酰醇区	16568-02-8	–	.	2.51[m]	.	.	lun pre	cli lun sto
5	Acetaldoxime	乙醛肟	107-29-9	–	–	.	–	.	.	.
6	Acetamide	乙酰胺	60-35-5	–	180[m]	3010	liv	liv	hmo	–
7	Acetaminophen	对乙酰氨基酚（扑热息痛）	103-90-2	–	495[m]	1620[m]	liv ubl	liv ubl	liv	liv
8	Acetohexamide	醋磺环己脲	968-81-0	–	–	–	–	–	–	–
9	Acetone［4-（5-nitro-2-furyl）-2-thiazolyl］hydrazone	2-［2-异亚丙基肼基-4-5-硝基-2-呋喃基］噻唑	18523-69-8	.	6.05	.	.	sto	.	.
10	Acetonitrile	乙腈	26060	–	–	–	–	–	–	–
11	Acetoxime	丙酮肟	127-06-0	.	12.1	.	liv	–	.	.

12	1′-Acetoxysafrole	1-（1，3-苯并二氧戊环-5-基）丙-2-烯基乙酸酯	34627-78-6	+	25^{m}	–	sto	.	–	.
13	*N′*-Acetyl-4-(hydroxymethyl) phenylhydrazine	*N′*-乙酰基-*N′*-（4-羟基甲基）苯基肼	65734-38-5	.	.	241^{m}	.	.	lun vsc	lun vsc
14	1-Acetyl-2-isonicotinoylhydrazine	1-乙酰-2-异烟肼	1078-38-2	.	.	330^{m}	.	.	lun	lun
15	3-Acetyl-6-methyl-2，4-pyrandione	脱氢乙酸	520-45-6	.	.	–	.	.	–	–
16	1-Acetyl-2-phenylhydrazine	1-乙酰基-2-苯基肼	114-83-0	+	.	51.2^{m}	.	.	vsc	vsc
17	4-Acetylaminobiphenyl	4-乙酰氨基联苯	4075-79-0	.	1.18	.	.	mgl	.	.
18	1-Acetylaminofluorene	1-乙酰氨基芴	28314-03-6	.	–	.	.	–	.	.
19	2-Acetylaminofluorene[s]	2-乙酰氨基芴[s]	53-96-3	+	1.22^{m}	$7.59^{m,v}$	liv mgl ski	liv mgl ski	liv ubl	liv ubl
20	4-Acetylaminofluorene	4-乙酰氨基芴	28322-02-3	+	–	.	.	–	.	.
21	4-Acetylaminophenylacetic acid	阿克他利	18699-02-0	.	–	–	–	–	–	–

续表

序号	化学物质英文名称	化学物质中文名称	CAS 号	鼠伤寒沙门菌回复突变	TD_{50}/[mg/(kg·d)]		大鼠靶器官		小鼠靶器官	
					大鼠	小鼠	雄性	雌性	雄性	雌性
22	*N*-Acetylcysteine	*N*-乙酰-L-半胱氨酸	616-91-1	.	-	.	-	.	.	.
23	Acifluorfen	三氟羧草醚	50594-66-6	.	.	141[m]	.	.	liv sto	liv sto
24	Acrolein	丙烯醛	107-02-8	+	-	-	-	-	-	-
25	Acrolein diethylacetal	丙烯醛缩二乙醇	3054-95-3	.	-	.	-	-	.	.
26	Acrolein oxime	2-丙烯醛肟	5314-33-0	.	-	.	-	-	.	.
27	Acronycine	阿克罗宁	7008-42-6	.	0. 505[i,m]	I	bonper	mglper	I	I
28	Acrylamide	丙烯酰胺	79-06-1	-	3. 75[m]	.	nrv per thy	cli mgl nrv orc thy ute	.	.
29	Acrylic acid	丙烯酸	79-10-7	-	-	.	-	-	.	.
30	Acrylonitrile	丙烯腈	107-13-1	+	16. 9[m,v]	6. 32[m]	ezy nrv orc smi sto	ezy mgl nas nrv orc smi sto	hag sto	hag sto
31	Actinomycin C	放线菌素 C	8052-16-2	.	-	.	-	.	.	.
32	Actinomycin D	放线菌素 D	50-76-0	-	0. 00111[i,m]	.	per	per	.	.
33	Adipamide	己二酰二胺	628-94-4	-	-	-	-	-	-	-
34	AF-2[s]	2-（2-呋喃基）-3-（5-硝基-2-呋喃基）丙烯酰胺[s]	3688-53-7	+	29. 4[m,v]	131[m,v]	mgl	mgl	sto	sto

35	Aflatoxicol	黄曲霉毒素 R_0	29611-03-8	+	0.00247	.	liv	.	.	.
36	Aflatoxin B_1^s	黄曲霉毒素 B_1^s	1162-65-8	+	$0.0032^{m,P,v}$	–	kid lgiliv	lgi liv	–	–
37	Aflatoxin, crude	黄曲霉毒素（B_1、B_2、G_1、G_2、M_1）	1402-68-2	.	0.00299^m	0.343	liv	.	hmo	.
38	Agar	琼脂粉	9002-18-0	.	–	–	–	–	–	–
39	Alclofenac	烯氯苯乙酸	22131-79-9	.	–	.	–	–	.	.
40	Aldicarb	涕灭威（铁灭克）	116-06-3	–	–	–	–	–	–	–
41	Aldrin	艾氏剂（狄氏剂和被代谢为狄氏剂的艾氏剂）	309-00-2	–	–	1.27^m	–	–	liv	liv（B）
42	Alkylbenzenesulfonate, linear	直链烷基苯磺酸	42615-29-2	.	–	.	–	–	.	.
43	Alkyldimethylamine oxides, commercial grade	工业级烷基二甲基胺氧化物	mixture	.	–	.	–	–	.	.
44	Allantoin	尿囊素	97-59-6	.	–	.	–	–	.	.
45	Allyl alcohol	丙烯醇	107-18-6	–	–	.	–	–	.	.
46	Allyl chloride	氯丙烯	107-05-1	+	I	–	I	I	–	–
47	Allyl glycidyl ether	烯丙基缩水甘油醚	106-92-3	+	–	182	–	–	nas	–

续表

序号	化学物质英文名称	化学物质中文名称	CAS 号	鼠伤寒沙门菌回复突变	TD_{50}/[mg/(kg·d)]		大鼠靶器官		小鼠靶器官	
					大鼠	小鼠	雄性	雌性	雄性	雌性
48	Allyl isothiocyanate	异硫氰酸烯丙酯	19516	+	96	–	ubl	–	–	–
49	Allyl isovalerate	異戊酸烯丙酯	2835-39-4	–	123	62.8	hmo	–	–	hmo
50	1-Allyl-1-nitrosourea	1-烯丙基-1-亚硝基脲	760-56-5	.	0.341[m]	.	lgi lun sto	mgl sto ute	.	.
51	Allylhydrazine. HCl	烯丙基肼盐酸盐	52207-83-7	.	.	34.2[m]	.	.	lun	lun vsc
52	Aluminum potassium sulfate	钾铝钒	10043-67-1	.	–	–	–	–	–	–
53	1-Amino-2, 4-dibromoanthraquinone	1-氨基-2, 4-二溴蒽醌	81-49-2	+	46[m]	477[m]	kid lgi liv ubl	kid lgi liv ubl	liv lun sto	liv lun sto
54	3-Amino-4-ethoxyacetanilide	3-氨基-4-乙氧基-乙酰苯胺	17026-81-2	+	–	2070	–	–	thy	–
55	3-Amino-9-ethylcarbazole. HCl	3-氨基-9-乙基咔唑盐酸盐	6109-97-3	+	57.2[m]	38.6[m]	ezy liv ski	ezy liv ute	liv	liv
56	3-Amino-9-ethylcarbazole mixture	3-氨基-9-乙基咔唑混合物	mixture	+	26.4[m]	38[m]	ezy liv ski	ezy	liv	liv
57	3-Amino-4-{2-[(2-guanidinothiazol-4-yl)methylthio],ethylamino}-1, 2, 5-thiadiazole	3-氨基-4-{2-[(2-胍基-4-噻唑基)甲硫基], 乙基氨基}-1, 2, 5-噻二唑	—	.	4990[m]	.	sto	sto	.	.

58	1-Amino-2-methylanthraquinone	分散橙 11	82-28-0	+	59.2[m]	174	kid liv	liv	-	liv
59	2-Amino-5-(5-nitro-2-furyl)-1，3，4-oxadiazole	2-氨基-5-（5-硝基-2-呋喃基）-1，3，4-噁二唑	3775-55-1	.	3.67	.	.	kid lun mgl sto	.	.
60	2-Amino-5-(5-nitro-2-furyl)-1，3，4-thiadiazole	2-氨基-5-（5-硝基-2-呋喃基）-1，3，4-噁二唑	712-68-5	.	0.662	.	.	kid lunmgl sto	.	.
61	2-Amino-4-(5-nitro-2-furyl) thiazole	2-氨基-4-（5-硝基-2-呋喃基）噻唑	38514-71-5	+	5.85	7.87	.	sto ubl	.	sto
62	*trans*-5-Amino-3［2-(5-nitro-2-furyl) vinyl］-1，2，4-oxadiazole	反式-5-氨基-3［2-（5-硝基-2-呋喃基）乙烯基］-1，2，4-噁二唑	28754-68-9	.	.	112[m]	.	.	hmo sto	hmo sto
63	2-Amino-4-nitrophenol	2-氨基-4-硝基苯酚	99-57-0	+	839	-	kid	-	-	-
64	2-Amino-5-nitrophenol	2-氨基-5-硝基苯酚	121-88-0	+	111	-	pan	-	-	-

续表

序号	化学物质英文名称	化学物质中文名称	CAS 号	鼠伤寒沙门菌回复突变	TD_{50}/[mg/(kg·d)]		大鼠靶器官		小鼠靶器官	
					大鼠	小鼠	雄性	雌性	雄性	雌性
65	4-Amino-2-nitrophenol	4-氨基-2-硝基苯酚	119-34-6	+	309	–	ubl	–	–	–
66	2-Amino-4-(p-nitrophenyl) thiazole	2-氨基-4-(对硝基苯基)噻唑	73300	.	.	9.95	.	.	.	hmo
67	2-Amino-5-nitrothiazole	2-氨基-5-硝基噻唑	121-66-4	+	44.6	–	–[u]	kid lun mgl	–	–
68	2-Amino-5-phenyl-2-oxazolin-4-one + $Mg(OH)_2$	匹莫林镁	18968-99-5	.	–	.	.	–	.	.
69	2-Aminoanthraquinone	2-氨基蒽醌	117-79-3	+	101	1190[m]	liv	–	liv	hmo liv
70	o-Aminoazotoluene	邻氨基偶氮甲苯	97-56-3	+	4.04[m]	–	liv	liv	–	.
71	6-Aminocaproic acid	6-氨基己酸	60-32-2	.	–	.	–	.	.	.
72	4-Aminodiphenyl	4-氨基联苯	92-67-1	+	.	2.1[m]	.	.	liv ubl	liv ubl
73	4-Aminodiphenyl. HCl	4-氨基-1,1′-联苯	2113-61-3	+	0.98	.	.	mgl	.	.
74	2-Aminodiphenylene oxide	2-氨基二苯并呋喃	3693-22-9	.	.	4.24[m,P]	.	.	liv ubl	liv
75	1-(Aminomethyl) cyclohexaneacetic acid	加巴喷丁	60142-96-3	.	5850	.	pan	–	.	.

76	2，2′－［（4－Amino-phenyl）imino］biseth-anol sulfate	*N*，*N*－双（2－羟乙基）－对苯二胺硫酸盐	54381－16－7	.	－	.	－	－	.	.
77	3－Aminotriazole^{s}	3－氨基－1，2，4－三氮唑	61－82－5	－	9.94^{m}	25.3^{m}	thy	pit thy	liv	liv
78	11 － Aminoundecanoic acid	11－氨基十一酸	2432－99－7	－	1100	－	liv ubl	－	－	－
79	Ammonium chloride	氯化铵	12125－02－9	.	.	－	.	.	.	－
80	Ammonium citrate	柠檬酸氢二铵	3012－65－5	.	－	.	－	.	.	.
81	Ammonium hydroxide	氢氧化铵	1336－21－6	.	.	－	.	.	－	－
82	Amobarbital	异戊巴比妥	57－43－2	.	－	.	－	.	.	.
83	*dl*－Amphetamine sulfate	*dl*－硫酸安非他命	60－13－9	－	－	－	－	－	－	－
84	Ampicillin trihydrate	氨苄青霉素	7177－48－2	－	－	－	－	－	－	－
85	1－Amyl－1－nitrosourea	*N*－亚硝基－*N*－戊基脲	10589－74－9	.	0.555^{m}	.	hmo lun sto	hmo lun mgl sto ute	.	.
86	Amylopectin sulfate	硫酸支链淀粉	9047－13－6	.	283^{m}	.	lgi	.	.	.
87	Anethole	茴香脑	104－46－1	－	.	－	.	.	.	－
88	*trans*－Anethole	茴香烯	4180－23－8	.	－	.	－	－	.	.

续表

序号	化学物质英文名称	化学物质中文名称	CAS 号	鼠伤寒沙门菌回复突变	TD_{50}/[mg/(kg·d)]		大鼠靶器官		小鼠靶器官	
					大鼠	小鼠	雄性	雌性	雄性	雌性
89	Anhydroglucochloral	脱水葡糖缩氯醛	15879-93-3	.	.	-	.	.	-	-
90	Anilazine	敌菌灵	101-05-3	-	-	-	-	-	-	-
91	Aniline	苯胺	62-53-3	-	-	.	-	.	.	.
92	Aniline. HCl	盐酸苯胺	142-04-1	-	269[m,v]	-	per spl vsc	per	-	-
93	*o*-Anisidine. HCl	2-甲氧基苯胺盐酸盐	134-29-2	+	29.7[m]	966[m]	kid thy ubl	ubl	ubl	ubl
94	*p*-Anisidine. HCl	4-甲氧基苯胺盐酸盐	20265-97-8	+	-	-	-	-	-	-
95	Anthranilic acid	邻氨基苯甲酸	118-92-3	-	-	-	-	-	-	-
96	9，10-Anthraquinone	蒽醌	84-65-1	+	.	-	.	.	-	-
97	Antimony potassium tartrate	酒石酸氧锑钾	28300-74-5	-	.	.	.	.	B-	B-
98	Aramite	杀螨特	140-57-8	.	96.7[m]	158	liv（B）	liv（B）	liv	-
99	Arecoline. HCl	槟榔碱盐酸盐	61-94-9	.	.	39.5[m]	.	.	lun sto vsc	lun vsc
100	Aristolochic acid，sodium salt（77% AA I，21% AA II）	马兜铃酸钠盐	10190-99-5	+	0.0141[m]	.	kid sto ubl[A]	kid sto ubl[A]	.	.
101	Aroclor 1016	多氯联苯 1016	12674-11-2	.	53.9	.	-	liv	.	.
102	Aroclor 1242	多氯联苯 1242	11104-29-3	.	11.8[m]	.	thy	liv	.	.
103	Aroclor 1254	多氯联苯 1254	11097-69-1	-	4.8[m]	9.58	thy	liv	liv	.

104	Aroclor 1260	多氯联苯 1260	11096-82-5	.	2. 81[m]	.	liv thy	liv	.	.
105	Arsenate, sodium[s]	砷酸钠盐[s]	7631-89-2	.	-	.	B-	B-	.	.
106	Arsenious oxide	三氧化二砷	1327-53-3	.	.	-	.	.	-	-
107	Arsenite, sodium	偏砷酸钠	7784-46-5	.	-	-	B-	B-	B-	L
108	l-Ascorbate, sodium	抗坏血酸钠	134-03-2	.	-	.	-	.	.	.
109	l-Ascorbic acid	维生素 C	50-81-7	-	-	-	-	-	-	-
110	Aspartame	阿斯巴甜	22839-47-0	.	-	.	-	-	.	.
111	Aspirin	邻乙酰水杨酸，阿司匹林	50-78-2	-	-	-	-	B-	-	-
112	Aspirin, phenacetin, and caffeine	阿司匹林，非那西汀和咖啡因	8003-03-0	-	-	-	-	-	-	-
113	Astemizole	阿司咪唑	68844-77-9	.	-	-	-	-	-	-
114	*dl*-Atenolol. HCl	4-｛2-羟基-3-[（异丙基）氨基]丙氧基｝苯基乙酰胺盐酸盐	51706-40-2	.	-	.	-	-	.	.
115	Atrazine	阿特拉津	1912-24-9	-	36. 6[m]	-	mgl	hmo mgl ute	-	-
116	Atropine	阿托品	51-55-8	.	-	.	-	-	.	.
117	Auramine-*O*	金胺	2465-27-2	+	11	62. 7[m]	liv	.	liv	liv

续表

序号	化学物质英文名称	化学物质中文名称	CAS 号	鼠伤寒沙门菌回复突变	TD_{50}/[mg/(kg·d)]		大鼠靶器官		小鼠靶器官	
					大鼠	小鼠	雄性	雌性	雄性	雌性
118	Auranofin	醋硫葡金	34031-32-8	.	.	-	.	.	-	-
119	5-Azacytidine	阿扎孢苷	320-67-2	+	0.17^{i}	$0.0774^{i,m}$	tes	I	hmo lun ski	hmo mgl ski
120	6-Azacytidine	6-氮杂孢苷	3131-60-0	.	-	.	-	.	.	.
121	Azaserine	偶氮丝胺酸	115-02-6	+	0.793^{i}	.	pan（B）	pan（B）	.	.
122	Azathioprine[s]	硫唑嘌呤[s]	446-86-6	+	-	8.92	.	-	-	hmo vsc
123	Azelnidipine	阿折地平	123524-52-7	.	-	-	-	-	-	-
124	Azide, sodium	叠氮钠	26628-22-8	+	-	.	-	-	.	.
125	Azinphosmethyl	保棉磷	86-50-0	+	-	-	-	-	-	-
126	Azobenzene	偶氮苯	103-33-3	+	24.1^{m}	-	spl vsc	spl	-	-
127	Azoxymethane	偶氮甲烷	25843-45-2	+	0.0466^{m}	.	ezy kid lgi liv	.	.	.
128	1-Azoxypropane	1-氧偶氮基丙烷	17697-55-1	.	0.000241^{P}	.	nas ski	.	.	.
129	2-Azoxypropane	2-氧偶氮基丙烷	17697-53-9	.	0.00268	.	ski	.	.	.
130	AZT	齐多夫定	30516-87-1	+	11600	296^{m}	-	vag	-	vag
131	Barbital, sodium	巴比妥钠	144-02-5	.	45.7^{m}	.	kid	-	.	.
132	Barbituric acid	巴比妥酸	67-52-7	.	-	.	-	.	.	.
133	Barium acetate	乙酸钡	543-80-6	.	-	-	-	-	-	-

134	Barium chloride dihydrate	二水合氯化钡	10326-27-9	-	-	-	-	-	-	-
135	Bemitradine	贝米曲啶	88133-11-3	.	548^{m}	.	liv	liv mgl	.	.
136	Benzalazine	5-［2-（4-羧基苯基）偶氮］-2-羟基-苯甲酸	64896-26-0	.	-	-	-	-	-	-
137	Benzaldehyde	苯甲醛	100-52-7	-	-	1490^{m}	-	-	sto	sto
138	Benzene	苯	71-43-2	-	169^{m}	$77.5^{m,v}$	ezy nas orc ski sto vsc	ezy nas orc sto vsc	ezy hag hmo lun pre	ezy hmo lun mgl ova
139	Benzenediazonium sulfate	苯甲酸硫酸盐	6415-38-9	.	.	14.4^{m}	.	.	lun	lun
140	Benzenesulphonohydrazide	1-苯磺酰基-硫代氨基硫脲	5351-65-5	.	.	-	.	.	.	-
141	Benzidine	联苯胺	92-87-5	+	1.73	19.9	hmo（B） liv（B） mgl（B）	hmo（B） liv（B） mgl（B）	liv	.
142	Benzidine. 2HCl	盐酸联苯胺	531-85-1	+	.	19.7^{m}	.	.	hag liv	hag liv vsc

续表

序号	化学物质英文名称	化学物质中文名称	CAS 号	鼠伤寒沙门菌回复突变	TD_{50}/[mg/(kg·d)]		大鼠靶器官		小鼠靶器官	
					大鼠	小鼠	雄性	雌性	雄性	雌性
143	Benzo [a] pyrene	苯并 [a] 芘	50-32-8	+	0.956	3.47^{m}	sto (B)	sto (B)	eso	eso orc sto
144	Benzoate, sodium	苯甲酸钠	532-32-1	.	-	-	-	-	-	-
145	Benzofuran	氧茚	271-89-6	-	424	25.1^{m}	-	kid	liv lun sto	liv lun sto
146	Benzoguanamine	苯代三聚氰胺	91-76-9	.	-	-	-	.	-	-
147	Benzoic acid	苯甲酸	65-85-0	-	-	.	-	.	.	.
148	Benzoin	安息香	119-53-9	-	-	-	-	-	-	-
149	1, 4-Benzoquinone	苯醌	106-51-4	-	.	5.07^{m}	.	.	hmo	hmo
150	Benzothiazyl disulfide	二硫化二苯并噻唑	120-78-5	+	.	-	.	.	-	-
151	1H-Benzotriazole	苯骈三氮唑	95-14-7	+	-	-	-	-	-	-
152	Benzotrichloride	三氯化苄	98-07-7	+	.	0.396	.	.	.	hmo lun sto
153	Benzoyl hydrazine	苯甲酰肼	613-94-5	.	.	9.59^{m}	.	.	hmo lun	hmo lun
154	Benzyl acetate	乙酸苄酯	140-11-4	-	-	1440^{m}	-	-	liv sto	liv sto
155	Benzyl alcohol	苯甲醇	100-51-6	-	-	-	-	-	-	-
156	Benzyl chloride	苄基氯	100-44-7	+	-	61.5^{m}	-	-	sto	sto
157	*o*-Benzyl-*p*-chlorophenol	4-氯-2-苄基苯酚	120-32-1	-	-	1350	-	-	kid	-
158	Benzyl isothiocyanate	十二（烷）酸苄酯苯基酯	622-78-6	.	-	.	-	.	.	.

159	Benzyl thiocyanate	硫氰酸苄酯	3012-37-1	.	–	.	–	.	.	.
160	Benzylhydrazine. 2HCl	苄基肼二盐酸盐	20570-96-1	.	.	85.3	.	.	–	lun
161	3 - Benzylsydnone - 4-acetamide	3-苄基-4-氨基甲酰甲基悉尼酮	14504-15-5	.	4.24	10.2	liv	.	.	liv
162	Beryllium sulfate	硫酸铍（1：1）	13510-49-1	–	–	–	–	–	–	–
163	Bifenthrin	联苯菊酯	82657-04-3	.	.	–	.	.	–	–
164	Biphenyl	联苯	92-52-4	–	.	–	.	.	–	–
165	5，5′-（1，1′-Biphenyl）-2，5-dylbis（oxy）（2，2-dimethylpentanoic acid）	—	79520-77-7	.	.	55.5[m]	.	.	liv	liv
166	2-Biphenylamine. HCl	2-氨基联苯盐酸盐	2185-92-4	+	–	1120	–	–	–	vsc
167	2，2 - Bis（bromomethyl）-1，3 - propanediol，technical grade	二溴新戊二醇	3296-90-0	+	111[m]	137[m]	eso ezy hmo lgi lun mgl orc per ski smi sto sub tes thy ubl	eso mgl orc thy	hag kid lun	hag lun sub
168	1，1-Bis（*tert*-butylperoxy）-3，3，5-trimethylcyclohexane	1，1-二叔丁基过氧化-3，3，5-三甲基环己烷	6731-36-8	.	.	–	.	.	–	–

续表

序号	化学物质英文名称	化学物质中文名称	CAS 号	鼠伤寒沙门菌回复突变	TD_{50}/[mg/(kg·d)]		大鼠靶器官		小鼠靶器官	
					大鼠	小鼠	雄性	雌性	雄性	雌性
169	Bis (tri-*n*-butyltin) oxide, technical grade	三丁基氧化锡	56-35-9	-	-	.	-	-	.	.
170	Bis (2-chloro-1-methylethyl) ether, technical grade	二氯异乙醚	108-60-1	+	-	191[m]	-	-	liv lun	lun
171	Bis-2-chloroethylether	二氯乙醚	111-44-4	+	.	11.7[m]	.	.	liv	-
172	Bis-1, 4- (chloromethoxy) butane	1, 4-二(氯甲氧基)-丁烷	13483-19-7	.	.	-	.	.	.	-
173	Bis-1, 2- (chloromethoxy) ethane	1, 2-二(氯甲氧基)乙烷	13483-18-6	.	.	4.62[i]	.	.	.	per
174	Bis-1, 6- (chloromethoxy) hexane	1, 6-二(氯甲氧基)己烷	56894-92-9	.	.	-	.	.	.	-
175	Bis-1, 4- (chloromethoxy) -*p*-xylene	1, 4-二(氯甲氧基甲基)苯	56894-91-8	.	.	3.11[i]	.	.	.	per
176	Bis- (chloromethyl) ether	二氯甲基醚	542-88-1	.	0.00357	0.182[m]	lun nas	.	lun	per
177	Bis (2, 3-dibromopropyl) phosphate, magnesium salt	2, 3-二溴丙烷-1-醇磷酸氢镁	36711-31-6	.	32[m]	.	eso smi sto	eso liv smi sto	.	.

178	1, 4-Bis [2- (3, 5-dichloropyridyloxy)] benzene	3, 5-二氯-2-{4-[(3, 5-二氯-2-吡啶基) 氧基] 苯氧基} 吡啶	76150-91-9	.	–	.	–	.	.	.
179	4 - Bis (2 - hydroxyethyl) amino - 2 - (5 - nitro - 2 - thienyl) quinazoline	2-{2-羟基乙基-[2-(5-硝基噻吩-2-基) 喹唑啉-4-基] 氨基} 乙醇	33372-39-3	–	3. 14	.	mgl smi	.	.	.
180	4 - Bis (2 - hydroxyethyl) amino - 2- (2-thienyl) quinazoline	4-二 (2-羟基乙基) 氨基-2- (2-噻吩基) 喹唑啉	58139-47-2	–	–	.	.	–	.	.
181	Bis - 2 - hydroxyethyldithiocarbamic acid, potassium	二羟基乙基二硫代氨基甲酸酯	23746-34-1	.	.	37. 7[m]	.	.	liv	–
182	Bis (2-hydroxypropyl) amine	二异丙醇胺	110-97-4	–	–	.	–	.	.	.
183	Bismuth dimethyldithiocarbamate	二甲基二硫代氨基甲酸铋	21260-46-8	.	.	–	.	.	–	–

续表

序号	化学物质英文名称	化学物质中文名称	CAS 号	鼠伤寒沙门菌回复突变	TD_{50}/[mg/(kg·d)]		大鼠靶器官		小鼠靶器官	
					大鼠	小鼠	雄性	雌性	雄性	雌性
184	Bismuth oxychloride	氯氧化铋	7787-59-9	.	-	.	B-	B-	.	.
185	Bisphenol A	双酚 A	80-05-7	-	-	-	-	-	-	-
186	Black PN	食品黑 1	2519-30-4	.	-	-	-	-	-	-
187	C. I. direct black 38	直接黑 38	1937-37-7	+	1.39m	71.6	liv	liv	liv（B） mgl（B）	liv（B） mgl（B）
188	C. I. direct blue 6	直接蓝 6	2602-46-2	+	1.73m	.	liv	liv	.	.
189	C. I. direct blue 15	直接蓝 15	2429-74-5	+	27.5m	.	ezy lgi liv orc pre ski smi	cli ezy hmo lgi liv orc ski smi ute	.	.
190	C. I. direct blue 218	直接蓝 218	28407-37-6	-	1570	857m	orc	-	liv	liv
191	C. I. disperse blue 1	分散蓝 1	2475-45-8	+	156m	-	ubl	ubl	-	-
192	FD & C blue no. 1	食用色素亮蓝	3844-45-9	.	-	-	B-	B-	-	-
193	FD & C blue no. 2	酸性蓝 74	860-22-0	-	-	-	B-	B-	-	-
194	HC blue no. 1	2-［2-羟基乙基-(4-甲基氨基-3-硝基苯基）氨基］乙醇	2784-94-3	+	702	86.3m,P	-	lun	liv thy	liv
195	HC blue no. 1（purified）	2-［2-羟基乙基-(4-甲基氨基-3-硝基苯基）氨基］乙醇	2784-94-3	+	.	78.7m	.	.	.	liv

196	HC blue no. 2	3-硝基-4-羟乙氨基-*N*，*N*-二羟乙基苯胺	33229-34-4	+	–	–	–	–	–	–
197	Gardenia blue color	栀子蓝色	526194-45-6	.	–	.	–	–	.	.
198	Boric acid	硼酸	10043-35-3	–	.	–	.	.	–	–
199	Bromate，potassium^{s}	溴酸钾^{s}	7758-01-2	+	9.82^{m}	53.8	kid per thy	kid	kid	–
200	Bromoacetaldehyde	2-溴乙醛	17157-48-1	.	.	–	.	.	–	–
201	Bromocriptine mesylate	甲磺酸溴隐亭	22260-51-1	.	33.7	–	–	ute	–	–
202	Bromodichloromethane	一溴二氯甲烷	75-27-4	+	72.5^{m,v}	47.7^{m}	kid lgi	kid lgi liv	kid	liv
203	Bromoethane	溴乙烷	74-96-4	+	149^{n}	535	adr lun nrv	–	–	ute
204	Bromoethanol	2-溴乙醇	540-51-2	+	.	76.1^{m}	.	.	sto	sto
205	C. I. direct brown 95	直接棕 95	16071-86-6	+	2.07	.	–	liv	.	.
206	Budesonide	布地奈德	51333-22-3	.	0.291	.	liv	.	.	.
207	1，3-Butadiene	1，3-丁二烯	106-99-0	+	261^{m,v}	13.9^{m,v}	tes	mgl	hag hmo kid liv lun nrv pre stovsc	hag hmo liv lun mgl ova sto vsc
208	2-Butoxyethanol	乙二醇单丁醚	111-76-2	–	–	1710^{m}	–	–	vsc	sto
209	*tert*-Butyl alcohol	叔丁醇	75-65-0	–	64.6	21900	kid	–	–	thy

续表

序号	化学物质英文名称	化学物质中文名称	CAS 号	鼠伤寒沙门菌回复突变	TD_{50}/[mg/(kg·d)]		大鼠靶器官		小鼠靶器官	
					大鼠	小鼠	雄性	雌性	雄性	雌性
210	Butyl benzyl phthalate	邻苯二甲酸丁苄酯	85-68-7	-	1040	-	pan	-[u]	-	-
211	*n*-Butyl chloride	1-氯丁烷	109-69-3	-	-	-	-	-	-	-
212	2-sec-Butyl-4，6-dinitrophenol	地乐酚	88-85-7	-	.	-	.	.	-	-
213	*N*-*n*-Butyl-*N*-formylhydrazine	*N*-氨基-*N*-丁基甲酰胺	16120-70-0	.	.	19.3[m]	.	.	lun pre	cli lun
214	Butyl-*p*-hydroxybenzoate	尼泊金丁酯	94-26-8	-	.	-	.	.	-	-
215	*N*-Butyl-*N*-（4-hydroxybutyl） nitrosamine	*N*-丁基-*N*-（4-羟丁基）亚硝胺	3817-11-6	+	0.457[m,P,v]	.	tes ubl	ubl	.	.
216	di-*tert*-Butyl-4-hydroxymethyl phenol	3，5-二叔丁基-4-羟基苄醇	88-26-6	.	-	.	-	-	.	.
217	2-*tert*-Butyl-4-methylphenol	2-叔丁基对甲苯酚	2409-55-4	.	-	.	-	.	.	.
218	*N*-Butyl-*N'*-nitro-*N*-nitrosoguanidine	1-丁基-3-硝基-1-亚硝基胍	13010-08-7	+	-	.	-	.	.	.
219	*N*-*n*-Butyl-*N*-nitrosourea	1-丁基-1-亚硝基脲	869-01-2	+	0.517[m,v]	.	eso ezy hmo lgi lunsto	eso ezy hmo lgi lunmgl sto ute vag	.	.

220	Butylated hydroxyanisole[s]	叔丁基-4-羟基苯甲醚[s]	25013-16-5	-	405[m,P,v]	5530[m,n]	sto	sto	sto	-
221	Butylated hydroxytoluene	2，6-二叔丁基对甲酚	128-37-0	-	-	653[m]	-	-	liv lun	-
222	1，1-di-*n*-Butylhydrazine	1，1-二丁基肼	7422-80-2	.	.	45.2[m]	.	.	liv lun sto	lun sto
223	*n*-Butylhydrazine. HCl	正丁基肼盐酸盐	56795-65-4	.	.	12.1[m]	.	.	lun	lun
224	1，2-di-*n*-Butylhydrazine. 2HCl	1，2-二丁基肼二氯化物	78776-28-0	.	.	46.2[m]	.	.	hmo kid lun	hmo lun
225	*tert*-Butylhydroquinone	叔丁基氢醌	1948-33-0	-	.	-	.	.	-	-
226	2，4，6-tri-*tert*-Butylphenol	2，4，6-三叔丁基苯酚	732-26-3	.	-	.	-	-	.	.
227	*p*-*tert*-Butylphenol	4-叔丁基苯酚	98-54-4	.	-	.	-	.	.	.
228	*N*-Butylurea	*N*-丁基脲	592-31-4	.	-	-	-	-	-	-
229	*b*-Butyrolactone	*B*-丁内酯	3068-88-0	.	13.8	.	.	sto	.	.
230	*g*-Butyrolactone	γ-丁内酯	96-48-0	-	-	-	-	-	-	-
231	Cadmium acetate	乙酸镉	543-90-8	.	-	-	B-	B-	-	-

续表

序号	化学物质英文名称	化学物质中文名称	CAS 号	鼠伤寒沙门菌回复突变	TD_{50}/[mg/(kg·d)]		大鼠靶器官		小鼠靶器官	
					大鼠	小鼠	雄性	雌性	雄性	雌性
232	Cadmium chloride[s]	氯化镉[s]	10108-64-2	–	0.0136[m,v]	–	hmo kid lun pro tes	lun	.	–
233	Cadmium chloride monohydrate	氯化镉一水合物	35658-65-2	.	–	.	–	–	.	.
234	Cadmium diethyldithiocarbamate	二乙基二硫代氨基甲酸镉	14239-68-0	.	.	–	.	.	–	–
235	Cadmium sulphate (1∶1)[s]	硫酸镉[s]	10124-36-4	.	0.0217[m]	–	lun	lun	.	–
236	Cadmium sulphate (1∶1) hydrate (3∶8)	硫酸镉（八水）	7790-84-3	.	–	–	–	.	–	.
237	Caffeic acid	咖啡酸	331-39-5	–	297[m]	4900[m]	kid sto	sto	lun sto	kid sto
238	Caffeine	咖啡因	58-08-2	–	–	–	–	–	–	–
239	Calciferol	维生素 D_2	50-14-6	.	.	–	.	.	.	L
240	Calcium acetate	乙酸钙	62-54-4	.	–	.	–	.	.	.
241	Calcium chloride	无水氯化钙	10043-52-4	–	–	.	–	.	.	.
242	Calcium lactate	乳酸钙	814-80-2	.	–	.	–	–	.	.
243	Calcium valproate	二丙基醋酸钙	33433-82-8	.	1300	.	–	ute	.	.

244	Camostat mesylate	甲磺酸卡莫司他	59721-29-8	.	-	.	-	.	.	.
245	Candesartan cilexetil	坎地沙坦酯	145040-37-5	.	-	.	-	-	.	.
246	Caprolactam	己内酰胺	105-60-2	-	-	-	-	-	-	-
247	Capsaicin	天然辣椒素	404-86-4	-	.	$167^{m,n}$	.	.	lgi	lgi
248	Captafol	敌菌丹	2425-06-1	-	$73.4^{m,v}$	$178^{m,v}$	kid liv	kid liv mgl	hag hmo liv smi sto vsc	hmo liv smi sto vsc
249	Captan	克菌丹	133-06-2	+	2080^{m}	2110^{m}	kid	ute	smi	smi
250	Carbamyl hydrazine. HCl	盐酸氨基脲	563-41-7	-	.	223^{m}	.	.	lun	lun vsc
251	1-Carbamyl-2-phenyl-hydrazine	1-苯基氨基脲	103-03-7	.	.	165^{m}	.	.	lun	lun
252	Carbarsone	卡巴胂	121-59-5	-	-	.	-	-	.	.
253	Carbaryl	甲萘威	63-25-2	+	14.1	-	tba（B）	tba（B）	-	-
254	Carbazole	咔唑	86-74-8	-	.	164^{m}	.	.	liv sto	liv sto
255	Carbofuran	呋喃丹	1563-66-2	.	.	-	.	.	-	-
256	Carbon tetrachloride	四氯化碳	56-23-5	-	27.8^{m}	$33.6^{m,v}$	liv	liv mgl	adr liv	adr liv
257	Carboxymethylnitro-sourea	羧甲基亚硝基脲	60391-92-6	-	$4.31^{m,v}$	.	ski	mgl smi	.	.

续表

序号	化学物质英文名称	化学物质中文名称	CAS 号	鼠伤寒沙门菌回复突变	TD_{50}/[mg/(kg·d)]		大鼠靶器官		小鼠靶器官	
					大鼠	小鼠	雄性	雌性	雄性	雌性
258	Carbromal	乙溴酰脲	77-65-6	-	-	-	-	-	-	-
259	β-Carotene	β-胡萝卜素	7235-40-7	+	-	-	-	.	-	-
260	Carrageenan, acid-degraded	降解角叉胶	53973-98-1	.	2310[m]	.	lgi	lgi (B)	.	.
261	Carrageenan, native[s]	卡拉胶，天然的[s]	11114-20-8	.	-	.	-	-	.	.
262	D-Carvone	右旋香芹酮	2244-16-8	-	.	-	.	.	-	-
263	Catechins, commercial mixture from green tea (91% catechins)	儿茶素，由绿茶制成的商用混合物（91%的儿茶酚）	136511-29-0	.	-	.	.	-	.	.
264	Catechol	邻苯二酚	120-80-9	-	71.5[m,P,v]	244[m]	sto	sto	sto	sto
265	Celecoxib	塞来昔布	169590-42-5	.	-	.	-	.	.	.
266	Celiprolol	塞利洛尔	56980-93-9	.	-	-	-	-	-	-
267	Cevimeline. HCl	盐酸西维美林	153504-70-2	.	-	.	-	-	.	.
268	Chenodeoxycholic acid	鹅去氧胆酸	474-25-9	.	.	.	.	.	B-	B-
269	Chloral hydrate	水合氯醛	302-17-0	+	-	99.9[m]	-	.	liv	-
270	Chloramben	草灭畏	133-90-4	+	-	5230	-	-	-	liv
271	Chlorambucil	苯丁酸氮芥	305-03-3	+	0.896[m]	0.133[i,m]	hmo	ezy mgl nrv	hmo lun	lun
272	Chloraminated water	氯胺水	—	.	-	-	-	-	-	-

273	Chloramphenicol	氯霉素	56-75-7	-	-	.	.	-	.	.
274	Chloranil	四氯苯醌	118-75-2	+	.	-	.	.	-	-
275	Chlordane, technical grade	氯丹	57-74-9	-	-	1.37^{m,v}	-	-	liv	liv
276	Chlorendic acid	氯菌酸	115-28-6	-	40.8^{m}	141	liv pan	liv	liv	-
277	Chlorinated paraffins (C_{12}, 60% chlorine)	氯化石蜡（C_{12}，60%氯）	63449-39-8	-	222^{m}	113^{m}	kid liv	liv thy	liv	liv thy
278	Chlorinated paraffins (C_{23}, 43% chlorine)	氯化石蜡（C_{23}，43%氯）	63449-39-8	-	-	6540	-	-	hmo	-
279	Chlorinated trisodium phosphate	次氯酸磷酸四钠盐	56802-99-4	+	.	-	.	.	-	-
280	Chlorinated water	加氯水	—	.	-	-	-	-	-	-
281	Chlorine	氯	7782-50-5	-	-	-	-	-	-	-
282	Chlormadinone acetate	醋酸氯地孕酮	302-22-7	.	.	-	.	.	.	L
283	4-Chloro-4′-aminodiphenylether	4′-氯-4-氨基二苯醚	101-79-1	.	37.6	346	liv	.	-	ubl vsc
284	3-Chloro-4-(dichloromethyl)-5-hydroxy-2(5H)-furanone	3-氯-4（二氯甲基）5-羟基-2（5H）-呋喃酮	77439-76-0	.	0.583^{m}	.	adr hmo liv lun pan thy	adr hmo liv mgl thy	.	.

续表

序号	化学物质英文名称	化学物质中文名称	CAS 号	鼠伤寒沙门菌回复突变	TD_{50}/[mg/(kg·d)]		大鼠靶器官		小鼠靶器官	
					大鼠	小鼠	雄性	雌性	雄性	雌性
285	2-Chloro-5-（3，5-dimethylpiperi dinosulphonyl）benzoic acid	替贝酸	37087-94-8	.	4.85	.	liv	.	.	.
286	1-Chloro-2，4-dinitrobenzene	2，4-二硝基氯苯	97-00-7	.	–	–	–	.	–	–
287	3-Chloro-2-methylpropene	3-氯-2-甲基丙烯	563-47-3	–	.	1000^{m}	.	.	sto	hag sto
288	3-Chloro-2-methylpropene，technical grade（containing 5% dimethylvinyl chloride）	3-氯-2-甲基丙烯，技术等级（含5%二甲基氯乙烯）	563-47-3	+	113^{m}	77.7^{m}	sto	sto	sto	sto
289	1-Chloro-2-nitrobenzene	邻氯硝基苯	88-73-3	+	–	157^{m}	–	.	liv	liv
290	1-Chloro-4-nitrobenzene	4-硝基氯苯	100-00-5	+	–	473^{m}	–	.	liv vsc	vsc
291	4-Chloro-*m*-phenylenediamine	4-氯-1，3-苯二胺	5131-60-2	+	315	1230	adr	–	–	liv
292	4-Chloro-*o*-phenylenediamine	4-氯-1，2-苯二胺	95-83-0	+	214^{m}	1340^{m}	sto ubl	sto ubl	liv	liv

293	2-Chloro-*p*-phenylene-diamine sulfate	2-氯-1，4-苯二胺硫酸盐	61702-44-1	+	–	–	–	–	–	–
294	1-Chloro-2-propanol, technical grade（~75% 1-chloro-2-propanol; ~25% 2-chloro-1-propanol）	1-氯-2-丙醇	127-00-4	+	–	–	–	–	–	–
295	3-Chloro-*p*-toluidine	3-氯对甲苯胺	95-74-9	–	–	–	–	–	–	–
296	5-Chloro-*o*-toluidine	5-氯邻甲苯胺	95-79-4	–	–	195^{m}	–	–	liv vsc	liv vsc
297	4-Chloro-*o*-toluidine. HCl	4-氯-邻甲苯胺盐酸盐	3165-93-3	–	–	$25.8^{m,v}$	–	–	vsc	vsc
298	2-Chloro-1，1，1-trifluoroethane	2-氯-1，1，1-氟乙烷	75-88-7	–	87.3^{m}	.	tes	ute	.	.
299	［4-Chloro-6-（2，3-xylidino）-2-pyrimidinylthio］acetic acid[s]	匹立尼酸[s]	50892-23-4	.	$4.36^{m,P,v}$	$<10.8^{P}$	liv	.	liv	.
300	4-Chloro-6-（2，3-xylidino）-2-pyrimidinylthio（*N*-b-hydroxyethyl）acetamide	匹立昔尔	65089-17-0	.	6.49	44.6	liv	.	.	liv

续表

序号	化学物质英文名称	化学物质中文名称	CAS 号	鼠伤寒沙门菌回复突变	TD_{50}/[mg/(kg·d)]		大鼠靶器官		小鼠靶器官	
					大鼠	小鼠	雄性	雌性	雄性	雌性
301	Chloroacetaldehyde	氯乙醛	107-20-0	+	.	36.1	.	.	liv	-
302	2-Chloroacetophenone	α-氯乙酰苯	532-27-4	-	-	-	-	-	-	-
303	4′-(Chloroacetyl)-acetanilide	4-氯乙酰基乙酰苯胺	140-49-8	+	-	-	-	-	-	-
304	*p*-Chloroaniline	4-氯苯胺	106-47-8	+	-	-	-	-	-	-
305	*p*-Chloroaniline. HCl	4-氯苯胺盐酸盐	20265-96-7	+	7.62	89.5	spl	-	liv vsc	-
306	*o*-Chlorobenzalmalonitrile	邻氯苄叉缩丙二腈	2698-41-1	+	-	-	-	-	-	-
307	Chlorobenzene	氯苯	108-90-7	-	247	-	liv	-	-	-
308	Chlorobenzilate	丁酰肼	510-15-6	-	-	$93.9^{m,v}$	-	-	liv	liv
309	Chlorodibromomethane	一氯二溴甲烷	124-48-1	-	-	139	-	-	-	liv
310	Chlorodifluoromethane	一氯二氟甲烷	75-45-6	.	-	-	-	-	-	-
311	Chloroethane	氯乙烷	75-00-3	+	-	1810	-	-	I	ute
312	(2-Chloroethyl) trimethylammonium chloride	矮壮素	999-81-5	-	-	-	-	-	-	-
313	1-Chloroethylnitroso-3-(2-hydroxypropyl) urea	1-氯乙基亚硝基-3-(2-羟丙基)脲	—	.	0.124	.	lun	-	.	.

314	Chlorofluoromethane	氯氟甲烷	593-70-4	.	27.5^{m}	.	sto	sto	.	.
315	Chloroform[s]	三氯甲烷[s]	67-66-3	-	262^{m}	$111^{m,v}$	kid	liv	kid liv	liv
316	Chloromethyl methyl ether[s]	氯甲基甲基醚[s]	107-30-2	-	5.5	.	mix	.	.	.
317	2-(Chloromethyl) pyridine. HCl	2-氯甲基吡啶盐酸盐	6959-47-3	+	-	-	-	-	-	-
318	3-(Chloromethyl) pyridine. HCl	3-氯甲基吡啶盐酸盐	6959-48-4	+	433	229^{m}	sto	-	sto	sto
319	*p* - Chlorophenyl - *p* - chlorobenzene sulfonate	对氯苯基对氯苯磺酸酯	80-33-1	.	.	-	.	.	-	-
320	3-(*p*-Chlorophenyl) - 1, 1-dimethylurea	灭草隆	150-68-5	-	131	-	kid liv	-	-	-
321	(±)-(4)-(2-Chlorophenyl)-2-[2-(4-isobutylphenyl) ethyl]-6,9-dimethyl-6H-thieno[3,2-f][1,2,4]triazolo[4,3-a][1,4]diazepine	伊拉帕泛	117279-73-9	.	-	.	-	-	.	.

续表

序号	化学物质英文名称	化学物质中文名称	CAS 号	鼠伤寒沙门菌回复突变	TD_{50}/[mg/(kg·d)]		大鼠靶器官		小鼠靶器官	
					大鼠	小鼠	雄性	雌性	雄性	雌性
322	1-(4-Chlorophenyl)-1-phenyl-2-propynyl carbamate	1-(*P*-氯苯基)-1-苯基-2-丙炔-1-醇氨基甲酸酯	10473-70-8	.	8.78	.	nrv smi	.	.	.
323	*p*-Chlorophenyl-2, 4, 5-trichlorophenyl sulfide	杀螨好	2227-13-6	.	-	.	-	-	.	.
324	Chloropicrin	氯化苦	76-06-2	+	I	-	I	I	-	-
325	Chloroprene (>96% chloroprene)	2-氯-1, 3-丁二烯(>96%氯丁二烯)	126-99-8	-	12.5^{m}	8.17^{m}	kid lun orc thy	kid mgl orc thy	hag kid lun sto vsc	ezy hag liv lun mgl per sto sub vsc
326	Chloroprene (99.6% chloroprene)^{s}	2-氯-1, 3-丁二烯(>99.6%氯丁二烯)^{s}	126-99-8	-	-	.	-	-	.	.
327	2-Chloropropanal	2-氯丙醛	683-50-1	.	.	12.9	.	.	-	sto
328	1-Chloropropene	1-氯-1-丙烯	590-21-6	.	.	5.05	.	.	-	sto
329	Chlorotetrafluoroethane	1, 1, 1, 2-四氟-2-氯乙烷	2837-89-0	.	-	.	.	-	.	.
330	Chlorothalonil	百菌清	1897-45-6	-	2270^{m}	-	kid	kid	-	-

331	Chlorozotocin	氯脲菌素	54749-90-5	+	0.0375^{i,m}	.	per	per	.	.
332	Chlorpheniramine maleate	马来酸氯苯那敏	113-92-8	-	-	-	-	-	-	-
333	Chlorpropamide	氯磺丙脲	94-20-2	-	-	-	-	-	-	-
334	Chocolate Brown FB	巧克力棕 FB	12236-46-3	.	-	-	-	-	-	-
335	Chocolate Brown HT	巧克力棕 HT	4553-89-3	.	.	-	.	.	-	-
336	Choline chloride	氯化胆碱	67-48-1	-	-	-	-	.	-	.
337	Chromic oxide pigment	三氧化二铬	1308-38-9	.	-	.	B-	B-	.	.
338	Chromium (III) acetate	醋酸铬	1066-30-4	.	-	-	B-	B-	-	-
339	Chrysazin	1，8-二羟基蒽醌	117-10-2	+	245	201	lgi	.	liv	.
340	Cimetidine	西咪替丁	51481-61-9	.	-	-	-	-	.	-
341	*trans*-Cinnamaldehyde	反式肉桂醛	14371-10-9	-	-	-	-	-	-	-
342	Cinnamyl anthranilate	邻氨基苯甲酸肉桂酯	87-29-6	-	12100	2580^{m}	kid pan	-	liv	liv
343	Ciprofibrate	环丙贝特	52214-84-3	.	1.97^{m,P,v}	6.2^{m}	liv sto	sto	liv	.
344	Citral	柠檬醛	5392-40-5	-	-	-	-	-	-	-
345	Citric acid	柠檬酸	77-92-9	.	-	.	-	.	.	.
346	Citrinin	桔霉素	518-75-2	-	<7.48^{m,P}	.	kid	.	.	.

续表

序号	化学物质英文名称	化学物质中文名称	CAS 号	鼠伤寒沙门菌回复突变	TD_{50}/[mg/(kg·d)]		大鼠靶器官		小鼠靶器官	
					大鼠	小鼠	雄性	雌性	雄性	雌性
347	Clivorine	克沃任	33979-15-6	.	0.5	.	liv (B) vsc (B)	liv (B) vsc (B)	.	.
348	Clobuzarit[s]	氯丁扎利[s]	22494-47-9	.	–	154	–	–	liv	–
349	Clofibrate	氯贝特	637-07-0	.	169	–	liv pan	.	–	–
350	Clomiphene citrate	舒经酚	43054-45-1	.	.	–	.	.	.	–
351	Clonitralid	氯硝柳胺乙醇胺盐	1420-04-8	.	–	–	–	–	I	–
352	Clophen A 30	3, 3′-二氯-1, 1′-联苯	55600-34-5	.	157[n]	.	liv	.	.	.
353	Cobalt sulfate heptahydrate	硫酸钴（七水）	10026-24-1	+	0.137[m]	0.756[m]	lun	adr lun	lun	lun
354	Codeine	可待因	76-57-3	–	–	–	–	–	–	–
355	Colcemid	秋水仙碱	477-30-5	.	–	.	–	.	.	.
356	Compound 50-892	3-羟基普罗喹宗	65765-07-3	.	–	–	–	–	–	–
357	Compound LY171883	油酸三乙醇胺	88107-10-2	.	.	112	.	.	–	liv
358	Copper dimethyldithiocarbamate	二甲二硫氨基甲酸铜	137-29-1	.	.	–	.	.	–	–
359	Copper-8-hydroxyquinoline	8-羟基喹啉	10380-28-6	.	.	–	.	.	–	–

360	Coumaphos	香豆磷，蝇毒磷	56-72-4	–	–	–	–	–	–	–
361	Coumarin[s]	香豆素[s]	91-64-5	+	39.2[m,v]	103[m]	kid liv	liv	lun	liv lun
362	m-Cresidine	2-甲基-4-甲氧基苯胺	102-50-1	+	470[m]	–	ubl	ubl	I	–
363	p-Cresidine	2-甲氧基-5-甲基苯胺	120-71-8	+	98[m]	54.3[m]	liv nas ubl	nas ubl	ubl	liv ubl
364	Crotonaldehyde	巴豆醛	123-73-9	.	4.2	.	liv	.	.	.
365	Cupferron	铜铁试剂	135-20-6	+	8.35[m]	585[m]	liv sto vsc	ezy liv sto vsc	vsc	ezy hag liv vsc
366	Cyanamide，calcium	氰氨化钙	156-62-7	+	–	–	–	–	–	–
367	Cyanazine	草净津	21725-46-2	.	6.33	.	–	mgl	.	.
368	Cyanoguanidine	氰基胍	157480-33-6	.	–	.	–	–	.	.
369	Cyclamate，sodium[s]	环己基氨基磺酸钠[s]	139-05-9	.	–	667[m]	B-	B-	liv	tba
370	Cyclochlorotine	环氯素	12663-46-6	.	.	23.6	.	.	liv	.
371	Cyclocytidine	环胞啶	31698-14-3	.	–	.	–	–	.	.
372	β-Cyclodextrin	β-环糊精	7585-39-9	.	–	–	–	–	–	–
373	Cyclohexanone	环己酮	108-94-1	–	–	–	–	–	–	–

续表

序号	化学物质英文名称	化学物质中文名称	CAS 号	鼠伤寒沙门菌回复突变	TD_{50}/[mg/(kg·d)]		大鼠靶器官		小鼠靶器官	
					大鼠	小鼠	雄性	雌性	雄性	雌性
374	*N* - Cyclohexyl - 2 - benzothiazole sulfenamide	*N*-环己基-2-苯并噻唑次磺酰胺	95-33-0	.	.	–	.	.	–	–
375	Cyclohexylamine. HCl	盐酸环己胺	4998-76-9	–	–	–	–	–	–	–
376	Cyclohexylamine sulfate	环己胺硫酸盐	19834-02-7	.	–	–	–	–	–	–
377	Cyclopentanone oxime	环戊酮肟	1192-28-5	.	40.9	.	liv	.	.	.
378	3-(Cyclopentyloxy)-*N*-(3, 5-dichloro-4-pyridyl)-4-methoxy-benzamide	吡拉米司特	144035-83-6	.	1.54^{m}	.	nas	nas	.	.
379	Cyclophosphamide^{s}	环磷酰胺^{s}	50-18-0	+	2.21^{m,v}	5.96^{i,m}	hmo (B) nrv (B) tba ubl (B)	hmo (B) nrv (B) tba ubl (B)	lun	hmo lun
380	Cyclosporin A	环孢素 A	59865-13-3	–	–	–	–	–	–	–
381	Cyproterone acetate	醋酸环丙氯地孕酮	427-51-0	.	.	21.9^{m}	.	.	liv sto	liv sto
382	L-Cysteine. HCl	L-半胱氨酸盐酸盐(无水物)	52-89-1	.	–	.	–	–	.	.
383	Cytembena	滇茴丙烯酸钠	16170-75-5	+	2.77^{i,m}	–	per	mgl	–	–

384	Dacarbazine	达卡巴嗪	4342-03-4	+	0. 71	0. 966[i,m]	.	hmo mgl ute	hmo lun vsc	hmo lun ute vsc
385	Daminozide	丁酰肼	1596-84-5	-	2500[n]	1030[m]	-	ute	kid lun vsc	lun vsc
386	Dapsone	氨苯砜	80-08-0	-	22. 4	-	per spl	-	-	-
387	*o*, *p*′-DDD	米托坦	53-19-0	-	.	-	.	.	-	-
388	*p*, *p*′-DDD	滴滴滴	72-54-8	-	-	30. 7[m]	-	-	liv lun	lun
389	*p*, *p*′-DDE[s]	*p*, *p*′-滴滴伊[s]	72-55-9	-	-	12. 5[m]	-	-	liv	liv
390	DDT[s]	滴滴涕[s]	50-29-3	-	84. 7[m]	12. 8[m,v]	liv	liv	hmo liv lun	hmo liv lun
391	Decabromodiphenyl oxide	十溴二苯醚	1163-19-5	-	3340[m]	-	liv	liv	-	-
392	Decabromodiphenyl oxide, technical grade (77.4% DBDPO, 21. 8% nonabromodiphenyl oxide, 0.8% octabromodiphenyl oxide)	十溴二苯醚，技术级（7.4% DBDPO，21.8% 无溴二苯醚，0. 8% 八溴二苯醚）	1163-19-5	-	-	.	-	-	.	.
393	Deflazacort	地夫可特	14484-47-0	.	-	.	bon	-	.	.
394	Dehydroepiandrosterone	去氢表雄酮	53-43-0	.	83. 5[m]	.	liv	liv	.	.

续表

序号	化学物质英文名称	化学物质中文名称	CAS 号	鼠伤寒沙门菌回复突变	TD_{50}/[mg/(kg·d)]		大鼠靶器官		小鼠靶器官	
					大鼠	小鼠	雄性	雌性	雄性	雌性
395	Dehydroepiandrosterone acetate	醋酸去氢表雄酮	853-23-6	.	49.6^{m}	.	liv	liv	.	.
396	Dehydroepiandrosterone sulfate	硫酸脱氢表雄酮	651-48-9	.	.	–	.	.	–	–
397	Deltamethrin	溴氰菊酯	52918-63-5	–	–	–	–	–	–	–
398	Deoxynivalenol	脱氧瓜蒌镰菌醇	51481-10-8	.	.	–	.	.	–	.
399	Deserpidine	地舍平	131-01-1	.	–	.	B–	B–	.	.
400	Dexamethazone	地塞米松	50-02-2	.	–	.	–	.	.	.
401	Dextran	葡聚糖	9004-54-0	.	–	.	–	–	.	.
402	Dextran sulfate sodium (DS-M-1)	硫酸葡聚糖钠盐(DSM-1)	9011-18-1	.	196^{m}	.	lgi	lgi	.	.
403	Dextran sulfate sodium (DST-H)	硫酸葡聚糖钠盐(DST-H)	9011-18-1	.	–	.	–	–	.	.
404	Dextran sulfate sodium (KMDS-H)	硫酸葡聚糖钠盐(KMDS-H)	9011-18-1	.	–	.	–	–	.	.
405	*N*-1-Diacetamidofluorene	*N*-1-二乙酰胺基氟	63019-65-8	.	19	.	.	ezy mgl	.	.
406	Diacetyl hydrazine	二乙酰肼	3148-73-0	.	.	–	.	.	–	–

407	Diallate	燕麦敌	2303-16-4	+	.	26.7[m]	.	.	liv	-
408	Diallyl phthalate	己二烯酞酸脂	131-17-9	-	-	-	-	-	-	-
409	1，1-Diallylhydrazine	1，2-二烯丙基肼	26072-79-7	.	.	29.6[m]	.	.	lun sto	lun sto
410	1，2-Diallylhydrazine.2 HCl	1，2-二烯丙基肼盐酸盐	26072-78-6	.	.	33.8[m]	.	.	lun	lun
411	Diallylnitrosamine[s]	二乙基亚硝胺[s]	16338-97-9	+	33.9[m]	.	nas	nas	.	.
412	4，6-Diamino-2-(5-nitro-2-furyl)-*S*-triazine	4，6-二氨基-2-（5-硝基-2-呋喃基）-*S*-三嗪	720-69-4	+	1.71	.	.	mgl	.	.
413	4，4′-Diamino-2，2′-stilbenedisulfonic acid，disodium salt	4，4′-二氨基二苯乙烯-2，2′-二磺酸二钠	7336-20-1	-	-	-	-	-	-	-
414	2，4-Diaminoanisole sulfate	2，4-二氨基苯甲醚硫酸盐	39156-41-7	+	183[m]	906[m]	ezy pre ski thy	cli ezy mgl thy	thy	thy
415	4，4′-Diaminoazo-benzene	4，4’-偶氮二苯胺	538-41-0	.	.	-	.	.	-	-
416	4，4′-Diaminobenzani-lide	4，4′-二氨基苯酰替苯胺	785-30-8	.	.	-	.	.	-	-

续表

序号	化学物质英文名称	化学物质中文名称	CAS 号	鼠伤寒沙门菌回复突变	TD_{50}/[mg/(kg·d)]		大鼠靶器官		小鼠靶器官	
					大鼠	小鼠	雄性	雌性	雄性	雌性
417	2, 4 - Diaminophenol. 2HCl	2, 4-二氨基酚二盐酸盐	137-09-7	+	-	143	-	-	kid	-
418	2, 4-Diaminotoluene	2, 4-二氨基甲苯	95-80-7	+	2.47m	26.7	liv	liv mgl	-	liv
419	2, 4 - Diaminotoluene. 2HCl	2, 4-二氨基甲苯二盐酸盐	636-23-7	+	4.42	203m	liv sub	.	liv vsc	liv
420	2, 6 - Diaminotoluene. 2HCl	2-甲基苯-1, 3-二胺二盐酸盐	15481-70-6	+	-	-	-	-	-	-
421	2, 5 - Diaminotoluene sulfate	甲苯-2, 5-二胺硫酸盐	6369-59-1	+	-	-	-	-	-	-
422	Diazepam	地西泮	439-14-5	-	-	-	-	-	-	-
423	Diazinon	二嗪农	333-41-5	-	-	-	-	-	-	-
424	3-Diazotyramine. HCl	3-重氮胺盐酸盐	—	.	37.6	.	orc	.	.	.
425	Dibenz [a, h] anthracene	二苯并 [a, h] 蒽	53-70-3	+	.	5.88	.	.	lun	.
426	Dibenzo-p-dioxin	二苯并-对-二噁英	262-12-4	-	-	-	-	-	-	-
427	3-Dibenzofuranamine	3-氨基二苯并呋喃	4106-66-5	.	2.48	.	tba	.	.	.
428	O, S - Dibenzoyl thiamine. HCl	二苯酰硫胺盐酸盐	35660-60-7	.	-	.	-	-	.	.

429	1，2-Dibromo-3-chloropropane	1，2-二溴-3-氯丙烷	96-12-8	+	0.259^{m}	2.72^{m}	nas orc sto	adr mgl nas orc sto	lun nas sto	lun nas sto
430	Dibromodulcitol	二溴甘露醇	10318-26-0	+	8.37^{i}	$11^{i,m}$	ski	.	hmo lun	hmo lun
431	1，2-Dibromoethane	1，2-二溴乙烷	106-93-4	+	1.52^{m}	$7.45^{m,v}$	nas per pit sto vsc	liv lun mgl nas pit sto vsc	lun sto vsc	eso lun mgl nas sto sub vsc
432	Dibromomannitol	二溴甘露醇	488-41-5	+	$27.6^{i,m}$	$14.9^{i,m}$	per ski	mgl per	lun	hmo lun
433	5，7-Dibromoquinoline	5，7-二溴喹啉	34522-69-5	.	–	.	–	–	.	.
434	1，3-Dibutyl-1-nitrosourea	1，3-二丁基-1-亚硝基脲	56654-52-5	.	4.28	.	.	hmo mgl	.	.
435	Dibutyltin diacetate	二乙酸二丁基锡	1067-33-0	–	–	–	–	I	–	–
436	3，5-Dichloro（*N*-1，1-dimethyl-2-propynyl）benzamide	3，5-二氯-*N*-（1，1-二甲基丙炔基）苯甲酰胺	23950-58-5	.	.	140	.	.	liv	.
437	2，3-Dichloro-*p*-dioxane	反式-2，3-二氯 1，4-二氧杂环乙烷	3883-43-0	.	.	–	.	.	.	–
438	1，1-Dichloro-1-fluoroethane	一氟二氯乙烷	1717-00-6	.	5260	.	tes	–	.	.

续表

序号	化学物质英文名称	化学物质中文名称	CAS 号	鼠伤寒沙门菌回复突变	TD_{50}/[mg/(kg·d)]		大鼠靶器官		小鼠靶器官	
					大鼠	小鼠	雄性	雌性	雄性	雌性
439	a, b - Dichloro - b - formylacrylic acid	糠氯酸	87-56-9	+	.	–	.	.	–	–
440	3, 4′ - Dichloro - 2 -methylacrylanilide	地快乐，丁酰草胺	2164-09-2	.	.	–	.	.	–	–
441	2, 3 - Dichloro - 1, 4-naphthoquinone	2，3 - 二氯 - 1，4 - 萘醌	117-80-6	.	.	–	.	.	–	–
442	2, 6 - Dichloro - 4 - nitroaniline	2，6 - 二氯 - 4 - 硝基苯胺	99-30-9	+	.	–	.	.	–	–
443	2, 6-Dichloro-*p*-phenylenediamine	2，6 - 二氯 - 1，4 - 苯二胺	609-20-1	+	–	803[m]	–	–	liv	liv
444	Dichloroacetic acid	二氯乙酸	79-43-6	+	161[m]	119[m]	liv	.	liv	liv
445	Dichloroacetylene	二氯乙炔	7572-29-4	.	3. 58[m]	0. 574[m]	kid liv	hmo kid liv	hag kid	hag kid
446	1, 2-Dichlorobenzene	邻二氯苯	95-50-1	–	–	–	–	–	–	–
447	1, 4-Dichlorobenzene	1，4-二氯苯	106-46-7	–	644	323[m]	kid	–	hmo liv	liv
448	3, 3′ - Dichlorobenzidine[s]	3，3′-二氯联苯胺[s]	91-94-1	+	28. 1[m]	.	ezy hmo mgl	mgl	.	.
449	3, 3′ - Dichlorobenzidine. 2HCl	3，3′ - 二氯联苯胺盐酸盐	612-83-9	+	.	<12. 3[P]	.	.	liv	.

450	1，4-Dichlorobutene-2 (65% *trans*-，35% cis-)	1，4-二氯-2-丁烯	764-41-0	.	0.297^{m}	.	nas	nas	.	.
451	*trans*-1，4-Dichlorobutene-2	反式-1，4-二氯-2-丁烯	110-57-6	+	.	1.52^{i}	.	.	.	per
452	2，7-Dichlorodibenzo-*p*-dioxin	2，7-二氯二苯并-对-二噁英	33857-26-0	–	–	–	–	–	–	–
453	Dichlorodifluoromethane	二氯二氟甲烷	75-71-8	.	–	–	–	–	–	–
454	*p*，*p*′-Dichlorodiphenyl sulfone	4，4′-二氯二苯砜	80-07-9	–	–	–	–	–	–	–
455	1，1-Dichloroethane	1，1-二氯乙烷	75-34-3	–	–	–	–	–	–	–
456	1，2-Dichloroethane	1，2-二氯乙烷	107-06-2	+	$14.6^{m,v}$	138^{m}	mgl per sto sub vsc	mgl sub	lun vsc	liv lun mgl ute
457	2，4-Dichlorophenol	2，4-二氯酚	120-83-2	–	–	–	–	–	–	–
458	2-（2，4-Dichlorophenoxy）propionic acid	2，4-滴丙酸	120-36-5	.	.	–	.	.	–	–
459	2-（2，5-Dichlorophenoxy）propionic acid	2-（2，5-二氯苯氧基）丙酸	6965-71-5	.	.	–	.	.	–	–

续表

序号	化学物质英文名称	化学物质中文名称	CAS 号	鼠伤寒沙门菌回复突变	TD_{50}/[mg/(kg·d)]		大鼠靶器官		小鼠靶器官	
					大鼠	小鼠	雄性	雌性	雄性	雌性
460	2，4-Dichlorophenoxy-acetic acid	2，4-二氯苯氧乙酸	94-75-7	–	–	–	–	–	–	–
461	2，4-Dichlorophenoxy-acetic acid，*n*-butyl ester	2，4-滴丁酯	94-80-4	–	.	–	.	.	–	–
462	2，4-Dichlorophenoxy-acetic acid，isooctyl ester	2，4-滴异辛酯	25168-26-7	–	.	–	.	.	–	–
463	2，4-Dichlorophenoxy-acetic acid，isopropyl ester	2，4-二氯苯氧乙酸异丙酯	94-11-1	.	.	–	.	.	–	–
464	3-（3，4-Dichlo-ro-phenyl）-1，1-dimethylurea	敌草隆	330-54-1	.	.	–	.	.	–	–
465	2，4-Dichlorophenyl-benzene sulfonate	杀螨蝗，格螨酯	97-16-5	.	.	–	.	.	–	–
466	1，2-Dichloropropane	1，2-二氯丙烷	78-87-5	+	–	276^{m}	–	–	liv	liv
467	Dichlorvos	敌敌畏	62-73-7	+	4.16	70.4^{m}	hmo pan	–	sto	sto
468	Dichromate，sodium	重铬酸钠	10588-01-9	+	4.64	.	lun	.	.	.

469	Dicofol	三氯杀螨醇	115-32-2	-	-	32.9	-	-	liv	-
470	*N*, *N'* - Dicyclohexyl-thiourea	*N*, *N'*-二环己基硫脲	1212-29-9	-	-	-	-	-	-	-
471	Dicyclopentadiene dioxide	二环戊二烯环氧化物	81-21-0	.	-	-	-	.	-	-
472	Dieldrin[s]	狄氏剂[s]	60-57-1	-	-	0.912[m,P]	-	-	liv	liv
473	photodieldrin		13366-73-9	+	-	-	-	-	-	-
474	L-1, 2 : 3, 4-Diepoxybutane	二氧化丁二烯	298-18-0	+	-	.	.	-	.	.
475	Diethyl-2, 3-epoxy-propyl-phosphonate	2, 3-环氧丙基膦酸二乙基酯	7316-37-2	.	.	-	.	.	.	-
476	*N*, *N*-Diethyl-4-［4'-(pyridyl-1'-oxide) azo］aniline	4-｛［4-（二乙基氨基）苯基］偶氮｝吡啶 1-氧化物	7347-49-1	.	<1.63[P]	.	liv	.	.	.
477	*N*, *N*-Diethyl-methyl-benzamide	避蚊胺	134-62-3	-	-	-	-	-	-	-
478	*O*, *O*-Diethyl-*O*-(3, 5, 6-trichloro-2-pyridyl) phosphorothioate	毒死蜱	2921-88-2	-	-	.	-	-	.	.

续表

序号	化学物质英文名称	化学物质中文名称	CAS 号	鼠伤寒沙门菌回复突变	TD_{50}/[mg/(kg·d)]		大鼠靶器官		小鼠靶器官	
					大鼠	小鼠	雄性	雌性	雄性	雌性
479	Diethylacetamide	*N*，*N*-二乙基乙酰胺	685-91-6	.	8.85^{n}	.	kid	.	.	.
480	Diethylacetylurea	*N*-氨基甲酰基-2-乙基丁酰胺	2274-01-3	.	-	.	-	.	.	.
481	(±)-4-(Diethylamino) but-2-ynyl 2-cyclohexyl-2-hydroxy-2-phenylacetate. HCl monohydrate	4-(二乙基氨基)丁-2-炔-1-基环己基(羟基)苯乙酸酯	5633-20-5	.	-	-	-	-	-	-
482	Diethylene glycol	二乙二醇	111-46-6	-	1660	.	ubl	-	.	.
483	Diethylformamide	*N*，*N*-二乙基甲酰胺	617-84-5	.	-	.	-	.	.	.
484	Diethylmaleate	马来酸二乙酯	141-05-9	.	-	.	-	.	.	.
485	Diethylstilbestrol	己烯雌酚	56-53-1	-	0.223^{m,v}	0.0391^{m}	adr pit	liv pit	mgl pit tes thy	mgl ova pit thy ute
486	*N*，*N'*-Diethylthiourea	1，3-二乙基硫脲	105-55-5	-	24^{m}	-	thy	thy	-	-
487	2-(Difluoromethyl)-*dl*-ornithine	消旋型二氟甲基腈盐酸盐	70052-12-9	.	-	.	-	-	.	.
488	1，2-Diformylhydrazine	二甲酰肼	628-36-4	.	.	668^{m}	.	.	lun	lun

489	Diftalone	地弗他酮	21626-89-1	.	.	865^{m}	.	.	vsc	liv vsc
490	Diglycidyl resorcinol ether, technical grade	间苯二酚二缩水甘油醚	101-90-6	+	3.78^{m}	24.3^{m}	sto	sto	sto	sto
491	5, 6-Dihydro-5-azacytidine	5, 6-二氢-5-氮杂胞苷	62488-57-7	.	–	.	–	.	.	.
492	1, 2-Dihydro-2-(5-nitro-2-thienyl) quinazolin-4 (3*H*) -one	1, 2-二氢-2-(5-硝基-2-噻吩基) 喹唑啉-4 (3H) -酮	33389-33-2	+	1.53	.	.	tba	.	.
493	3, 6-Dihydro-2-nitroso-2*H*-1, 2-oxazine	2-亚硝基-3, 6-二氢恶嗪	3276-41-3	.	90.6	.	tba (B)	tba (B)	.	.
494	3, 4-Dihydrocoumarin	二氢香豆素	119-84-6	–	2970	723	kid	–	–	liv
495	Dihydrosafrole	二氢黄樟素	94-58-6	–	143	125^{m}	eso (B)	eso (B)	liv	lun
496	3, 3′-Dihydroxybenzidine. 2HCl	—	1592-36-5	.	.	353^{n}	.	.	liv	.
497	24R, 25-Dihydroxyvitamin D_3	司骨化醇	55721-11-4	.	–	.	–	.	.	.
498	Diisononyl phthalate	邻苯二甲酸二异壬酯	68515-48-0	–	861^{m}	1850^{m}	hmo kid liv	hmo liv	liv	liv

续表

序号	化学物质英文名称	化学物质中文名称	CAS 号	鼠伤寒沙门菌回复突变	TD_{50}/[mg/(kg·d)]		大鼠靶器官		小鼠靶器官	
					大鼠	小鼠	雄性	雌性	雄性	雌性
499	(*R*, *R*) -Dilevalol. HCl	盐酸地来洛尔	75659-08-4	.	-	.	-	-	.	.
500	Dimethadione	5, 5-二甲基噁唑烷-2, 4-二酮	695-53-4	.	-	.	-	.	.	.
501	Dimethoate	乐果	60-51-5	+	-	-	-	-	-	-
502	Dimethoxane	乙酰二甲二烷	828-00-2	+	716	.	hmo kid liv ski sub	.	.	.
503	Dimethoxane, commercial grade	乙酰二甲二烷，商品级	828-00-2	+	-	-	-	-	-	-
504	2, 5 - Dimethoxy - 4′-aminostilbene	2, 5-二甲氧基-4‘-氨基替苯	5803-51-0	.	0.721	95.9	ezy ski smi sto	.	liv lun	-
505	2, 4 - Dimethoxyaniline. HCl	2, 4-二甲氧基苯胺盐酸盐	54150-69-5	+	-	-	-	-	-	-
506	3, 3′-Dimethoxybiphenyl-4, 4′-diisocyanate	3, 3′-二甲氧基-4, 4′-联苯二异氰酸酯	91-93-0	+	1630^{m}	-	hmo ski	hmo ute	-	-
507	3, 3′-Dimethoxybenzidine. 2HCl	3, 3′-二甲氧基联苯胺盐酸盐	20325-40-0	+	1.04^{m}	73.8^{n}	ezy lgi liv orc per pre ski smi	cli ezy lgi liv mgl orc ski ute	liv	-

508	5, 7 – Dimethoxycyclopentene [c] coumarin	5, 7–二甲氧基–戊烯[c] 香豆素	1146–71–0	.	–	.	–	.	.	.
509	5, 7 – Dimethoxycyclopentenone [2, 3–c] coumarin	5, 7–二甲氧基–戊烯[2, 3–c] 香豆素	1150–37–4	.	–	.	–	.	.	.
510	5, 7 – Dimethoxycyclopentenone [3, 2–c] coumarin	5, 7–二甲氧基–戊烯[3, 2–c] 香豆素	1150–42–1	.	–	.	–	.	.	.
511	5, 6 – Dimethoxysterigmatocystin	5, 6–二甲氧基杂色曲霉毒素	65176–75–2	.	<0. 364[P]	.	liv	.	.	.
512	*O*, *O* – Dimethyl *S* – 2 (acetylamino) ethyl dithiophosphate, technical grade	浸移磷	13265–60–6	.	–	.	–	–	.	.
513	*N*, *N* – Dimethyl – 4 –aminoazobenzene[s]	溶剂黄 2	60–11–7	+	3. 31	.	.	liv	.	.
514	*N*, *N′* – Dimethyl – *N*, *N′*–dinitrosophthalamide	*N*, *N*’ –二甲基–*N*, *N*’ –二硝基邻苯二甲酰胺	3851–16–9	.	–	.	–	.	.	.

续表

序号	化学物质英文名称	化学物质中文名称	CAS 号	鼠伤寒沙门菌回复突变	TD_{50}/[mg/(kg·d)]		大鼠靶器官		小鼠靶器官	
					大鼠	小鼠	雄性	雌性	雄性	雌性
515	Dimethyl hydrogen phosphite	亚磷酸二甲酯	868-85-9	+	139	-	lun sto	-	-	-
516	Dimethyl methylphosphonate	甲基膦酸二甲酯	756-79-6	-	700	-	kid	-	I	-
517	Dimethyl morpholinophosphoramidate	二甲基吗啡磷	597-25-1	-	614^m	-	hmo	hmo	-	-
518	4, 6 - Dimethyl - 2 - (5-nitro-2-furyl) pyrimidine	4, 6-二甲基-2-（5-硝基-2-呋喃基）嘧啶	59-35-8	.	1.39^P	.	.	kid mgl smi sto vsc	.	.
519	1, 2-Dimethyl-5-nitroimidazole	1, 2-二甲基-5-硝基咪唑	551-92-8	+	17	.	.	mgl	.	.
520	Dimethyl terephthalate	对苯二甲酸二甲酯	120-61-6	-	-	-	-	-	-	-
521	Dimethylacetamide	*N*, *N*-二甲基乙酰胺	127-19-5	-	-	-	-	-	-	-
522	6 - Dimethylamino - 4, 4-diphenyl-3-heptanol acetate. HCl	左醋美沙朵乙酸酯盐酸盐	43033-72-3	.	68^m	-	liv	liv	-	-
523	6 - Dimethylamino - 4, 4 - diphenyl - 3 - heptanone. HCl	盐酸美沙酮	1095-90-5	.	-	-	-	-	-	-

524	*trans*-2-[(Dimethylamino) methylimino]-5-[2-(5-nitro-2-furyl) vinyl]-1, 3, 4-oxadiazole	反式-2-((二甲基氨基)甲基亚胺)-5-[2-(5-硝基-2-呋喃基)乙烯基]-1，3，4-噁二唑)	55738-54-0	+	22.4	.	.	lun mgl smi sto	.	.
525	4-Dimethylamino-3, 5-xylenol	4-二甲基氨基-3，5-二甲酚	6120-10-1	.	.	–	.	.	–	–
526	4-Dimethylaminoantipyrine	氨基比林	58-15-1	+	.	–	.	.	–	–
527	2-Dimethylaminoethanol	*N*，*N*-二甲基乙醇胺	108-01-0	–	.	–	.	.	.	–
528	Dimethylaminoethylnitrosoethylurea, nitrite salt	二甲基胺乙基硝酸铵，亚硝酸盐	142713-78-8	.	0.704	.	–	mgl ute	.	.
529	2, 6-Dimethylaniline	2，6-二甲基苯胺	87-62-7	+	–	.	–	.	.	.
530	*N*, *N*-Dimethylaniline	二甲基苯胺	121-69-7	–	125	–	bon	–	–	–
531	Dimethylarsinic acid	二甲次胂酸	75-60-5	–	11.4	–	ubl	.	–	–
532	5, 5-Dimethylbarbituric acid	5，5-二甲基巴比妥酸	24448-94-0	.	–	.	–	.	.	.

续表

序号	化学物质英文名称	化学物质中文名称	CAS 号	鼠伤寒沙门菌回复突变	TD_{50}/[mg/(kg·d)]		大鼠靶器官		小鼠靶器官	
					大鼠	小鼠	雄性	雌性	雄性	雌性
533	7, 12 - Dimethylbenz [a] anthracene	7, 12 - 二甲基苯并[a] 蒽	57-97-6	+	.	0.084	.	.	.	vsc
534	3, 3′ - Dimethylbenzidine. 2HCl	3, 3′-二甲基联苯胺盐酸盐	612-82-8	+	0.629[m]	28.6	ezy lgi liv lun orc per pre ski smi	cli ezy lgi liv lun mgl orc ski smi	lun	–
535	Dimethylcarbamyl chloride[s]	二甲氨基甲酰氯[s]	79-44-7	+	.	5.37[i]	.	.	.	per
536	Dimethyldithiocarbamic acid, dimethylamine	二甲氨基二甲基二硫代氨基甲酸酯	598-64-1	.	.	–	.	.	–	–
537	*N*, *N* - Dimethyldodecylamine-*N*-oxide	月桂基二甲基氧化胺	1643-20-5	.	–	.	–	–	.	.
538	Dimethylformamide	*N*, *N*-二甲基甲酰胺	68-12-2	–	–	–	–	–	–	–
539	1, 1-Dimethylhydrazine[s]	1, 1-二甲基肼[s]	57-14-7	+	–	3.96[m]	–	–	liv lun vsc	lun vsc
540	1, 2-Dimethylhydrazine. 2HCl[s]	二甲基肼吡啶[s]	306-37-6	+	.	0.114[m,P]	.	.	lun vsc	lun vsc
541	2 - (2, 2 - Dimethylhydrazino) - 4 - (5 - nitro-2-furyl) thiazole	2-(2,2-二甲基肼基)-4-(5-硝基-2-呋喃基)噻唑	26049-69-4	+	0.41[P]	.	.	hmo mgl	.	.

542	Dimethylnitramine	*N*-硝二甲胺	4164-28-7	.	$0.547^{m,v}$	.	liv nas	liv nas	.	.
543	Dimethylthiourea	1，3-二甲基硫代脲	61805-96-7	.	–	.	–	.	.	.
544	Dimethylvinyl chloride	1-氯-2-甲基-1-丙烯	513-37-1	+	31.8^{m}	14.9^{m}	eso nas orc ski sto	eso nas orc sto	pre sto	sto
545	2，4-Dinitro-6-tert-buthylphenyl methane-sulfonate	2，4-二硝基-6-叔丁基苯基甲磺酸酯	29110-68-7	.	–	.	–	–	.	.
546	Dinitro（1-methylheptyl）phenyl crotonate，commercial grade（78%）	二硝基（1-甲基庚基）巴豆酸钠，商品级（78%）	6119-92-2	.	.	–	.	.	–	–
547	2，4-Dinitrophenol	2，4-二硝基酚	51-28-5	–	.	.	.	.	B–	B–
548	2，4-Dinitrophenol，sodium	2，4-二硝基酚钠	1011-73-0	.	.	–	.	.	.	–
549	Dinitrosocaffeidine	*N*，3-二甲基-5-（甲基-亚硝基氨基）-*N*-亚硝基咪唑-4-甲酰胺	145438-97-7	.	0.183	.	sto（B）	sto（B）	.	.
550	Dinitrosohomopiperazine	*N*，*N*-二亚硝基高哌嗪	55557-00-1	+	0.0615^{m}	.	.	eso liv nas orc	.	.

续表

序号	化学物质英文名称	化学物质中文名称	CAS 号	鼠伤寒沙门菌回复突变	TD_{50}/[mg/(kg·d)]		大鼠靶器官		小鼠靶器官	
					大鼠	小鼠	雄性	雌性	雄性	雌性
551	*N*，*N*-Dinitrosopentamethylenetetramine	*N*，*N'*-二亚硝五亚甲四胺	101-25-7	.	-	.	-	.	.	.
552	Dinitrosopiperazine	1，4-二亚硝哌	140-79-4	+	.	3.6^{m}	.	.	sto	sto
553	2，6-Dinitrotoluene	2，6-二硝基甲苯	606-20-2	.	0.292^{m}	.	liv	.	.	.
554	2，4-Dinitrotoluene (containing 0.5% 2，6-dinitrotoluene)	2，4-二硝基甲苯（含0.5%的2，6-二硝基甲苯）	121-14-2	+	-	.	-	.	.	.
555	2，4 - Dinitrotoluene (containing 1.0-1.5% 2，6-dinitrotoluene)	2，4-二硝基甲苯（含1.0-1.5%的2，6-二硝基甲苯）	121-14-2	+	6.21^{m}	29.4	liv ski	liv mgl	kid	-
556	2，4 - Dinitrotoluene，practical grade	2，4-二硝基甲苯，实用级	121-14-2	+	-	-	$-^{u}$	$-^{u}$	-	-
557	Dinitrotoluene，technical grade（2，4（77%）- and 2，6（19%）-）	甲基二硝基苯，技术级（含77%的2，4-二硝基甲苯，19%的2，6-二硝基甲苯）	25321-14-6	+	8.02	.	liv	.	.	.
558	1，4-Dioxane	二噁烷	123-91-1	-	$267^{m,v}$	$204^{m,v}$	liv mgl nas per sub	liv mgl nas	liv	liv
559	Dioxathion	敌噁磷	78-34-2	+	-	-	-	-	-	-

560	Dipentamethylenethiuram hexasulfide	1，1’－（己硫代联碳硫基）双哌啶	971-15-3	.	.	–	.	.	–	–
561	Dipentylnitrosamine	伊潘立酮	13256-06-9	.	4.03[m]	.	liv	liv	.	.
562	Diphenhydramine. HCl	盐酸苯海拉明	147-24-0	–	–	–	–	–	–	–
563	Diphenyl-*p*-phenylene-diamine	*N*，*N*－二苯基对苯二胺	74-31-7	+	–	–	–	–	–	–
564	Diphenylacetonitrile	二苯乙腈	86-29-3	.	.	–	.	.	–	–
565	Diphenylcarbonate	碳酸二苯酯	102-09-0	.	.	–	.	.	–	–
566	5，5－Diphenylhydantoin	5，5-二苯基海因	57-41-0	–	–	59.1	–	–	–	liv
567	*N*，*N*-Dipropyl-4-（4′-[pyridyl－1′－oxide]azo）aniline	*N*，*N*-二丙基-4-[4′-（吡啶基1-1′-氧化）偶氮] 苯胺	—	.	–	.	–	.	.	.
568	Dipropylene glycol	一缩二丙二醇	25265-71-8	–	–	–	–	–	–	–
569	Dipyrone	安乃近	68-89-3	.	–	630[m]	–	–	liv	liv
570	Disodium 5′-ribonucleotide	核苷酸二钠（I+G）	80702-47-2	.	–	.	–	–	.	.
571	2，5-Dithiobiurea	双硫脲	142-46-1	–	–	–	–	–	–	–

续表

序号	化学物质英文名称	化学物质中文名称	CAS 号	鼠伤寒沙门菌回复突变	TD_{50}/[mg/(kg·d)]		大鼠靶器官		小鼠靶器官	
					大鼠	小鼠	雄性	雌性	雄性	雌性
572	Dithiooxamide	二硫代草酰胺	79-40-3	.	-	.	.	-	.	.
573	3-*O*-Dodecylcarbomethylascorbic acid	3-*O*-十二烷基碳甲基抗坏血酸	—	.	-	.	.	-	.	.
574	*n*-Dodecylguanidine acetate	多果定	2439-10-3	.	.	-	.	.	-	-
575	*dl*-Dopa	*dl*-多巴	63-84-3	.	-	.	-	.	.	.
576	Dopamine. HCl	盐酸多巴胺	62-31-7	+	-	.	-	.	.	.
577	Doxefazepam	度氟西泮	40762-15-0	.	-	.	-	-	.	.
578	Doxylamine succinate	琥珀酸多西拉敏	562-10-7	-	1610	209[m]	liv	-	liv thy	liv thy
579	A-Ecdysone	*α*-蜕皮激素	3604-87-3	.	.	0.0358[m]	.	.	lun	mgl
580	Edifas A	甲基乙基纤维素	9004-59-5	.	-	-	-	-	-	-
581	Edifas B	羧甲基纤维素钠	9004-32-4	.	-	-	-	-	-	-
582	EDTA, trisodium salt trihydrate	*N*, *N*'-1, 2-乙烷基双[*N*-(羧甲基)-甘氨酸]三钠盐	150-38-9	-	-	-	-	-	-	-
583	Efonidipine. HCl ethanolate	依福地平	111011-76-8	.	-	-	-	-	-	-
584	Ellagic acid	鞣花酸	476-66-4	-	-	.	.	-	.	.

585	Elmiron	硫酸戊聚糖钠	37319-17-8	-	-	966[m]	-	-	vsc	liv vsc
586	Emetine. 2HCl	盐酸吐根碱	316-42-7	-	I	I	I	I	I	I
587	Emodin	大黄素	518-82-1	+	-	-	-	-	-	-
588	Emulsifier YN	乳化剂 YN	55965-13-4	.	-	-	-	-	-	-
589	Endosulfan	硫丹	115-29-7	-	-	-	-	-	-	-
590	Endrin	安特灵（异狄氏剂）	72-20-8	-	-	-	-	-	-	-
591	Enflurane	易使宁	13838-16-9	-	.	-	.	.	-	-
592	Enovid	异炔诺酮	8015-30-3	.	.	0.279[m,v]	.	.	-	pit
593	Enovid-E	异炔诺酮-美雌醇片剂	8015-30-3	.	.	-	.	.	-	-
594	Ephedrine sulphate	硫酸麻黄碱	134-72-5	-	-	-	-	-	-	-
595	Epichlorohydrin	环氧氯丙烷	106-89-8	+	2.96[m]	-	sto	sto	.	-
596	(-) -Epigallocatechin gallate (85% (-) -epigallocatechin gallate, 10% (-) -epigallo-catechin, 5% (-) -epicatechin gallate)	(-) -表没食子儿茶素没食子酸酯	989-51-5	.	.	-	.	.	-	.
597	l-Epinephrine. HCl	盐酸肾上腺素	55-31-2	-	I	I	I	I	I	I
598	1, 2-Epoxybutane	1, 2-环氧丁烷	106-88-7	+	220	-	lun nas	-	-	-

续表

序号	化学物质英文名称	化学物质中文名称	CAS 号	鼠伤寒沙门菌回复突变	TD_{50}/[mg/(kg·d)]		大鼠靶器官		小鼠靶器官	
					大鼠	小鼠	雄性	雌性	雄性	雌性
599	Erythorbate, sodium	异抗坏血酸钠	6381-77-7	-	-	-	-	-	-	-
600	Erythromycin stearate	硬脂酸红霉素	643-22-1	-	-	-	-	-	-	-
601	Estazolam	艾司唑仑	29975-16-4	.	-	-	-	-	-	-
602	Estradiol	雌二醇	50-28-2	-	.	-	.	.	.	-
603	Estradiol mustard	雌二醇苯芥［雌二醇双（4-［二（2-氯乙基）氨基］苯乙酸）酯］	22966-79-6	.	-	1.45^{m}	-	-	hmo lun myc sto	hmo lun myc sto
604	Estragole	草蒿脑（4-烯丙基苯甲醚）	140-67-0	-	.	51.8	.	.	.	liv
605	Ethinyl estradiol	炔雌醇	57-63-6	-	0.2	.	.	liv	.	.
606	Ethionamide	乙硫异烟胺	536-33-4	-	-	69.3	-	-	-	thy
607	Ethionine	L-乙硫胺酸	13073-35-3	-	$<4.97^{P}$	.	liv	.	.	.
608	*dl*-Ethionine	*dl*-乙硫氨酸	67-21-0	-	$9.76^{m,P}$	$71.4^{m,v}$	liv	.	liv	liv
609	4-Ethoxy-phenylurea	（4-乙氧基苯基）脲	150-69-6	-	537	.	liv（B）	liv（B）	.	.
610	*o*-Ethoxybenzamide	2-乙氧基苯甲酰胺	938-73-8	-	.	513	.	.	liv	-
611	Ethoxyquin	乙氧基喹啉	91-53-2	-	-	.	-	-	.	.
612	Ethyl acrylate	丙烯酸乙酯	140-88-5	-	119^{m}	324^{m}	sto	sto	sto	sto

613	Ethyl alcohol[s]	乙醇	64-17-5	-	9110	-	adr liv pan pit	-	-	-
614	*Z*-Ethyl-*O*, *N*, *N*-azoxyethane	*Z*-乙基-*O*, *N*, *N*-氮氧乙烷	16301-26-1	.	0.022	.	eso liv nas vsc	.	.	.
615	*Z*-Ethyl-*O*, *N*, *N*-azoxymethane	*Z*-乙基-*O*, *N*, *N*-偶氮氧甲烷	57497-29-7	.	0.0189	.	lgi liv smi vsc	.	.	.
616	Ethyl bromoacetate	溴乙酸乙酯	105-36-2	+	.	-	.	.	.	-
617	*S*-Ethyl-*l*-cysteine	*S*-乙基-*L*-半胱氨酸	2629-59-6	.	-	.	-	.	.	.
618	*p*, *p'*-Ethyl-DDD	乙滴涕	72-56-0	+	-	-	-	-	-	-
619	*N*-Ethyl-*N*-formyl-hydrazine	*N*-乙基-*N*-甲酰肼	74920-78-8	.	.	2.8[m]	.	.	gal liv lunpre vsc	lun vsc
620	Ethyl methylphenylgly-cidate	杨梅醛	77-83-8	-	-	.	-	-	.	.
621	*N*-Ethyl-*N'*-nitro-*N*-nitrosoguanidine	乙基硝基亚硝基胍	63885-23-4	.	.	2.84	.	.	eso（B） smi（B）	eso（B） smi（B）
622	1-Ethyl-1-nitrosourea	亚硝基乙基脲	759-73-9	+	0.948[m]	.	nrv smi thy	nrv smi	.	.
623	Ethyl tellurac	二乙基二硫代氨基甲酸碲	20941-65-5	-	-	-	-	-	-	-

续表

序号	化学物质英文名称	化学物质中文名称	CAS 号	鼠伤寒沙门菌回复突变	TD_{50}/[mg/(kg·d)]		大鼠靶器官		小鼠靶器官	
					大鼠	小鼠	雄性	雌性	雄性	雌性
624	3-*O*-Ethylascorbic acid	乙基维生素 C	86404-04-8	.	-	.	.	-	.	.
625	Ethylbenzene	乙基苯	100-41-4	-	$72.6^{m,v}$	1600^{m}	kid nas[H] tes	+[H] kid	lun	liv
626	Ethylene glycol	乙二醇	107-21-1	-	.	-	.	.	-	-
627	Ethylene glycol, cyclic sulfate	硫酸乙烯酯	1072-53-3	-	.	-	.	.	.	-
628	Ethylene imine	氮丙啶	151-56-4	+	.	$0.377^{m,P}$	.	.	liv lun	lun
629	Ethylene oxide	环氧乙烷	75-21-8	+	$21.3^{m,v}$	63.7^{m}	hmo nrv per	nrv sto	hag lun	hag hmo lun mgl ute
630	Ethylene thiourea	亚乙基硫脲	96-45-7	+	$8.13^{m,v}$	23.5^{m}	liv (B) thy	liv (B) thy	liv pit thy	liv pit thy
631	Ethylene urea	亚乙基脲	120-93-4	.	.	-	.	.	-	-
632	Ethylenebisdithiocarbamate, disodium	代森钠	142-59-6	.	.	-	.	.	-	-
633	1-Ethyleneoxy-3, 4-epoxycyclohexane	4-乙烯基-1-环己烯二环氧化物，异构体混合物	106-87-6	+	-	.	.	-	.	.

634	2-Ethylhexanol	2-乙基己醇	104-76-7	–	–	1680	–	–	–	liv
635	di（2-Ethylhexyl）adipate	己二酸二（2-乙基己）酯	103-23-1	–	–	3880^{m}	–	–	liv	liv
636	di（2-Ethylhexyl）phthalate	邻苯二甲酸二（2-乙基己）酯	117-81-7	–	716^{m}	700^{m}	liv	liv	liv	liv
637	Ethylhydrazine. HCl	1-乙基肼盐酸盐	18413-14-4	.	.	6.56^{m}	.	.	lun vsc	lun vsc
638	1-Ethylnitroso-3-（2-hydroxyethyl）-urea[s]	1-乙基亚硝基-3-（2-羟基乙基）-尿素[s]	96724-44-6	.	0.522^{m}	.	ski	mgl ski ute	.	.
639	1-Ethylnitroso-3-（2-oxopropyl）-urea[s]	1-乙基亚硝基-3-（2-氧丙基）-尿素[s]	110559-84-7	.	$0.181^{m,P}$	.	lgi lun nrv per ski	lgi lun mgl nrv ski thy ute	.	.
640	Ethylnitrosocyanamide	乙基-亚硝基氰胺	38434-77-4	+	3.68^{m}	.	nas	nas	.	.
641	Ethylphenylacetylurea	苯丁酰脲	90-49-3	.	–	.	–	.	.	.
642	4-Ethylsulphonylnaphthalene-1-sulfonamide	4-乙基磺酰基萘-1-磺酰胺	842-00-2	.	.	21.1^{m}	.	.	.	ubl
643	Ethynodiol diacetate	双醋炔诺醇	297-76-7	.	–	–	.	–	.	L
644	Etodolac	依托度酸	41340-25-4	.	–	–	–	–	–	–
645	Eucalyptol	桉叶油醇	470-82-6	–	.	–	.	.	–	.

续表

序号	化学物质英文名称	化学物质中文名称	CAS 号	鼠伤寒沙门菌回复突变	TD_{50}/[mg/(kg·d)]		大鼠靶器官		小鼠靶器官	
					大鼠	小鼠	雄性	雌性	雄性	雌性
646	Eugenol	丁香酚	97-53-0	-	-	-	-	-	-	-
647	Fadrozole. HCl	盐酸法倔唑	102676-31-3	.	-	.	-	-	.	.
648	Fenaminosulf, formulated	敌克松	140-56-7	+	-	-	-	-	-	-
649	Fenthion	倍硫磷	55-38-9	-	-	-	-	-	-	-
650	Fenvalerate	氰戊菊酯	51630-58-1	.	-	-	-	-	-	-
651	Ferric chloride	三氯化铁	7705-08-0	-	-	.	-	-	.	.
652	Ferric citrate tetrahydrate	四水柠檬酸铁	2338-05-8	.	.	-	.	.	-	-
653	Ferric dimethyldithiocarbamate	福美铁	14484-64-1	.	.	-	.	.	-	-
654	Finasteride	非那雄胺	98319-26-7	.	.	326	.	.	tes	.
655	Flecainide acetate	醋酸洗必太	54143-56-5	.	-	-	-	-	-	-
656	Fluconazole	氟康唑	86386-73-4	.	80.7	-	liv	-	-	-
657	Fluometuron	伏草隆	2164-17-2	-	-	-	-	-	-	-
658	*N*-(2-Fluorenyl)-2, 2, 2-trifluoroacetamide	*N*-(9H-芴-2-基)-2, 2, 2-三氟乙酰胺	363-17-7	.	1.62	.	.	ezy liv mgl	.	.
659	Fluoride, sodium	氟化钠	7681-49-4	-	-	-	-	-	-	-

660	4′-Fluoro-4-aminodiphenyl	4′-氟-联苯-4-胺	324-93-6	.	.	1. 14[m]	.	.	liv	liv
661	N-4-（4′-Fluorobiphenyl）acetamide	4′-（4-氟苯基）乙酰苯胺	398-32-3	.	1. 01	.	kid	.	.	.
662	2-Fluoroethyl-nitrosourea	2-氟乙基-亚硝基脲	69112-98-7	.	0. 125	.	sto	.	.	.
663	5-Fluorouracil	5-氟脲嘧啶	51-21-8	–	–	2. 96[m]	–	–	lun	hmo lun
664	Fluoxetine. HCl	盐酸氟西汀	59333-67-4	.	–	–	–	–	–	–
665	Fluvastatin	氟伐他汀	93957-54-1	.	125	.	thy	–	.	.
666	Formaldehyde[s]	甲醛[s]	50-00-0	+	1. 35[m,v]	43. 9	hmo nas	hmo nas	nas	–
667	Formic acid 2-[4-(2-furyl)-2-thiazolyl] hydrazide	N-[(4-呋喃-2-基-1,3-噻唑-2-基)氨基]甲酰胺	31873-81-1	.	–	.	.	–	.	.
668	Formic acid 2-(4-methyl-2-thiazolyl) hydrazide	N-[(4-甲基-1，3-噻唑-2-基）氨基]甲酰胺	32852-21-4	.	14. 4	.	.	mgl	.	.
669	Formic acid 2-[4-(5-nitro-2-furyl)-2-thiazolyl] hydrazide[s]	硝呋噻唑[s]	3570-75-0	+	5. 06[m]	10. 8[m]	kid liv mgl	ezy hmo kidlgi liv mgl smi	.	hmo sto

续表

序号	化学物质英文名称	化学物质中文名称	CAS 号	鼠伤寒沙门菌回复突变	TD_{50}/[mg/(kg·d)]		大鼠靶器官		小鼠靶器官	
					大鼠	小鼠	雄性	雌性	雄性	雌性
670	1-Formyl-3-thiosemicarbazide	1-甲酰-3-硫代-氨基甲酰肼	2302-84-3	.	–	.	.	–	.	.
671	Formylhydrazine	甲酰肼	624-84-0	.	.	$36.4^{m,P}$	.	.	lun	lun
672	Fosetyl Al	乙膦铝	39148-24-8	.	3660	.	ubl	–	.	.
673	Fumonisin B_1	伏马毒素 B_1	116355-83-0	–	1.5^{m}	6.79	kid liv	–	–	liv
674	2-Furaldehyde semicarbazone	呋喃-2-基亚甲基氨基脲	2411-74-7	.	–	.	.	–	.	.
675	Furan	呋喃	110-00-9	–	0.396^{m}	2.72^{m}	hmo liv	hmo liv	adr liv	adr liv
676	Furfural[s]	糠醛[s]	98-01-1	+	683	197^{m}	liv	–	liv	liv
677	Furfuryl alcohol	糠醇	98-00-0	–	9.6	263	nas	–	kid	–
678	Furosemide	呋塞米	54-31-9	–	–	732	–	–	–	mgl
679	Fusarenon-X	镰刀菌烯酮	23255-69-8	–	–	.	–	.	.	.
680	Gallic acid	没食子酸	149-91-7	–	–	.	–	.	.	.
681	Gemcadiol	四甲癸二醇	35449-36-6	.	–	.	–	–	.	.
682	Gemfibrozil	吉非贝齐	25812-30-0	.	247	–	liv	–	–	–
683	Gentian violet	结晶紫	548-62-9	–	.	90.5^{m}	.	.	hag liv	hag hmoliv
684	Geranyl acetate, food grade (71% geranyl acetate, 29% citronellyl acetate)	乙酸香叶酯，食品级（71%醋酸香根酯，29%醋酸香茅酯）	混合物	–	–	–	–	–	–	–

685	Germanate, sodium	锗二钠三氧化物	12025-19-3	.	-	.	B-	B-	B-	B-
686	Gibberellic acid	赤霉素	77-06-5	-	.	-	.	.	-	-
687	Glu-P-1	6-甲基-吡啶并［3′, 2′: 4, 5］咪唑并［1, 2-a］吡啶-2-胺	67730-11-4	+	4.69^{m}	5.4^{m}	ezy lgi liv smi	cli ezy lgi liv nrv smi	liv vsc	liv vsc
688	Glu-P-2	吡啶并［3′, 2′: 4, 5］咪唑并［1, 2-a］吡啶-2-胺	67730-10-3	+	42.3^{m}	16^{m}	ezy lgi liv nrv smi	cli ezy lgi liv smi	liv vsc	liv vsc
689	l-Glutamic acid		56-86-0	-	.	-	.	.	-	.
690	N_2 - g - Glutamyl - p - hydrazinobenzoic acid	N_2-γ-谷氨酰水杨酸	—	.	.	277	.	.	sub	-
691	β - N - [γ - l (+) - Glutamyl] - 4 - hydroxymethylphenylhydrazine	2-氨基-5-{2-[4-(羟基甲基)苯基]肼基}-5-氧代戊酸	2757-90-6	.	.	-	.	.	-	-
692	Glutaraldehyde	戊二醛	111-30-8	+	-	-	-	-	-	-
693	Glycerin, natural	甘油，天然	56-81-5	-	-	.	B-	B-	.	.
694	Glycerin, synthetic	甘油，合成	56-81-5	-	-	.	B-	B-	.	.
695	Glycerol α-monochlorohydrin	3-氯-1, 2-丙二醇	96-24-2	+	-	.	-	-	.	.

续表

序号	化学物质英文名称	化学物质中文名称	CAS 号	鼠伤寒沙门菌回复突变	TD_{50}/[mg/(kg·d)]		大鼠靶器官		小鼠靶器官	
					大鼠	小鼠	雄性	雌性	雄性	雌性
696	Glycidaldehyde	缩水甘油醛	765-34-4	+	-	.	.	-	.	.
697	Glycidol[s]	缩水甘油[s]	556-52-5	+	4.28[m]	34.7[m]	ezy lgi mgl nrv per ski sto thy	cli hmo mgl nrv orc sto thy	hag liv lun ski sto	hag mgl ski sub ute
698	Glycine	甘氨酸	56-40-6	-	25700	.	-	kid	.	.
699	Glycol sulfite	亚硫酸亚乙酯	3741-38-6	.	.	-	.	.	.	-
700	Glycyrrhetinic acid	甘草次酸	471-53-4	.	-	.	-	.	.	.
701	Glycyrrhizinate, disodium	甘草酸二钠	71277-79-7	.	.	-	.	.	-	-
702	FD & C green no. 1	基尼绿 B	4680-78-8	.	6060[m]	-	hmo (B) liv	hmo (B) liv	-	-
703	FD & C green no. 2	绿 SF 淡黄	5141-20-8	-	5640	-	hmo (B)	hmo (B)	-	-
704	FD & C green no. 3	固绿 FCF	2353-45-9	-	-	-	-	-	-	-
705	Griseofulvin[s]	(+)-灰黄霉素[s]	126-07-8	-	.	13.8[m]	.	.	liv	mgl
706	Guar gum	瓜尔豆胶	9000-30-0	-	-	-	-	-	-	-
707	Gum arabic	阿拉伯胶	9000-01-5	-	-	-	-	-	-	-
708	HCDD mixture	六氯二苯并二噁英	mixture	.	0.0006	0.00143[m]	-	liv	liv	liv
709	Hematoxylin	苏木精	517-28-2	-	1 000	.	hmo (B)	hmo (B)	.	.

710	Heptachlor	七氯	76-44-8	–	–	1. 21^{m}	–	–	liv	liv
711	Heptamethyleneimine	七甲亚胺	1121-92-2	.	–	.	–	–	.	.
712	Heptylamine	正庚胺	111-68-2	.	–	.	–	.	.	.
713	Hexachlorobenzene^{s}	六氯苯^{s}	118-74-1	–	3. 86^{m,P,v}	65. 1^{m}	liv	liv	liv	liv
714	Hexachlorobutadiene	六氯-1，3-丁二烯	87-68-3	–	65. 8^{m}	.	kid	kid	.	.
715	α-1，2，3，4，5，6-Hexachlorocyclohexane	α-六六六	319-84-6	.	11. 2	<6. 62^{P}	liv	.	liv	.
716	β-1，2，3，4，5，6-Hexachlorocyclohexane	β-六六六	319-85-7	–	.	27. 8^{m}	.	.	liv	liv
717	γ-1，2，3，4，5，6-Hexachlorocyclohexane	林丹（γ-六六六）	58-89-9	–	–	30. 7^{m}	–	–	liv	liv lun
718	Hexachlorocyclohexane，technical grade	氯代环烷烃	608-73-1	.	.	14. 8^{m,P}	.	.	liv	liv
719	Hexachlorocyclopenta-diene	六氯环戊二烯	77-47-4	–	–	–	–	–	–	–
720	Hexachloroethane	六氯乙烷	67-72-1	–	55. 4	338^{m}	kid	–	liv	liv
721	Hexachlorophene	六氯芬	70-30-4	–	–	–	–	–	–	–
722	2，4-Hexadienal（89% *trans*，*trans*-，11% cis，*trans*-）	（*E*，*E*）-2，4-己二烯醛	142-83-6	+	62. 2^{m}	176^{m}	sto	sto	sto	sto

续表

序号	化学物质英文名称	化学物质中文名称	CAS 号	鼠伤寒沙门菌回复突变	TD_{50}/[mg/(kg·d)]		大鼠靶器官		小鼠靶器官	
					大鼠	小鼠	雄性	雌性	雄性	雌性
723	3-(Hexahydro-4, 7-methanoindan-5-yl)-1, 1-dimethylurea	3-[5-(3a, 4, 5, 6, 7, 7a-六氢-4, 6-甲桥茚满基)]-1, 1-二甲基脲	2163-79-3	.	.	–	.	.	–	–
724	Hexamethylenetetramine	乌洛托品	100-97-0	+	–	–	–	–	–	–
725	Hexamethylmelamine	三聚氰胺六甲醇	531-18-0	.	10.2	.	.	kid mgl	.	.
726	Hexamethylphosphoramide	六甲基磷酰三胺	680-31-9	–	0.0344m	.	nas (B)	nas (B)	.	.
727	Hexanal methylformylhydrazone	己醛甲基甲酰基腙	57590-22-4	.	.	2.33m	.	.	liv lun pre	liv lun
728	Hexanamide	己酰胺	628-02-4	–	–	1950	–	–	hmo	–
729	Hexane, commercial grade (52% *n*-hexane, 16% 3-methylcyclopentane, 16% methylcyclopentane)	正己烷	110-54-3	–	–	30300	–	–	–	liv
730	1-*O*-Hexyl-2, 3, 5-trimethylhydroquinone	4-己氧基-2, 3, 6-三甲基苯酚	148081-72-5	.	–	.	.	–	.	.

1	2	3	4	5	6	7	8	9	10	11
731	*N*–Hexylnitrosourea	1–己基–1–亚硝基脲	18774–85–1	+	0. 513[m,P]	.	lgi lun sto	lun mgl stoute	.	.
732	4–Hexylresorcinol	4–己基–1，3–苯二酚	136–77–6	–	–	–	–	–	–	–
733	L–Histidine. HCl	L–组氨酸盐酸盐	645–35–2	.	–	.	–	–	.	.
734	Humic acids，commercial grade	腐植酸	1415–93–6	.	.	–	.	.	–	–
735	Hydrazine[s]	肼（无水）[s]	302–01–2	+	0. 613[m,v]	2. 93[m]	liv lun nas	liv lun nas	lun	lun
736	Hydrazine sulfate[s]	硫酸肼[s]	10034–93–2	+	40. 8[m]	7. 59[m,v]	liv lun	lun	liv lun	liv lun
737	2–Hydrazino–4–（*p*–aminophenyl）thiazole	2–肼基–4–（4–氨基苯基）噻唑	26049–71–8	.	1. 03	11. 3	.	hmo mgl	.	hmo
738	2–Hydrazino–4–（5–nitro–2–furyl）thiazole	[4–（5–硝基–2–呋喃基）–1，3–噻唑–2–基] 肼	26049–68–3	.	3. 19[m]	16. 4	.	kid mgl	.	sto
739	2–Hydrazino–4–（*p*–nitrophenyl）thiazole	[4–（4–硝基苯基）–1，3–噻唑–2–基] 肼	26049–70–7	.	3. 21[m]	10. 6	.	mgl	.	hmo
740	2–Hydrazino–4–phenylthiazole	（4–苯基–噻唑–2–基）–肼	34176–52–8	.	–	.	.	–	.	.
741	*p*–Hydrazinobenzoic acid	4–肼基苯甲酸	619–67–0	.	.	–	.	.	.	–

续表

序号	化学物质英文名称	化学物质中文名称	CAS 号	鼠伤寒沙门菌回复突变	TD_{50}/[mg/(kg·d)]		大鼠靶器官		小鼠靶器官	
					大鼠	小鼠	雄性	雌性	雄性	雌性
742	*p*-Hydrazinobenzoic acid. HCl	4-羧基苯肼盐酸盐	24589-77-3	.	.	561^{m}	.	.	vsc	vsc
743	Hydrazobenzene	1，2-二苯肼	122-66-7	+	5.59^{m}	26	ezy liv	liv mgl	–	liv
744	Hydrochloric acid	盐酸	7647-01-0	.	–	.	–	.	.	.
745	Hydrochlorofluorocarbon 123	2，2-二氯-1，1，1-三氟乙烷	306-83-2	.	$2370^{m,v}$	.	livpan tes	liv	.	.
746	Hydrochlorothiazide	双氢氯噻嗪	58-93-5	–	–	–	–	–	–	–
747	Hydrocortisone	氢化可的松	50-23-7	.	–	.	–	–	.	.
748	Hydrogen peroxide	过氧化氢	7722-84-1	+	.	7540	.	.	–	smi
749	Hydroquinone	1，4-苯二酚	123-31-9	–	82.8^{m}	$225^{m,v}$	kid	hmo	kid liv	liv
750	Hydroquinone monobenzyl ether	4-苄氧基苯酚	103-16-2	.	.	–	.	.	–	–
751	3-Hydroxy-4-acetyl-aminobiphenyl	*N*-羟基-4-乙酰氨基联苯	4463-22-3	.	–	.	.	–	.	.
752	*N*-Hydroxy-2-acetyl-aminofluorene[s]	羟基乙酰氨基芴	53-95-2	+	0.988^{m}	6.23	liv	liv	.	eso kid liv sto ubl
753	3-Hydroxy-4-aminobi-phenyl	3-羟基-4-氨基联苯	4363-03-5	.	–	.	.	–	.	.

754	3-Hydroxy-*p*-butyrophenetidide	羟丁酰胺苯醚	1083-57-4	.	.	5530	.	.	kid	-
755	1-Hydroxyanthraquinone	1-羟基蒽醌	129-43-1	.	93.5^{m}	.	lgi liv sto	.	.	.
756	1′-Hydroxyestragole	1′-羟基草蒿脑	51410-44-7	-	.	57.8	.	.	.	liv
757	1-(2-Hydroxyethyl)-3-[(5-nitrofurfurylidene)amino]-2-imidazolidinone	硝呋达齐	5036-03-3	+	16.7	.	.	mgl	.	.
758	1-(2-Hydroxyethyl)-nitroso-3-ethylurea	1-亚硝基-1-（2-羟基乙基）-3-乙基脲	96724-45-7	.	0.562^{m}	.	ski	mgl	.	.
759	1-(2-Hydroxyethyl)-1-nitrosourea	1-（2-羟基乙基）-1-亚硝基脲	13743-07-2	+	$0.244^{m,v}$	0.818^{m}	bon hmo kid lgi lun mgl sto	hmo mgl	hmo	hmo
760	4-(2-Hydroxyethylamino)-2-(5-nitro-2-thienyl) quinazoline	2-｛[2-（5-硝基噻吩-2-基）喹唑啉-4-基]氨基｝乙醇	33389-36-5	+	1.87	.	.	tba	.	.
761	2-Hydroxyethylhydrazine[s]	2-肼基乙醇[s]	109-84-2	+	.	0.397^{m}	.	.	liv	-

续表

序号	化学物质英文名称	化学物质中文名称	CAS 号	鼠伤寒沙门菌回复突变	TD_{50}/[mg/(kg·d)]		大鼠靶器官		小鼠靶器官	
					大鼠	小鼠	雄性	雌性	雄性	雌性
762	1-(3-Hydroxypropyl)-1-nitrosourea	*N*-（3-羟基丙基）-*N*-亚硝基脲	71752-70-0	.	0.978[m]	.	sto	sto	.	.
763	8-Hydroxyquinoline	8-羟基喹啉	148-24-3	+	–	–	–	–	–	–
764	1′-Hydroxysafrole	1′-羟基黄樟素	5208-87-7	–	18.4[m]	71.2[m]	liv sto	.	vsc	liv
765	Ibuprofen	布洛芬	15687-27-1	.	–	.	–	.	.	.
766	ICRF-159	4，4′-(1-甲基-1，2-乙二基)二-2，6-哌嗪二酮	21416-87-5	.	10.7[i]	23.7[i]	–	ute	–	hmo
767	3-[(Imino[(2，2，2-trifluoroethyl)amino]methyl)amino]1H-pyrazole-1-pentamide	5-[3-([*N*′-(2，2，2-三氟乙基)甲脒基]氨基)吡唑-1-基]戊酰胺	84545-30-2	.	1170[m]	565[m]	sto	sto	sto	sto
768	3，3′-Iminobis-1-propanol dimethanesulfonate (ester).HCl	3-（3-甲基磺酰基氧基丙基氨基）丙基甲烷磺酸酯盐酸盐	3458-22-8	.	–	–	–	–	–	–
769	Iminodiacetic acid，monosodium	2-（羧甲基氨基）乙酸钠	32607-00-4	.	–	.	–	–	.	.
770	Indole	吲哚	120-72-9	.	.	–	.	.	.	–

771	Indole-3-acetic acid	3-吲哚乙酸	87-51-4	-	.	-	.	.	-	-
772	Indolidan	吲哚利旦	100643-96-7	.	2.01[m]	.	adr	adr	.	.
773	Indomethacin	吲哚美辛	53-86-1	-	1.15	.	-	mgl	.	.
774	Iodinated glycerol	碘化甘油	5634-39-9	+	101	138	hmo thy	-	-	hag pit
775	Iodoacetamide	碘乙酰胺	144-48-9	.	-	.	-	.	.	.
776	Iodoform	三碘甲烷	75-47-8	+	-	-	-	-	-	-
777	Ipazilide fumarate	富马酸伊帕利特	115436-74-3	.	-	.	-	-	.	.
778	IQ[s] [2-amino-3-methylimidazo(4,5-f) quinoline]	2-氨基-3-甲基-3H-咪唑并[4,5-f]喹啉[s]	76180-96-6	+	0.812[m,v]	19.6[m]	ezy lgi liv orc ski smi	cli ezy lgi liv mgl orc pre ski smi	liv lun sto	liv lun sto
779	IQ. HCl	2-氨基-3-甲基-3H-咪唑并[4,5-f]喹啉盐酸	—	+	3.29	.	.	ezy liv mgl pan ubl vsc	.	.
780	Irsogladine maleate	马来酸伊索拉定	84504-69-8	.	-	.	-	.	.	.
781	Isatidine	靛红定	15503-86-3	.	0.716[m]	.	liv	liv	.	.
782	Isobutene	异丁烯	115-11-7	-	3550	-	thy	-	-	-
783	Isobutyl-4-hydroxybenzoate	尼泊金异丁酯	4247-02-3	.	.	-	.	.	-	-

续表

序号	化学物质英文名称	化学物质中文名称	CAS号	鼠伤寒沙门菌回复突变	TD_{50}/[mg/(kg·d)]		大鼠靶器官		小鼠靶器官	
					大鼠	小鼠	雄性	雌性	雄性	雌性
784	Isobutyl nitrite	亚硝酸异丁酯	542-56-3	+	54.1^{m}	310^{m}	lun	lun	lun	lun
785	N-Isobutyl-N′-nitro-N-nitrosoguanidine	N-异丁基-N′-硝基-N-亚硝基胍	5461-85-8	+	-	.	-	.	.	.
786	Isobutyraldehyde	异丁醛	78-84-2	-	-	-	-	-	-	-
787	Isoflurane	异氟醚	26675-46-7	-	.	-	.	.	-	-
788	Isomalt	异麦芽酮糖醇	64519-82-0	.	.	-	.	.	-	-
789	Isomazole	伊索马唑	86315-52-8	.	70.5^{m}	.	adr	adr	.	.
790	Isoniazid[s]	异烟肼[s]	54-85-3	+	150^{m}	27.1^{m,v}	liv lun	mgl	liv lun mgl (B)	liv lun mgl (B)
791	Isonicotinamide	异烟酰胺	1453-82-3	.	.	-	.	.	-	-
792	Isonicotinic acid[s]	异烟酸[s]	55-22-1	.	.	-	.	.	-	-
793	Isonicotinic acid vanillylidenehydrazide	异烟腙	149-17-7	.	.	27.4	.	.	lun (B) mgl (B)	lun (B) mgl (B)
794	Isophorone	异佛尔酮	78-59-1	-	1210	-	kid pre	-	-	-
795	Isophosphamide	异环磷酰胺	3778-73-2	+	0.739^{i}	5.06^{i}	-	ute	-	hmo
796	Isoprene	异戊二烯	78-79-5	-	313^{m}	274^{m}	kid mgl tes	mgl	hag hmo liv lun sto vsc	hag pit vsc

797	Isopropanol	异丙醇	67-63-0	-	-	-	-	-	-	-
798	p - Isopropoxydiphenyl-amine	N-苯基-4-丙-2-基氧基苯胺	101-73-5	-	.	-	.	.	-	-
799	Isopropyl-N- (3-chlorophenyl) carbamate[s]	氯苯胺灵[s]	101-21-3	.	-	-	-	-	-	-
800	1-Isopropyl-3-methyl-S-pyrazolyldimethyl carbamate	异索威	119-38-0	.	.	-	.	.	-	-
801	Isopropyl - N - phenyl carbamate[s]	苯胺灵[s]	122-42-9	.	.	-	.	.	-	-
802	Isosafrole	异黄樟醚	120-58-1	-	.	-	.	.	-	-
803	Ivermectin	双氢除虫菌	70288-86-7	.	-	.	-	.	.	.
804	Josamycin	交沙霉素	16846-24-5	.	-	.	-	-	.	.
805	Kaempferol	山柰酚	520-18-3	+	-	.	-	-	.	.
806	Kanechlor 400	KC400	12737-87-0	.	-	.	.	-	.	.
807	Kepone	开蓬	143-50-0	-	2.96	0.982[m]	-	liv	liv	liv
808	Ketoprofen	酮基布洛芬	22071-15-4	.	-	.	-	.	.	.
809	Kojic acid	曲酸	501-30-4	+	.	658[m]	.	.	thy	thy

续表

序号	化学物质英文名称	化学物质中文名称	CAS号	鼠伤寒沙门菌回复突变	TD_{50}/[mg/(kg·d)]		大鼠靶器官		小鼠靶器官	
					大鼠	小鼠	雄性	雌性	雄性	雌性
810	Lasiocarpine	毛果天芥菜碱	303-34-4	+	0.389[m]	.	liv ski smi vsc	hmo liv vsc	.	.
811	Lead acetate	乙酸铅（II）	301-04-2	–	46.6[m]	–	kid	–	–	–
812	Lead acetate, basic[s]	碱式乙酸铅[s]	1335-32-6	.	181[m]	472[m]	kid	kid	kid	kid
813	Lead dimethyldithiocarbamate	二甲基氨基二硫代甲酸铅	19010-66-3	+	–	–	–	–	–	–
814	Leupeptin	乙酰基-L-亮氨酰-L-亮氨酰精氨醛	24365-47-7	.	.	55.8	.	.	liv	–
815	Levobunolol. HCl	盐酸左布诺洛尔	27912-14-7	.	–	–	–	–	–	–
816	d-Limonene	(R)-(+)-柠檬烯	5989-27-5	–	204	–	kid	–	–	–
817	Lithocholic acid	石胆酸	434-13-9	–	–	–	–	–	–	–
818	Locust bean gum	角豆胶	9000-40-2	–	–	–	–	–	–	–
819	Lofexidine. HCl	盐酸洛非西定	21498-08-8	.	–	.	–	–	.	.
820	Lonidamine	氯尼达明	50264-69-2	.	–	.	–	–	.	.
821	Lornoxicam	氯诺昔康	70374-39-9	.	–	.	–	–	.	.
822	Lovastatin	洛伐司他汀	75330-75-5	.	–	515[m]	–	–	liv	liv lun sto
823	Loxtidine	拉伏替丁	76956-02-0	.	479[m]	.	sto	sto	.	.
824	Lupitidine. 3HCl	盐酸鲁匹替丁	72716-75-7	.	3360[m]	–	sto	sto	–	–

825	Luteoskyrin	藤黄醌茜素	21884-44-6	-	.	18.6[m]	.	.	liv	liv
826	Lutestral	氯地孕	8065-91-6	.	.	-	.	.	-	L
827	Magnesium chloride hexahydrate	氯化镁（六水合物）	7791-18-6	.	.	-	.	.	-	-
828	Malaoxon	马拉氧磷	1634-78-2	-	-	-	-	-	-	-
829	Malathion	马拉硫磷	121-75-5	-	-	-	-	-	-	-
830	Maleic hydrazide	马来酰肼	123-33-1	-	-	-	-	-	-	-
831	Malonaldehyde，sodium salt	丙二醛钠	24382-04-5	-	122[m]	14.1	pan thy	thy	-	liv
832	Manganese ethylenebis-thiocarbamate	代森锰	12427-38-2	.	157	-	tba（B）	tba（B）	-	-
833	Manganese（II）sulfate monohydrate	硫酸锰	10034-96-5	-	-	-	-	-	-	-
834	Manidipine. 2HCl	盐酸马尼地平	89226-75-5	.	-	-	-	-	-	-
835	D-Mannitol	D-甘露糖醇	69-65-8	-	-	-	-	-	-	-
836	Mannitol nitrogen mus-tard	甘露醇氮芥	576-68-1	.	-	.	-	.	.	.

续表

序号	化学物质英文名称	化学物质中文名称	CAS 号	鼠伤寒沙门菌回复突变	TD_{50}/[mg/(kg·d)]		大鼠靶器官		小鼠靶器官	
					大鼠	小鼠	雄性	雌性	雄性	雌性
837	MeA-α-C acetate	3-甲基-9H-吡啶[2,3-b]吲哚-2-胺乙酸	117831-29-5	+	6.7	22.2^{m}	liv orc pan sub ubl	.	liv vsc	liv vsc
838	MeIQ	2-氨基-3,4-二甲基-3H-咪唑并[4,5-f]喹啉	77094-11-2	+	.	15.5^{m}	.	.	sto	lgi liv sto
839	MeIQx	2-氨基-3,8-二甲基咪唑并[4,5-f]喹喔啉	77500-04-0	+	1.66^{m}	24.3^{m}	ezy liv ski	cli ezy liv	hmo liv	liv lun
840	Melamine	三聚氰胺	108-78-1	-	735	-	ubl	-	-	-
841	Meloxicam	美洛昔康	71125-38-7	.	-	.	-	-	.	.
842	Melphalan^{s}	美法仑^{s}	148-82-3	+	0.0938^{i,m}	0.15^{i,m}	per	per	hmo lun	lun
843	*dl*-Menthol	(+/-)-薄荷醇,D-薄荷醇	15356-70-4	-	-	-	-	-	-	-
844	MER-25	1-[4-(2-二乙基氨基乙氧基)苯基]-1-苯基-2-(对茴香基)乙醇	67-98-1	.	-	.	.	-	.	.
845	2-Mercaptobenzothiazole	2-巯基苯并噻唑	149-30-4	-	344^{m}	-	adr hmo pan pre	adr pit	-	-

846	Mercaptobenzothiazole，zinc	2-巯基苯并噻唑锌盐	155-04-4	.	.	–	.	.	–	–
847	2 – Mercaptoethanesulfonate，sodium	美司那	19767-45-4	.	–	.	–	.	.	.
848	6-Mercaptopurine	6-巯基嘌呤	50-44-2	+	–	.	–	–	.	.
849	Mercuric chloride	氯化汞	7487-94-7	–	3. 12	–	sto	–	–	–
850	Mercurous chloride	氯化亚汞	7546-30-7	.	.	–	.	.	–	.
851	Mercurymethyl chloride	甲基氯化汞	115-09-3	–	–	1. 45[m]	–	–	kid	–
852	Mestranol	美雌醇	72-33-3	–	.	–	.	.	–	–
853	Metepa	三（2-甲基氮丙啶）氧化膦	57-39-6	.	4. 46	.	hmo	.	.	.
854	Methacrylonitrile	甲基丙烯腈	126-98-7	–	–	–	–	–	–	–
855	Methafurylene	美沙呋林	531-06-6	.	–	.	–	–	.	.
856	Methaphenilene	美沙芬林	493-78-7	.	–	.	–	–	.	.
857	Methapyrilene. HCl[s]	盐酸美沙吡林[s]	135-23-9	–	9. 13[m]	.	liv	liv	.	.
858	Methidathion	杀扑磷	950-37-8	.	.	6. 04	.	.	liv	–
859	Methimazole	甲巯咪唑	60-56-0	–	1. 14[m]	.	thy	thy	.	.
860	*dl*-Methionine	*dl*-蛋氨酸	59-51-8	–	–	–	–	.	–	.

续表

序号	化学物质英文名称	化学物质中文名称	CAS 号	鼠伤寒沙门菌回复突变	TD_{50}/[mg/(kg·d)]		大鼠靶器官		小鼠靶器官	
					大鼠	小鼠	雄性	雌性	雄性	雌性
861	Methotrexate[s]	甲氨蝶呤[s]	59-05-2	-	-	-	-	-	-	-
862	2-Methoxy-4-amino-azobenzene	3-甲氧基-4-氨基偶氮苯	80830-39-3	.	.	-	.	.	-	-
863	3-Methoxy-4-amino-azobenzene	2-甲氧基-4-苯基偶氮苯胺	3544-23-8	+	.	60.2	.	.	-	liv
864	2-Methoxy-3-aminod-ibenzofuran	3-氨基-2-甲氧基二苯并呋喃	5834-17-3	.	$29^{m,P}$	.	ezy kid ubl	ezy mgl ubl	.	.
865	3-Methoxycatechol	3-甲氧基邻苯二酚	934-00-9	.	48.7	.	sto	.	.	.
866	Methoxychlor	甲氧氯	72-43-5	-	-	-	-	-	-	-
867	4-Methoxyphenol	4-甲氧基苯酚	150-76-5	-	658^{m}	.	sto	sto	.	.
868	Methoxyphenylacetic acid	甲氧基苯乙酸	1701-77-5	.	.	-	.	.	-	-
869	8-Methoxypsoralen	8-甲氧基补骨脂素	298-81-7	+	32.4	-	ezy kid	-	-	-
870	*Z*-Methyl-*O*, *N*, *N*-azoxyethane	*Z*-甲基-*O*，*N*，*N*-亚氮乙烷	57497-34-4	.	11.5	.	kid liv	.	.	.
871	Methyl bromide	溴甲烷	74-83-9	+	-	-	-	-	-	-
872	Methyl *tert*-butyl ether	甲基叔丁基醚	1634-04-4	-	702^{m}	6550	kid tes	hmo	-	liv
873	Methyl carbamate	氨基甲酸甲酯	598-55-0	-	$56.6^{m,v}$	-	liv	liv	-	-

874	Methyl carbazate	肼基甲酸甲酯	6294-89-9	.	–	.	–	–	.	.
875	2-Methyl-4-chlorophenoxyacetic acid	2-甲基-4-氯苯氧乙酸	94-74-6	.	–	–	–	–	–	–
876	Methyl clofenapate	2-[4-(4-氯苯基)苯氧基]-2-甲基丙酸甲酯	21340-68-1	.	4.78[m,P]	2.51[m,v]	liv pan tes	liv	liv	liv
877	1-Methyl-1,4-dihydro-7-[2-(5-nitrofuryl) vinyl]-4-oxo-1,8-naphthyridine-3-carboxylate, potassium	1-甲基-7-[2-(5-硝基-2-呋喃基)乙烯基]-4-氧代-1,4-二氢-1,8-萘啶-3-羧酸钾	29676-95-7 (24235-63-0)	.	.	8.03	.	.	hmo (B) lun (B) sto (B)	hmo (B) lun (B) sto (B)
878	3′-Methyl-4-dimethylaminoazobenzene[s]	3′-甲基-4-二甲基氨基偶氮苯[s]	55-80-1	+	3.28[m]	.	liv	.	.	.
879	*N*-Methyl-*N*, 4-dinitrosoaniline	*N*-甲基-*N*,4-二亚硝基苯胺	99-80-9	.	1.3[i,n]	.	per	.	.	.
880	*N*-Methyl-*N*-formylhydrazine[s]	*N*-甲基-*N*-甲酰肼[s]	758-17-8	.	.	1.37[m,v]	.	.	gal liv lun vsc	gal liv lun vsc
881	Methyl hesperidin	甲基橙皮甙	11013-97-1	.	.	–	.	.	–	–

续表

序号	化学物质英文名称	化学物质中文名称	CAS 号	鼠伤寒沙门菌回复突变	TD_{50}/[mg/(kg·d)]		大鼠靶器官		小鼠靶器官	
					大鼠	小鼠	雄性	雌性	雄性	雌性
882	Methyl linoleate hydroperoxide	亚油酸甲酯氢过氧化物	27323-65-5	.	-	.	-	.	.	.
883	Methyl linoleate, native	亚油酸甲酯	112-63-0	.	-	.	-	.	.	.
884	Methyl methacrylate[s]	甲基丙烯酸甲酯[s]	80-62-6	-	-	-	-	-	-	-
885	Methyl methanesulfonate	甲磺酸甲酯	66-27-3	+	.	31.8	.	.	hmo lun	.
886	*N*-Methyl-*N'*-nitro-*N*-nitrosoguanidine[s]	1-甲基-3-硝基-1-亚硝基胍[s]	70-25-7	+	0.803[m,v]	2.03	eso smi sto	smi sto	.	smi
887	2-Methyl-1-nitroanthraquinone	2-甲基-1-硝基蒽醌	129-15-7	+	84.8[m]	1.56[m]	liv	liv	vsc	vsc
888	4-Methyl-1-[(5-nitrofurfurylidene) amino]-2-imidazolidinone	硝呋米特	21638-36-8 (15179-96-1)	+	5.34	.	.	mgl	.	.
889	4-(4-*N*-Methyl-*N*-nitrosaminostyryl) quinoline	4-(4-*N*-甲基-*N*-亚硝基氨基苯乙烯基)喹啉	16699-10-8	.	0.699[m]	.	liv	liv	.	.
890	*N*-Methyl-*N*-nitrosobenzamide	*N*-甲基-*N*-亚硝基苯甲酰胺	63412-06-6	+	3.23[m]	.	sto	tba	.	.
891	*N*-(*N*-Methyl-*N*-nitrosocarbamoyl)-*L*-ornithine	*N*(delta)-(*N*-甲基-*N*-亚硝基氨基甲酰)-*L*-鸟氨酸	63642-17-1	.	0.787[i,m]	.	ezy kid pan ski	kid mgl pan ski	.	.

892	*R*（－）－2－Methyl－*N*－nitrosopiperidine	2－甲基－*N*－亚硝基哌啶	14026－03－0（7247－89－4）	.	20.4	.	nrv（B）	nrv（B）	.	.
893	*S*（＋）－2－Methyl－*N*－nitrosopiperidine	（2*S*）－2－甲基－1－亚硝基哌啶	36702－44－0	.	13.2	.	nrv（B）	nrv（B）	.	.
894	Methyl 12－oxo－*trans*－10－octadecenoate	12－氧代－反式－10－十八碳烯酸甲酯	21308－79－2	.	.	.	.	.	B－	B－
895	Methyl parathion	甲基对硫磷	298－00－0	+	－	－	－	－	－	－
896	*N*－Methyl－2－pyrrolidone	*N*－甲基吡咯烷酮	872－50－4	－	－	2050^{m}	－	－	liv	liv
897	（*N*－6）－Methyladenine	6－甲基腺素	443－72－1	.	.	－	.	.	－	－
898	（*N*－6）－Methyladenosine	*N*6－甲基腺苷	1867－73－8	.	.	－	.	.	－	－
899	α－Methylbenzyl alcohol	甲基苯甲醇	98－85－1	－	458	－	kid	－	－	－
900	3－Methylbutanal methylformylhydrazone	3－甲基丁醛甲基甲酰基腙	57590－21－3	.	.	2.23^{m}	.	.	gal liv lun pre	gal liv lun
901	4－Methylcatechol	3，4－二羟基甲苯	452－86－8	－	$248^{m,P}$	.	sto	sto	.	.

续表

序号	化学物质英文名称	化学物质中文名称	CAS 号	鼠伤寒沙门菌回复突变	TD_{50}/[mg/(kg·d)]		大鼠靶器官		小鼠靶器官	
					大鼠	小鼠	雄性	雌性	雄性	雌性
902	3-Methylcholanthrene[s]	3-甲基胆蒽[s]	56-49-5	+	0.491[m,P]	.	–	mgl	.	.
903	α-Methyldopa sesquihydrate	左旋甲基多巴	41372-08-1	–	–	–	–	–	–	–
904	*N* – Methyldopamine, *O*, *O*′-diisobutyroyl ester. HCl	盐酸异波帕胺	75011-65-3	.	–	.	–	–	.	.
905	4, 4′ – Methylene – bis (2-chloroaniline)[s]	4, 4′-二氨基-3, 3′-二氯二苯甲烷[s]	101-14-4	+	19.3[m]	.	ezy liv lun mgl vsc	liv lun mgl	.	.
906	4, 4′ – Methylene – bis (2-chloroaniline). 2HCl	盐酸 4, 4′-二氨基-3, 3′-二氯二苯甲烷	64049-29-2	+	–	66.6	–	.	–	liv
907	4, 4′ – Methylene – bis (2-methylaniline)	4, 4′-二氨基-3, 3′-二甲基二苯甲烷	838-88-0	+	7.38[m]	.	liv mgl sub	liv	.	.
908	Methylene chloride	二氯甲烷	75-09-2	+	724[m]	1100[m]	mgl	mgl	liv lun	liv lun
909	4, 4′ – Methylenebis (*N*, *N*-dimethyl) benzenamine	4, 4′-（对二甲氨基）二苯基甲烷	101-61-1	+	16.4[m]	207	thy	thy	–	liv
910	2, 2′ – Methylenebis (4-methyl-6-*tert*-butylphenol)	2, 2′-亚甲基双-（4-甲基-6-叔丁基苯酚）	119-47-1	.	–	.	–	–	.	.

911	4，4′-Methylenedianiline. 2HCl	4，4′-亚甲基二-苯胺盐酸盐（1∶2）	13552-44-8	+	20^{m}	32.4^{m}	liv thy	thy	adr liv thy	hmo liv thy
912	Methylethylketoxime	甲乙酮肟	96-29-7	.	74.5	534	liv	–	liv	–
913	Methyleugenol	甲基丁香酚	93-15-2	–	19.7^{m}	19.3^{m}	kid liv mgl per sto sub	liv sto	liv sto	liv
914	Methylguanidine	甲基胍	471-29-4	.	–	.	–	.	.	.
915	7-Methylguanine	7-甲基鸟嘌呤	578-76-7	.	–	.	B–	B–	.	.
916	Methylhydrazine^{s}	甲基肼^{s}	60-34-4	+	.	7.55^{m}	.	.	liv	liv lun
917	Methylhydrazine sulfate	甲基肼硫酸盐	302-15-8	.	.	2.72^{m}	.	.	lun	lun
918	Methylhydroquinone	2，5-二羟基甲苯	95-71-6	.	–	.	–	.	.	.
919	2-Methylimidazole	2-甲基咪唑	693-98-1	–	868^{m}	782^{m}	thy	thy	liv thy	liv
920	1-Methylnaphthalene	1-甲基萘	90-12-0	–	.	–	.	.	–	–
921	2-Methylnaphthalene	2-甲基萘	91-57-6	.	.	–	.	.	–	–
922	Methylnitramine	*N*-硝基甲胺	598-57-2	.	17.4^{m}	.	nrv	nrv	.	.
923	4-(Methylnitrosamino)-1-(3-pyridyl)-1-butanol	4-(甲基亚硝基氨基)-1-(3-吡啶基)-1-丁醇	76014-81-8	.	0.103	.	lun pan	.	.	.

续表

序号	化学物质英文名称	化学物质中文名称	CAS 号	鼠伤寒沙门菌回复突变	TD_{50}/[mg/(kg·d)]		大鼠靶器官		小鼠靶器官	
					大鼠	小鼠	雄性	雌性	雄性	雌性
924	4-(Methylnitrosamino)-1-(3-pyridyl)-1-(butanone)[s]	4-(N-甲基亚硝基氨基)-1-(3-吡啶基)-1-丁酮；NNK[s]	64091-91-4	.	0.0999[m]	.	liv lun pan	.	.	.
925	(N-6)-(Methylnitroso) adenine	(N-6)-(甲基亚硝基) 腺原氨酸	—	.	.	18	.	.	lun	-
926	(N-6)-(Methylnitroso) adenosine	N (6)-(甲基亚硝基) 腺苷	21928-82-5	.	.	18.3[m]	.	.	lun	lun mgl ute
927	Methylnitrosocyanamide	甲基-亚硝基氰胺	33868-17-6	+	0.48	.	.	sto	.	.
928	N-Methylolacrylamide	N-羟甲基丙烯酰胺	924-42-5	-	-	26.6[m]	-	-	hag liv lun	hag liv lun ova
929	Methylphenidate. HCl	盐酸哌甲酯	298-59-9	-	-	100[m]	-	-	liv	liv
930	6-Methylquinoline	6-甲基喹啉	91-62-3	+	-	.	-	-	.	.
931	8-Methylquinoline	8-甲基喹啉	611-32-5	+	-	.	-	-	.	.
932	p-Methylstyrene	4-甲基苯乙烯	622-97-9	.	.	-	.	.	-	-
933	Methylthiouracil[s]	甲基硫脲嘧啶[s]	56-04-2	-	.	.	.	.	B-	B-
934	Metiapine	甲硫平	5800-19-1	.	-	.	-	-	.	.
935	Metiram, technical grade (with 2% added ethylenethiourea)	代森联	9006-42-2	.	-	-	-	-	-	-

936	Metronidazole	甲硝唑	443-48-1	+	542^{m}	506^{m}	pit tes	liv mgl	lun	hmo lun
937	Mexacarbate	兹克威	315-18-4	.	–	–	–	–	–	–
938	Michler's ketone	4，4′-二（*N*，*N*-二甲氨基）二苯甲酮	90-94-8	+	5.64^{m}	84.1^{m}	liv	liv	vsc	liv
939	Mirex	灭蚁灵	2385-85-5	–	1.77^{m}	1.45^{m}	adr kid liv	hmo liv	liv	liv
940	Mirex，photo-	1，2，3，4，5，5，6，7，9，10，10-十一氯五环（5.3.0.0.0.0）癸烷	39801-14-4	.	1.46	.	thy	.	.	.
941	Misoprostol	米索前列醇	59122-46-2	.	–	–	–	–	–	–
942	Mitomycin-C	丝裂霉素 C	50-07-7	+	$0.00102^{i,m}$	.	per	per	.	.
943	Molybdenum trioxide	三氧化钼	1313-27-5	–	–	$6.13^{m,v}$	–	–	lun	lun
944	Monoacetyl hydrazine	乙酰肼	1068-57-1	.	.	9.85^{m}	.	.	lun	lun
945	Monochloroacetic acid	氯乙酸	79-11-8	–	–	–	–	–	–	–
946	Monocrotaline	野百合碱	315-22-0	–	0.94^{m}	.	liv	.	.	.
947	Monomethylarsonic acid	甲基砷酸	124-58-3	.	–	–	–	–	–	–

续表

序号	化学物质英文名称	化学物质中文名称	CAS 号	鼠伤寒沙门菌回复突变	TD_{50}/[mg/(kg·d)]		大鼠靶器官		小鼠靶器官	
					大鼠	小鼠	雄性	雌性	雄性	雌性
948	Mononitrosocaffeidine	*N*，3-二甲基-5-（甲基-亚硝基氨基）咪唑-4-甲酰胺	145438-96-6	.	1	.	nas（B）	nas（B）	.	.
949	Monosodium aspartate	L-天门冬氨酸钠	3792-50-5	.	-	.	-	-	.	.
950	*dl*-Monosodium glutamate	*dl*-谷氨酸钠	32221-81-1	.	.	-	.	.	-	.
951	*l*-Monosodium glutamate	谷氨酸钠	142-47-2	-	-	-	-	-	-	.
952	Monosodium succinate	丁二酸单钠	2922-54-5	.	-	.	-	-	.	.
953	4-Morpholino-2-（5-nitro-2-thienyl）quinazoline	4-吗啉基-2-（5-硝基-2-噻吩基）喹唑啉	58139-48-3	+	5.03	.	.	tba	.	.
954	*l*-5-Morpholinomethyl-3-[（5-nitrofurfurylidene）amino]-2-oxazolidinone. HCl	5-（吗啉-4-基甲基）-3-[（5-硝基呋喃-2-基）亚甲基氨基]-1，3-噁唑烷-2-酮盐酸盐	3031-51-4	.	6.33	.	.	hmo kid mgl	.	.
955	Myleran	白消安	55-98-1	+	-	.	-	.	.	.
956	Nafenopin[s]	萘酚平[s]	3771-19-5	-	11[m,v]	.	liv pan	liv	.	.
957	Nalidixic acid	萘啶酸	389-08-2	-	201[m]	-	pre	cli	-	-
958	Naphthalene	萘	91-20-3	-	22.1[m]	163	nas	nas	-	lun

959	1-Naphthalene acetamide	1-萘乙酰胺	86-86-2	+	.	-	.	.	-	-
960	1-Naphthalene acetic acid	1-萘乙酸	86-87-3	-	.	-	.	.	-	-
961	1，5-Naphthalenediamine	1，5-萘二胺	2243-62-1	+	69.6	162[m]	-	cli ute	thy	liv lun thy
962	*N*-（1-Naphthyl）ethylenediamine. 2HCl	*N*-（1-萘基）乙二胺二盐酸盐	1465-25-4	+	-	-	-	-	-	-
963	*sym.*-dib-Naphthyl-*p*-phenylenediamine	*N*，*N'*-二（2-萘基）对苯二胺	93-46-9	+	.	-	.	.	-	-
964	1-（1-Naphthyl）-2-thiourea	1-萘基硫脲	86-88-4	+	.	-	.	.	-	-
965	1-Naphthylamine	1-萘胺	134-32-7	+	.	67.3	.	.	liv	.
966	2-Naphthylamine[s]	2-萘胺[s]	91-59-8	+	61.6	39.4[m]	B-	ubl	liv	liv
967	2-Naphthylamino，1-sulfonic acid	2-萘胺-1-磺酸	81-16-3	.	.	-	.	.	-	-
968	Nefiracetam	奈非西坦	77191-36-7	.	-	-	-	-	-	-
969	Neosugar（fructooligosaccharide）	低聚果糖	88385-81-3	.	-	.	-	-	.	.

续表

序号	化学物质英文名称	化学物质中文名称	CAS 号	鼠伤寒沙门菌回复突变	TD_{50}/[mg/(kg·d)]		大鼠靶器官		小鼠靶器官	
					大鼠	小鼠	雄性	雌性	雄性	雌性
970	Nickel	镍	7440-02-0	.	–	.	–	–	.	.
971	Nickel (II) acetate	醋酸镍	373-02-4	.	.	–	.	.	–	–
972	Nickel dibutyldithiocarbamate	二丁基二硫代氨基甲酸镍	13927-77-0	.	.	–	.	.	–	–
973	Nickel (II) sulfate hexahydrate	六水硫酸镍	10101-97-0	–	–	–	–	–	–	–
974	Nicotinamide	烟酰胺	98-92-0	.	.	–	.	.	–	–
975	Nicotine	烟碱	54-11-5	–	–	.	–	–	.	.
976	Nicotine. HCl	烟碱氯化氢	2820-51-1	–	.	–	.	.	–	–
977	Nicotinic acid	烟酸	59-67-6	–	.	–	.	.	–	–
978	Nicotinic acid hydrazide	3-吡啶甲酰肼	553-53-7	.	.	228^{m}	.	.	lun	lun
979	Nigrosine	酸性黑 2	8005-03-6	.	–	.	–	–	.	.
980	Niobate, sodium	铌酸钠	12034-09-2	.	.	.	.	.	B–	B–
981	Nithiazide	1-乙基-3-（5-硝基噻唑-2-基）脲	139-94-6	+	131	758	–	mgl	liv	–
982	Nitrate, sodium	硝酸钠	7631-99-4	.	–	.	–	–	.	.
983	Nitric oxide	一氧化氮	10102-43-9	.	.	–	.	.	.	–
984	Nitrilotriacetic acid	氮川三乙酸	139-13-9	–	1770^{m}	2660^{m}	kid	kid ubl	kid	kid

985	Nitrilotriacetic acid，trisodium salt，monohydrate	氮川三乙酸三钠盐一水合物	18662-53-8	-	370[m]	-	kid	kid ubl	-	-
986	Nitrite，sodium[s]	亚硝酸钠[s]	7632-00-0	+	167[m]	-	hmo（B）liv	hmo（B）liv	-	-
987	3-Nitro-*p*-acetophenetide	*N*-（4-乙氧基-3-硝基苯基）乙酰胺	1777-84-0	+	-	2270	-	-	liv	-
988	5-Nitro-*o*-anisidine	2-氨基-4-硝基苯甲醚	99-59-2	+	53.9[m]	3720	ezy ski	cli ski	-	liv
989	5-Nitro-2-furaldehyde semicarbazone	呋喃西林	59-87-0	+	6.98[m,P]	30.8	-	mgl	-	ova
990	5-Nitro-2-furamidoxime	*N'*-羟基-5-硝基呋喃-2-甲脒	772-43-0	+	-	.	.	-	.	.
991	5-Nitro-2-furanmethanediol diacetate	5-硝基糠醛二乙酸酯	92-55-7	+	-	.	.	-	.	.
992	3-(5-Nitro-2-furyl)-imidazo（1，2-a）pyridine	3-（5-硝基呋喃-2-基）咪唑并［1，2-a］吡啶	75198-31-1	.	13.6[m]	27[m]	eso kid sto	eso kid mglsto	eso sto	eso sto
993	5-（5-Nitro-2-furyl）-1，3，4-oxadiazole-2-ol	5-（5-硝基呋喃-2-基）-3H-1，3，4-噁二唑-2-酮	2122-86-3	.	8.61	.	.	tba	.	.

续表

序号	化学物质英文名称	化学物质中文名称	CAS 号	鼠伤寒沙门菌回复突变	TD_{50}/[mg/(kg·d)]		大鼠靶器官		小鼠靶器官	
					大鼠	小鼠	雄性	雌性	雄性	雌性
994	*N*-{[3-(5-Nitro-2-furyl)-1, 2, 4-oxadiazole-5-yl]-methyl} acetamide	*N*-{[3-(5-硝基呋喃-2-基)-1, 2, 4-噁二唑-5-基] 甲基} 乙酰胺	36133-88-7	+	59.6^{n}	.	.	kid lun	.	.
995	*N*-[5-(5-Nitro-2-furyl)-1, 3, 4-thiadiazol-2-yl] acetamide	*N*-[5-(5-硝基呋喃-2-基)-1, 3, 4-噻二唑-2-基] 乙酰胺	2578-75-8	+	8.84	6.74	.	hmo kid lun smi sto vsc	.	sto
996	4-(5-Nitro-2-furyl) thiazole	4-(5-硝基-2-呋喃基) 噻唑	53757-28-1	+	7.68	.	.	mgl sto	.	.
997	*N*-[4-(5-Nitro-2-furyl)-2-thiazolyl] acetamide[s]	2-乙酰氨基-4-(5-硝基-2-呋喃基) 噻唑[s]	531-82-8	+	17.8^{m}	.	.	mgl	.	.
998	*N*-[4-(5-Nitro-2-furyl)-2-thiazolyl] formamide[s]	*N*-[4-(5-硝基-2-呋喃基)-2-噻唑基]-甲酰胺[s]	24554-26-5	+	$4.25^{m,P,v}$	$19.7^{m,v}$	ubl	ubl	ubl	hmo lun sto ubl
999	*N*, *N'*-[6-(5-Nitro-2-furyl)-*S*-triazine-2, 4-diyl] bisacetamide	*N*, *N'*-[6-(5-硝基-2-呋喃基)-1, 3, 5-三嗪-2, 4-二基] 二乙酰胺	51325-35-0	+	14.1	.	.	mgl	.	.

1000	3-Nitro-3-hexene	3-硝基-3-己烯	4812-22-0	.	8.66	0.346	lun（B）	lun（B）	lun（B）	lun（B）
1001	3-Nitro-4-hydroxyphenylarsonic acid	3-硝基-4-羟基-苯胂酸；洛克沙砷	121-19-7	-	-	-	-	-	-	-
1002	2-Nitro-*p*-phenylenediamine	2-硝基-1，4-苯二胺；邻硝基对苯二胺	5307-14-2	+	-	614	-	-	-	liv
1003	4-Nitro-*o*-phenylenediamine	4-硝基邻苯二胺	99-56-9	+	-	-	-	-	-	-
1004	5-Nitro-*o*-toluidine	2-氨基-4-硝基甲苯	99-55-8	+	-	277[m]	-	-	liv vsc	liv vsc
1005	5-Nitroacenaphthene[s]	5-硝基苊[s]	602-87-9	+	8.67[m]	45.8	ezy lun	cli ezy lun mgl	-	liv ova
1006	*p*-Nitroaniline	对硝基苯；4-硝基苯胺	100-01-6	+	-	-	-	-	-	-
1007	*o*-Nitroanisole	2-硝基苯甲醚	91-23-6	+	15.6[m,v]	178[m]	hmo kid lgi ubl	hmo kid lgi ubl	liv	liv
1008	4-Nitroanthranilic acid	2-氨基-4-硝基苯甲酸	619-17-0	+	-	-	-	-	-	-
1009	Nitrobenzene	硝基苯	98-95-3	-	25.5[m]	296[m]	kid liv thy	liv ute	lun thy	liv mgl
1010	6-Nitrobenzimidazole	6-硝基苯并咪唑	94-52-0	+	-	372[m]	-	-	liv	liv

续表

序号	化学物质英文名称	化学物质中文名称	CAS 号	鼠伤寒沙门菌回复突变	TD_{50}/[mg/(kg·d)]		大鼠靶器官		小鼠靶器官	
					大鼠	小鼠	雄性	雌性	雄性	雌性
1011	*p*-Nitrobenzoic acid	对硝基苯甲酸	62-23-7	+	287	–	–	cli	–	–
1012	1-Nitrobutane	1-硝基丁烷	627-05-4	–	–	.	–	.	.	.
1013	2-Nitrobutane	2-硝基丁烷	600-24-8	.	2. 86	.	liv	.	.	.
1014	Nitroethane	硝基乙烷	79-24-3	–	–	.	–	–	.	.
1015	Nitrofen	除草醚	1836-75-5	+	420	115[m]	–	pan	liv vsc	liv
1016	2-Nitrofluorene	2-硝基芴	607-57-8	+	0. 285	.	kid liv sto	.	.	.
1017	1-[(5-Nitrofurfurylidene) amino] hydantoin	1-[(5-硝基-2-呋喃亚甲基)氨基]乙内酰脲；硝基呋喃妥因	67-20-9	+	163	1400	kid	–	–	ova
1018	1-[(5-Nitrofurfurylidene) amino]-2-imidazolidinone	硝呋拉定	555-84-0	.	5. 26	.	.	hmo mgl	.	.
1019	Nitrogen dioxide	二氧化氮	10102-44-0	.	–	.	–	.	.	.
1020	Nitrogen mustard	氮芥	51-75-2	+	0. 0114[i]	.	tba	.	.	.
1021	Nitrogen mustard *N*-oxide	2-氯-*N*-(2-氯乙基)-*N*-甲基乙胺氧化物	126-85-2	.	0. 764[i]	.	tba	.	.	.
1022	Nitromethane	硝基甲烷	75-52-5	–	40. 4	469[m]	–	mgl	hag lun	hag liv lun
1023	1-Nitronaphthalene	1-硝基萘	86-57-7	+	–	–	–	–	–	–

1024	3-Nitropentane	3-硝基戊烷	551-88-2	.	2. 37	.	liv	.	.	.
1025	1-Nitropropane	1-硝基丙烷	108-03-2	-	-	.	-	-	.	.
1026	2-Nitropropane	2-硝基丙烷	79-46-9	+	-	.	-	-	.	.
1027	3-Nitropropionic acid	3-硝基丙酸	504-88-1	+	-	-	-	-	-	-
1028	1-Nitropyrene	1-硝基芘	5522-43-0	.	3. 33	.	.	cli hmo mgl	.	.
1029	6-Nitroquinoline	6-硝基喹啉	613-50-3	+	-	.	-	-	.	.
1030	8-Nitroquinoline	8-硝基喹啉	607-35-2	+	9. 82[m]	.	sto	sto	.	.
1031	Nitroso-Baygon	(2-丙-2-基氧基苯基) *N*-甲基-*N*-亚硝基氨基甲酸酯	38777-13-8	+	0. 364	.	sto	.	.	.
1032	*N*-Nitroso-bis-(4, 4, 4 - trifluoro - *N* - butyl) amine	*N*, *N*-二(4, 4, 4-三氟丁基)亚硝酸酰胺	83335-32-4	.	0. 748[m]	.	liv lun	liv lun	.	.
1033	1 - Nitroso - 5, 6 - dihydrothymine	1-亚硝基-5, 6-二氢胸腺嘧啶	62641-67-2	+	-	.	-	-	.	.
1034	1 - Nitroso - 5, 6 - dihydrouracil	1-亚硝基-5, 6-二氢尿嘧啶	16813-36-8	+	0. 0983[m]	.	liv	liv	.	.
1035	*N* - Nitroso - 2, 3 - dihydroxypropyl-2-hydroxypropylamine[s]	*N*-亚硝基-2, 3-二羟丙基-2-羟基丙胺[s]	89911-79-5	.	0. 0535	.	.	eso orc sto	.	.

续表

序号	化学物质英文名称	化学物质中文名称	CAS 号	鼠伤寒沙门菌回复突变	TD_{50}/[mg/(kg·d)]		大鼠靶器官		小鼠靶器官	
					大鼠	小鼠	雄性	雌性	雄性	雌性
1036	Nitroso-2，3-dihydroxypropyl-2-oxo-propylamine[s]	N-亚硝基-2，3-二羟丙基-2-氧丙胺[s]	92177-50-9	.	0.0352	.	.	eso orc sto	.	.
1037	N-Nitroso-2，3-dihydroxypropylethanolamine[s]	3-[(2-羟基乙基)(亚硝基)氨基]-1，2-丙烷二醇[s]	89911-78-4	.	5.98	.	.	liv	.	.
1038	1-Nitroso-3，5-dimethyl-4-benzoylpiperazine	4-苯甲酰基-3，5-二甲基 N-亚硝基哌嗪	61034-40-0	–	9.66	.	.	sto	.	.
1039	1-Nitroso-1-hydroxyethyl-3-chloroethylurea	1-亚硝基-1-(2-羟基乙基)-3-(2-氯乙基)脲	96806-34-7	.	0.356[m]	.	kid liv	kid liv	.	.
1040	N-Nitroso-2-hydroxymorpholine	N-亚硝基-2-羟基吗啉	67587-52-4	.	–	.	.	–	.	.
1041	1-Nitroso-1-(2-hydroxypropyl)-3-chloroethylurea	1-亚硝基-1-(2-羟基丙基)-3-(2-氯乙基)脲	96806-35-8	.	0.873[m]	.	liv	liv	.	.
1042	N-Nitroso-(2-hydroxypropyl)-(2-hydroxyethyl) amine		75896-33-2	.	1.02	.	.	eso liv vsc	.	.

1043	*N*-Nitroso-3-hydroxy-pyrrolidine	3-羟基-1-亚硝基吡咯烷	56222-35-6	+	7.65	.	tba（B）	tba（B）	.	.
1044	*N*-Nitroso-*N*-isobutylurea	*N*-（2-甲基丙基）-*N*-亚硝基-脲	760-60-1	.	4.73	.	.	smi	.	.
1045	*N*-Nitroso-*N*-methyl-*N*-dodecylamine	*N*-亚硝基甲基十二烷基胺	55090-44-3	+	0.537[m,P]	.	liv lun sto ubl	ubl	.	.
1046	*N*-Nitroso-*N*-methyl-4-fluoroaniline	*N*-亚硝基-*N*-甲基-4-氟苯胺	937-25-7	.	0.255	.	eso	.	.	.
1047	*N*-Nitroso-*N*-methyl-4-nitroaniline	*N*-亚硝基-*N*-甲基-4-硝基苯胺	943-41-9	.	-	.	-	.	.	.
1048	Nitroso-*N*-methyl-*N*-（2-phenyl）ethylamine	亚硝基甲基-（2-苯基乙基）胺	13256-11-6	+	0.00998[m]	.	eso orc sto	.	.	.
1049	*N*-Nitroso-*N*-methyl-*N*-tetradecylamine	*N*-甲基-*N*-亚硝基十四烷基胺	75881-20-8	.	1.65[P]	.	lun ubl	.	.	.
1050	*N*-Nitroso-*N*-methyl-decylamine	*N*-癸基-*N*-甲基亚硝酸酰胺	75881-22-0	.	1.26	.	liv lun nas sto ubl	.	.	.
1051	*N*-Nitroso-*N*-methyl-urea[s]	*N*-甲基-*N*-亚硝基脲[s]	684-93-5	+	0.0927	1.23	lun nrv sto	.	sto vsc	.

续表

序号	化学物质英文名称	化学物质中文名称	CAS 号	鼠伤寒沙门菌回复突变	TD_{50}/[mg/(kg·d)]		大鼠靶器官		小鼠靶器官	
					大鼠	小鼠	雄性	雌性	雄性	雌性
1052	3-Nitroso-2-oxazolidinone	3-亚硝基-1，3-恶唑烷-2-酮	38347-74-9	.	0.385[m,P]	.	liv smi	.	.	.
1053	Nitroso-2-oxopropylethanolamine[s]	亚硝基-2-氧代丙基乙醇胺[s]	92177-49-6	.	1.8	.	.	liv	.	.
1054	di（N-Nitroso）-perhydropyrimidine	二（N-亚硝基）-全氢化嘧啶	15973-99-6	.	0.166[i]	.	nas	.	.	.
1055	Nitroso-1，2，3，6-tetrahydropyridine	N-亚硝基-1，2，3，6-四氢吡啶	55556-92-8	+	0.0601[m,P]	.	.	eso liv sto vsc	.	.
1056	N-Nitroso（2，2，2-trifluoroethyl）ethylamine	N-亚硝基-2，2，2-三氟-二乙胺	82018-90-4	.	2.52	.	eso nas	.	.	.
1057	N-Nitroso-2，2，4-trimethyl-1，2-dihydroquinoline polymer	2，2，4-三甲基-1-亚硝基-喹啉	29929-77-9（20619-78-7）	.	3.31[i]	.	per	.	.	.
1058	1-Nitroso-3，4，5-trimethylpiperazine[s]	1，2，6-三甲基-4-亚硝基-哌嗪[s]	75881-18-4	.	0.151	.	.	nas	.	.
1059	N-Nitrosoallyl-2，3-dihydroxypropylamine	3-[烯丙基（亚硝基）氨基]-1，2-丙烷二醇	88208-16-6	.	0.825	.	.	eso nas	.	.

1060	*N*-Nitrosoallyl-2-hydroxypropylamine	*N*-亚硝基-2-羟基丙基胺	91308-70-2	.	0.877	.	.	eso liv nas	.	.
1061	*N*-Nitrosoallyl-2-oxo-propylamine[s]	*N*-(2-氧代丙基)-*N*-丙-2-烯基亚硝酰胺[s]	91308-71-3	.	0.335	.	.	eso liv	.	.
1062	*N*-Nitrosoallylethano-lamine	*N*-亚硝基-*N*-烯丙基-*N*-乙醇胺	91308-69-9	.	0.491	.	.	liv nas	.	.
1063	Nitrosoamylurethan	*N*-戊基-*N*-亚硝基脲烷	64005-62-5	.	1.01	.	.	eso orc	.	.
1064	Nitrosoanabasine	(*R*, *S*)-*N*-亚硝基新烟碱	1133-64-8	.	11.9[m]	.	eso	eso	.	.
1065	*N*-Nitrosobenzthiazuron	3-苯并噻唑-2-基-1-甲基-1-亚硝基-脲	51542-33-7	.	1.13	.	sto (B)	sto (B)	.	.
1066	*N*-Nitrosobis (2-hydroxypropyl) amine	二异丙醇亚硝胺	53609-64-6	.	0.846[m]	.	lun pro	eso nas	.	.
1067	*N*-Nitrosobis (2-oxo-propyl) amine	三聚甘油单月桂酸酯	60599-38-4	.	0.491[m]	.	lgi liv lun nas pro thy ubl	liv lun vsc	.	.
1068	*N*-Nitrosobis (2, 2, 2-trifluoroethyl) amine	*N*-亚硝基二 (2, 2, 2-三氟乙基) 胺	625-89-8	.	-	.	-	-	.	.

续表

序号	化学物质英文名称	化学物质中文名称	CAS 号	鼠伤寒沙门菌回复突变	TD_{50}/[mg/(kg·d)]		大鼠靶器官		小鼠靶器官	
					大鼠	小鼠	雄性	雌性	雄性	雌性
1069	Nitrosochlordiazepoxide	7-氯-*N*-甲基-*N*-亚硝基-5-苯基-3H-1,4-苯并二氮杂卓-2-胺 4-氧化物	51715-17-4	.	.	–	.	.	–	–
1070	*N*-Nitrosocimetidine	3-氰基-1-甲基-2-{2-[(5-甲基-1H-咪唑-4-基)甲硫基]乙基}-1-亚硝基胍	73785-40-7	.	–	–	–	–	.	–
1071	Nitrosodibutylamine	二丁基亚硝胺	924-16-3	+	0.691	1.09	liv lun sto ubl	.	eso liv lun sto	.
1072	*N*-Nitrosodiethano-lamine	*N*,*N*-二(2-羟基乙基)亚硝酸酰胺	1116-54-7	+	3.17^{m,v}	.	eso hmo kid liv nas nrv vsc	eso kid liv nas	.	.
1073	*N*-Nitrosodiethylamine^{s}	二乙基亚硝胺^{s}	55-18-5	+	0.0265^{m,v}	.	eso kid liv vsc	eso liv orc sto	.	.
1074	*N*-Nitrosodimethylamine^{s}	*N*-甲基-*N*-亚硝基甲胺^{s}	62-75-9	+	0.0959^{m,v}	0.189^{m}	kid liv lun tes vsc	liv vsc	liv nrv	lun nrv
1075	*N*-Nitrosodiphenylamine	*N*-亚硝基二苯胺	86-30-6	–	167^{m}	–	ubl	ubl	–	–

1076	*p*-Nitrosodiphenylamine	4-亚硝基-*N*-苯基-苯胺	156-10-5	+	201	340	liv	-	liv	-
1077	*N*-Nitrosodipropylamine[s]	*N*-亚硝基二丙胺[s]	621-64-7	+	0.186	.	.	eso liv nas	.	.
1078	*N*-Nitrosodithiazine	*N*-亚硝基二噻嗪	114282-83-6	.	-	.	.	-	.	.
1079	Nitrosododecamethyleneimine	*N*-亚硝基十二亚甲基亚胺	40580-89-0	+	10.9[m]	.	liv	liv	.	.
1080	*N*-Nitrosoephedrine	*N*-亚硝基麻黄碱	17608-59-2	.	95.2	.	liv lun sto	.	.	.
1081	Nitrosoethylmethylamine	亚硝基甲基乙基胺	10595-95-6	+	0.0503	.	liv lun nas	-	.	.
1082	Nitrosoethylurethan	乙基亚硝基氨基甲酸乙酯	614-95-9	+	0.0904[m]	.	.	eso orc smi sto	.	.
1083	*N*-Nitrosoguvacoline	*N*-亚硝基去甲槟榔碱	55557-02-3	+	-	.	-	.	.	.
1084	Nitrosoheptamethyleneimine	*N*-亚硝基七亚甲基亚胺	20917-49-1	+	0.0378[m]	.	eso liv orc	.	.	.
1085	*N*-Nitrosohexamethyleneimine	1-亚硝基氮杂环庚烷	932-83-2	+	.	0.528[m]	.	.	eso liv orc sto	eso liv lun nas orc sto
1086	1-Nitrosohydantoin	1-亚硝基海因	42579-28-2	+	43.8[m]	.	orc	tba	.	.

续表

序号	化学物质英文名称	化学物质中文名称	CAS 号	鼠伤寒沙门菌回复突变	TD_{50}/[mg/(kg·d)]		大鼠靶器官		小鼠靶器官	
					大鼠	小鼠	雄性	雌性	雄性	雌性
1087	Nitrosohydroxyproline	(4R)-4-羟基-1-亚硝基-L-脯氨酸	30310-80-6	.	–	.	–	–	.	.
1088	Nitrosoiminodiacetic acid	N-亚硝基亚胺二乙酸	25081-31-6	.	–	.	–	–	.	.
1089	Nitrosomethyl-3-carboxypropylamine	N-亚硝基-N-甲基-4-氨基丁酸	61445-55-4	–	0.982	.	ubl	.	.	.
1090	N-Nitrosomethyl-2, 3-dihydroxypropylamine[s]	3-[甲基(亚硝基)氨基]-1, 2-丙烷二醇[s]	86451-37-8	.	0.646	.	.	eso liv lun nas	.	.
1091	N-Nitrosomethyl-(2-hydroxyethyl) amine	N-亚硝基甲基-(2-羟基乙基)胺	26921-68-6	.	1.29	.	liv nas	.	.	.
1092	N-Nitrosomethyl-(3-hydroxypropyl) amine	N-亚硝基甲基-(3-羟基丙基)胺	70415-59-7	.	1.66[m]	.	liv lun	liv lun	.	.
1093	N-Nitrosomethyl-2-hydroxypropylamine	N-(2-羟基丙基)-N-甲基亚硝酸酰胺	75411-83-5	.	0.0463[m]	.	eso nas	eso nas	.	.
1094	N-Nitrosomethyl (2-oxopropyl) amine	1-(甲基亚硝基氨基)-2-丙酮	55984-51-5	.	0.0172[m]	.	eso liv nas orc	eso liv nas orc	.	.
1095	N-Nitrosomethyl-(2-tosyloxyethyl) amine	N-亚硝基甲基-(2-羟基乙基)胺对甲苯磺酸盐	66398-63-8	.	4.8[m]	.	liv vsc	liv vsc	.	.

1096	2 - Nitrosomethylaminopyridine	2-亚硝基甲基氨基吡啶	16219-98-0	+	0. 214	.	.	eso	.	.
1097	3 - Nitrosomethylaminopyridine	3-亚硝基甲基氨基吡啶	69658-91-9	–	–	.	.	–	.	.
1098	4 - Nitrosomethylaminopyridine	4-亚硝基甲基氨基吡啶	16219-99-1	–	–	.	.	–	.	.
1099	Nitrosomethylaniline	*N*-亚硝基-*N*-甲基苯胺	614-00-6	.	0. 142^{m,P,v}	.	eso	eso	.	.
1100	Nitrosomethylphenidate	1-亚硝基-α-苯基-2-哌啶乙酸甲酯	55557-03-4	.	.	–	.	.	–	–
1101	Nitrosomethylundecylamine	*N*-亚硝基甲基十一烷基胺	68107-26-6	.	2. 37	.	liv lun	.	.	.
1102	*N*-Nitrosomorpholine^{s}	*N*-亚硝基吗啉^{s}	59-89-2	+	0. 109^{m}	.	.	liv vsc	.	.
1103	*N′*-Nitrosonornicotine^{s}	*N′*-亚硝基去甲烟碱^{s}	84237-38-7（16543-55-8；53759-22-1）	.	0. 0957	.	eso	.	.	.
1104	*N′*-Nitrosonornicotine-1-*N*-oxide^{s}	*N′*-亚硝基去甲烟碱-*N*-氧化物	78246-24-9	.	0. 876^{m}	.	eso nas	eso nas	.	.

续表

序号	化学物质英文名称	化学物质中文名称	CAS 号	鼠伤寒沙门菌回复突变	TD_{50}/[mg/(kg·d)]		大鼠靶器官		小鼠靶器官	
					大鼠	小鼠	雄性	雌性	雄性	雌性
1105	Nitrosopipecolic acid	1-亚硝基-哌啶酸	4515-18-8	.	–	.	–	–	.	.
1106	*N*-Nitrosopiperazine	1-亚硝基哌嗪	5632-47-3	+	$8.78^{m,n}$	.	tba	tba	.	.
1107	*N*-Nitrosopiperidine[s]	*N*-亚硝基哌啶[s]	100-75-4	+	1.43^{m}	1.3	eso (B) liv (B) nas (B)	eso (B) liv (B) nas (B)	liv lun sto	.
1108	Nitrosoproline	*N*-亚硝基-L-脯氨酸	7519-36-0	.	–	.	–	–	.	.
1109	*N*-Nitrosopyrrolidine[s]	*N*-亚硝基吡咯烷[s]	930-55-2	+	$0.799^{m,P}$	0.679	kidliv	livvsc	tba	.
1110	*N*-Nitrosothialdine	二氢-5-亚硝基-2,4,6-三甲基-4H-1,3,5-二噻嗪	81795-07-5	.	0.483	.	.	eso liv orc	.	.
1111	*N*-Nitrosothiomorpholine	*N*-亚硝基硫代吗啉	26541-51-5	+	5.39^{m}	.	eso	eso orc	.	.
1112	*o*-Nitrosotoluene	2-亚硝基甲苯	611-23-4	.	50.7	.	liv spl sub ubl	.	.	.
1113	*o*-Nitrotoluene	2-硝基甲苯	88-72-2	–	$4.66^{m,v}$	128^{m}	liv lun mgl per ski sub	liv mgl sub	lgi vsc	lgi liv vsc
1114	*p*-Nitrotoluene	4-硝基甲苯	99-99-0	–	257	–	–	cli	–	–

1115	Nitrous oxide	一氧化二氮	10024-97-2	.	.	-	.	.	-	-
1116	Nivalenol	瓜萎镰菌醇	23282-20-4	.	.	-	.	.	.	-
1117	Nonabromobiphenyl	1，2，3，4，5-五溴-6-（2，3，4，6-四溴苯基）苯	27753-52-2（60586-57-4）	.	.	3. 61[m]	.	.	liv	liv
1118	Norethynodrel	异炔诺酮	68-23-5	-	.	-	.	.	-	-
1119	Norharman	2-氮杂咔唑	244-63-3	+	-	.	-	.	.	.
1120	Norlestrin[s]	诺来斯瑞[s]	8015-12-1	.	1. 94	1. 34[n]	liv（B） mgl（B） pit（B） ute（B）	liv（B） mgl（B） pit（B） ute（B）	.	pit
1121	Novadelox（18% benzoyl peroxide，78% calcium sulphate，4% magnesium carbonate）	漂面粉剂（18% 过氧化苯甲酰，78% 硫酸钙，4%碳酸镁）	94-36-0	-	-	.	B-	B-	B-	B-
1122	Ochratoxin A	赭曲霉素	303-47-9	-	0. 136[m]	6. 41[m]	kid ubl	kid mgl	kid	liv
1123	Octachlorostyrene	八氯苯乙烯	29082-74-4	.	-	-	-	-	-	.
1124	Oil，corn	玉米油	8001-30-7	-	6940	.	pan'	.	.	.
1125	Oil，safflower	红花油	8001-23-8	-	4850	.	pan'	.	.	.

续表

序号	化学物质英文名称	化学物质中文名称	CAS 号	鼠伤寒沙门菌回复突变	TD_{50}/[mg/(kg·d)]		大鼠靶器官		小鼠靶器官	
					大鼠	小鼠	雄性	雌性	雄性	雌性
1126	Oleate，sodium	油酸钠	143-19-1	.	-	.	-	-	.	.
1127	Olestra	奥利斯特拉油	121854-29-3	.	-	-	-	-	-	-
1128	Oltipraz	奥替普拉	64224-21-1	.	-	.	-	-	.	.
1129	Omeprazole	奥美拉唑	73590-58-6	.	$119^{m,v}$	-	sto	sto	-	-
1130	C. I. acid orange 3	酸性橙 3	6373-74-6	+	1710	-	-	kid	-	-
1131	C. I. acid orange 10	酸性橙 10	1936-15-8	-	-	-	-	-	-	-
1132	Orotic acid，monosodium salt	6-羰基-2，4-二氢嘧啶一钠盐	154-85-8	.	-	.	-	.	.	.
1133	Gamma-Oryzanol	谷维素	11042-64-1	.	-	-	-	-	-	-
1134	Osutidine	奥舒替丁	140695-21-2	.	-	.	-	-	.	.
1135	Ovulen	一种口服避孕药	8056-92-6	.	.	-	.	.	-	L
1136	Oxamyl	草氨酰	23135-22-0	.	-	-	-	-	-	-
1137	Oxazepam	去甲羟基安定	604-75-1	-	-	35.8^{m}	-	-	liv	liv thy
1138	*N*-（9-Oxo-2-fluorenyl）acetamide	*N*-（9-氧代芴-2-基）乙酰胺	3096-50-2	.	6.17	.	.	ezy liv mgl	.	.
1139	Oxolinic acid	喹菌酮	14698-29-4	.	167	-	tes	-	-	-
1140	1-（2-Oxopropyl）nitroso-3-（2-chloroethyl）urea[s]	1-（2-氧代丙基）亚硝基-3-（2-氯乙基）尿素[s]	110559-85-8	.	-	.	-	-	.	.

1141	2-Oxopropylnitrosourea[s]	2-氧代吡喃亚硝酸盐[s]	89837-93-4	.	-	.	-	-	.	.
1142	1′-Oxosafrole	1-（1，3-苯并二氧戊环-5-基）丙-2-烯-1-酮	30418-53-2	-	-	.	-	.	.	.
1143	Oxprenolol. HCl	氧烯洛尔	6452-71-7 (6452-73-9)	.	-	-	-	-	-	-
1144	4，4′-Oxydianiline	4，4′-二氨基二苯醚	101-80-4	+	9.51[m]	33.6[m]	liv thy	liv thy	hag liv	hag liv thy
1145	N-Oxydiethylene thiocarbamyl-N-oxydiethylene sulfenamide	吗啉-4-二硫代甲酸-4-吗啉酯	13752-51-7	.	90.8[m]	.	kid ubl	kid ubl	.	.
1146	N-Oxydiethylenebenzothiazole-2-sulfenamide	N-氧二乙撑基-2-苯并噻唑次磺酰胺	102-77-2	.	.	-	.	.	-	-
1147	Oxymetholone	羟甲烯龙	434-07-1	-	66.9	.	-	liv lun ski	.	.
1148	Oxytetracycline. HCl	盐酸土霉素	2058-46-0	-	-	-	-	-	-	-
1149	Ozone	臭氧	10028-15-6	+	-	1.88[m]	-	-	-	lun
1150	Palonidipine. HCl	帕洛地平盐酸盐	96515-74-1	.	-	.	-	-	.	.
1151	Parathion	对硫磷	56-38-2	-	-	-	-	-	-	-
1152	Patulin	棒曲霉素	149-29-1	-	-	.	.	-	.	.

续表

序号	化学物质英文名称	化学物质中文名称	CAS 号	鼠伤寒沙门菌回复突变	TD_{50}/[mg/(kg·d)]		大鼠靶器官		小鼠靶器官	
					大鼠	小鼠	雄性	雌性	雄性	雌性
1153	Penicillin V Potassium	青霉素 V 钾	132-98-9	-	-	-	-	-	-	-
1154	Pentachloroanisole	五氯甲氧基苯	1825-21-4	+	24. 8	68	adr	-	adr vsc	-
1155	Pentachloroethane	五氯乙烷	76-01-7	-	-	57. 3^{m}	-	-	liv	liv
1156	Pentachloronitrobenzene	五氯硝基苯	82-68-8	-	-	71. 1	-	-	liv	-
1157	2, 3, 4, 5, 6-Pentachlorophenol	五氯苯酚	87-86-5	-	59	-	nas per	-	.	-
1158	2, 3, 4, 5, 6-Pentachlorophenol (Dowicide EC-7)	五氯苯酚（杀菌剂 EC-7）	87-86-5	-	-	24^{m}	-	-	adr liv	adr liv vsc
1159	2, 3, 4, 5, 6-Pentachlorophenol, technical grade	五氯苯酚，工业级	87-86-5	-	13. 1	23^{m}	-	liv	adr liv	liv vsc
1160	Pentaerythritol tetranitrate with 80% *d*-lactose monohydrate	季戊四醇四硝酸酯	78-11-5	-	-	-	-	-	-	-
1161	Pentanal methylformylhydrazone	戊醛 *N*-甲基-*N*-甲酰基腙	57590-20-2	.	.	3. 42^{m}	.	.	liv lun pre	liv lun
1162	*N*-Pentyl-*N'*-nitro-*N*-nitrosoguanidine	*N'*-硝基-*N*-戊基-*N*-亚硝基胍	13010-10-1	+	-	.	-	.	.	.

1163	*n*-Pentylhydrazine. HCl	正戊基肼盐酸盐	1119-68-2	.	.	5.87	.	.	–	lun vsc
1164	Peppermint oil	薄荷素油	8006-90-4	.	.	–	.	.	–	.
1165	Perhexiline maleate	哌克昔林马来酸盐	6724-53-4	.	–	.	–	–	.	.
1166	Petasitenine	蜂斗菜碱	60102-37-6	.	0.922^{m}	.	liv vsc	liv vsc	.	.
1167	Phenacetin	非那西丁	62-44-2	+	1250^{m}	$2140^{m,v}$	kid nas sto ubl	ezy mgl nas ubl	kid	ubl
1168	Phenazone	安替比林	60-80-0	–	1230	.	kid ubl	.	.	.
1169	Phenazopyridine. HCl	盐酸非那吡啶	136-40-3	–	303^{m}	71.1	lgi	lgi	–	liv
1170	Phenesterin	胆甾醇对苯乙酸氮芥，苯芥胆甾醇	3546-10-9	–	0.523	0.616^{m}	–	mgl	hmo lun myc	hmo lun myc
1171	Phenethyl isothiocyanate[s]	2-苯基乙基异硫代氰酸酯[s]	2257-09-2	.	–	.	–	.	.	.
1172	Phenformin. HCl	盐酸苯乙福明	834-28-6	–	–	–	–	–	–	–
1173	Phenobarbital[s]	苯巴比妥[s]	50-06-6	+	–	$7.37^{m,P,v}$	–	–	liv	liv
1174	Phenobarbital, sodium	苯巴比妥钠	57-30-7	–	86^{m}	$29.7^{m,P,v}$	liv	liv	liv	liv
1175	Phenol	苯酚	108-95-2	–	–	–	–	–	–	–
1176	Phenolphthalein	酚酞	77-09-8	–	902^{m}	1170^{m}	adr kid	adr	hmo	hmo ova
1177	Phenothiazine	吩噻嗪	92-84-2	–	.	–	.	.	–	–

续表

序号	化学物质英文名称	化学物质中文名称	CAS 号	鼠伤寒沙门菌回复突变	TD_{50}/[mg/(kg·d)]		大鼠靶器官		小鼠靶器官	
					大鼠	小鼠	雄性	雌性	雄性	雌性
1178	Phenoxybenzamine. HCl	盐酸酚苄明	63-92-3	+	1. $09^{i,m}$	5. $36^{i,m}$	per	per	per	per
1179	1-Phenyl-3, 3-dimethyltriazene	3, 3-二甲基-1-苯基三氮烯	7227-91-0	+	2. 31	.	nrv (B)	nrv (B)	.	.
1180	Phenyl isothiocyanate	异硫氰酸苯酯	103-72-0	.	.	–	.	.	–	–
1181	1-Phenyl-3-methyl-5-pyrazolone	依达拉奉	89-25-8	–	–	–	–	–	–	–
1182	Phenyl-*b*-naphthylamine[s]	*N*-苯基-2-萘胺[s]	135-88-6	–	–	–	–	–	–	–
1183	*N*-Phenyl-*p*-phenylenediamine. HCl	4-氨基二苯胺盐酸盐	2198-59-6	–	–	–	–	–	–	–
1184	2-Phenyl-1, 3-propanediol dicarbamate	非氨酯	25451-15-4	.	1090^{m}	7420^{m}	tes	liv	liv	liv
1185	(*E*)-7-Phenyl-7-(3-pyridyl)-6-heptenoic acid	伊波格雷	89667-40-3	.	–	–	–	–	–	–
1186	1-Phenyl-2-thiourea	苯基-2-硫脲	103-85-5	–	–	–	–	–	–	–
1187	1-Phenylazo-2-naphthol	溶剂黄 14，苏丹-1	842-07-9	+	29. 4^{m}	–	liv	liv	–	–

1188	Phenylbutazone	保泰松	50-33-9	-	1160	353	-	kid	liv	-
1189	*m*-Phenylenediamine	间苯二胺	108-45-2	+	.	-	.	.	-	-
1190	*p*-Phenylenediamine	对苯二胺	106-50-3	+	-	.	-	-	.	.
1191	*m*-Phenylenediamine. 2HCl	1，3-苯二胺盐酸盐	541-69-5	+	-	-	-	.	-	-
1192	*o*-Phenylenediamine. 2HCl	1，2-苯二胺二盐酸盐	615-28-1	+	248	735^{m}	liv	.	liv	liv
1193	*p*-Phenylenediamine. 2HCl	1，4-苯二胺盐酸盐	624-18-0	+	-	-	-	-	-	-
1194	Phenylephrine. HCl	盐酸去氧肾上腺素	61-76-7	-	-	-	-	-	-	-
1195	Phenylethyl-3-methyl-caffeate	咖啡酸 3-甲基苯乙酯	71835-85-3	.	-	.	-	.	.	.
1196	Phenylethylhydrazine sulfate	苯基乙肼硫酸盐	156-51-4	+	.	14.6	.	.	-	lun vsc
1197	Phenylglycidyl ether	苯基缩水甘油醚	122-60-1	+	44^{m}	.	nas	nas	.	.
1198	6-Phenylhexyl isothio-cyanate	6-苯基己基异硫氰酸酯	133920-06-6	.	-	.	-	.	.	.
1199	Phenylhydrazine	苯肼	100-63-0	+	.	-	.	.	.	-

续表

序号	化学物质英文名称	化学物质中文名称	CAS 号	鼠伤寒沙门菌回复突变	TD_{50}/[mg/(kg·d)]		大鼠靶器官		小鼠靶器官	
					大鼠	小鼠	雄性	雌性	雄性	雌性
1200	Phenylhydrazine. HCl	盐酸苯肼	59-88-1	+	.	71.3[m]	.	.	vsc	vsc
1201	*b*-Phenylisopropylhydrazine. HCl	苯异丙肼盐酸盐	66-05-7	.	.	–	.	.	–	–
1202	Phenylmercuric acetate	醋酸苯汞	62-38-4	–	.	–	.	.	–	–
1203	*o*-Phenylphenol	邻苯基苯酚	90-43-7	+	232	–	ubl	.	–	–
1204	*p*-Phenylphenol	对羟基联苯	92-69-3	.	.	–	.	.	–	–
1205	*o*-Phenylphenol, sodium	邻苯基苯酚钠	132-27-4	–	672[m,v]	–	kid ubl	ubl	–	–
1206	3-Phenylpropyl isothiocynate	(3-异硫氰酸基丙基)-苯	2627-27-2	.	–	.	–	.	.	.
1207	PhIP. HCl	盐酸2-氨基-1-甲基-6-苯基-咪唑[4，5-b]吡啶	—	+	1.78[m]	33.2[m]	hmo lgi pro smi	lgi mgl	hmo	hmo
1208	Phorbol	佛波醇	17673-25-5	.	.	2.21[i]	.	.	–	hmo
1209	Phosphamidon	磷酰胺酮	13171-21-6	+	I	–	I	I	–	–
1210	Phosphine	磷化氢	7803-51-2	.	–	.	–	–	.	.
1211	Phthalamide	邻苯二甲酰胺	88-96-0	–	–	–	–	–	–	–
1212	Phthalic anhydride	苯酐	85-44-9	–	–	–	–	–	–	–

1213	Picloram，technical grade	毒莠定，工业级	1918-02-1	-	-	-	-	-	-	-
1214	Pildralazine. 2HCl	匹尔菌嗪	56393-22-7	.	.	-	.	.	-	-
1215	Pilocarpine	匹罗卡品	92-13-7	.	-	.	-	-	.	.
1216	Pimaricin	纳他霉素	7681-93-8	.	-	.	-	-	.	.
1217	Piperazine	哌嗪	110-85-0	-	-	.	-	-	.	.
1218	Piperidine	哌啶	110-89-4	.	-	.	-	-	.	.
1219	Piperonyl butoxide	增效醚	51-03-6	-	633^{m}	291^{m}	liv	liv	liv	liv
1220	Piperonyl butoxide in solvent	溶剂中的增效醚	51-03-6	-	.	-	.	.	-	-
1221	Piperonyl sulfoxide	哌啶基亚砜	120-62-7	-	-	62. 2	-	-	liv	-
1222	Pirmenol. HCl	4-[(2R，6S)-2，6-二甲基-1-哌啶基]-1-苯基-1-吡啶-2-基-丁烷-1-醇盐酸盐	61477-94-9	.	-	-	-	-	-	-
1223	Piroxicam	吡罗昔康	36322-90-4	.	-	.	-	.	.	.
1224	Pivalolactone	新戊内酯	1955-45-9	+	211^{m}	-	sto	sto	-	-
1225	Policosanol	普利醇	142583-61-7	.	-	-	-	-	-	-

续表

序号	化学物质英文名称	化学物质中文名称	CAS 号	鼠伤寒沙门菌回复突变	TD_{50}/[mg/(kg·d)]		大鼠靶器官		小鼠靶器官	
					大鼠	小鼠	雄性	雌性	雄性	雌性
1226	Polybrominated biphenyl mixture	2，2′，4，4′，5，5′-六溴-1，1′-联苯	67774-32-7	.	0.322^{m}	0.332^{m}	liv	liv	liv	liv
1227	Polybrominated biphenyls	阻燃剂 Bp-6	59536-65-1	.	–	.	.	–	.	.
1228	Polydextrose，acid form	聚右旋糖	68424-04-4	.	.	–	.	.	–	–
1229	Polyoxyethylene（10）nonylphenyl ether	聚乙二醇单（4-壬基苯基）醚	26027-38-3	.	–	–	.	–	.	–
1230	Polysorbate 80	吐温 80	9005-65-6	–	–	–	–	–	–	–
1231	Polyvinylpyridine－*N*－oxide	聚（2-乙烯吡啶 *N*-氧化物）	9016－06－2（9045-81-2）	.	–	–	.	–	.	–
1232	Potassium bicarbonate	碳酸氢钾	298-14-6	.	13000^{m}	.	ubl	ubl	.	.
1233	Potassium chloride	氯化钾	7447-40-7	–	–	.	–	–	.	.
1234	Potassium iodide	碘化钾	7681-11-0	.	440^{m}	.	orc	orc	.	.
1235	Practolol	醋氨心安	6673-35-4	.	–	–	–	–	–	–
1236	Pranlukast hydrate	半水普仑司特	150821-03-7	.	–	.	–	–	.	.
1237	Prazepam	普拉西泮	2955-38-6	.	–	–	–	–	–	–
1238	Praziquantel^{s}	吡喹酮^{s}	55268-74-1	–	–	.	–	–	.	.
1239	Prednimustine	泼尼莫司汀	29069-24-7	.	19.2	.	.	ezy	.	.

1240	Prednisolone	泼尼松龙	50-24-8	-	1.53	.	liv	-	.	.
1241	Prednisone	泼尼松	53-03-2	+	.	-	.	.	-	-
1242	Premarin	普雷马林	12126-59-9	.	-	.	-	-	.	.
1243	Primidolol. HCl	盐酸普米洛尔	40778-40-3	.	.	-	.	.	-	-
1244	Primidone	扑米酮	125-33-7	+	-	26.1^{m}	-	-	liv thy	liv
1245	Probenecid	丙磺舒	57-66-9	-	-	540	-	-	-	liv
1246	Procarbazine	甲基苄肼	671-16-9	-	4.01^{i}	.	tba	.	.	.
1247	Procarbazine. HCl^{s}	盐酸甲基苄肼^{s}	366-70-1	-	$0.351^{i,m}$	$0.558^{i,m}$	hmo mgl nrv	hmo mgl nrv	hmo lun nrv	hmo lun nrvute
1248	Proflavine. HCl hemihy-drate	盐酸前黄素	952-23-8	+	I	I	I	I	I	I
1249	Promethazine. HCl	盐酸异丙嗪	58-33-3	-	-	-	-	-	-	-
1250	Pronethalol	丙萘洛尔	54-80-8	-	.	-	.	.	-	-
1251	Pronethalol. HCl	2-异丙基氨基-1-(2-萘基)乙醇盐酸盐	51-02-5	-	.	-	.	.	-	-
1252	Propane sultone	1，3-丙烷磺内酯	1120-71-4	+	3.84^{m}	.	hmo nrv smi	hmo mgl nrv smi	.	.
1253	Propazine	扑灭津	139-40-2	.	.	-	.	.	-	-

续表

序号	化学物质英文名称	化学物质中文名称	CAS 号	鼠伤寒沙门菌回复突变	TD_{50}/[mg/(kg·d)]		大鼠靶器官		小鼠靶器官	
					大鼠	小鼠	雄性	雌性	雄性	雌性
1254	β-Propiolactone	β-丙内酯	57-57-8	+	1.46^{m}	1.24^{m}	.	sto	sto	sto
1255	Propranolol. HCl	盐酸普萘洛尔	318-98-9	.	–	–	–	–	–	–
1256	Propyl N-ethyl-N-butylthiocarbamate, commercial grade (78%)	克草敌	1114-71-2	.	.	–	.	.	–	–
1257	N-N′-Propyl-N-formylhydrazine	N-氨基-N-丙基甲酰胺	77337-54-3	.	.	8.79^{m}	.	.	lun pre	gal liv lun
1258	Propyl gallate	没食子酸丙酯	121-79-9	–	–	–	–	–	–	–
1259	n-Propyl isome	二丙基6,7-亚甲二氧基-1,2,3,4-四氢-3-甲基萘-1,2-二羧酸酯	83-59-0	.	.	–	.	.	–	–
1260	N-Propyl-N′-nitro-N-nitrosoguanidine	N′-硝基-N-亚硝基-N-丙基胍	13010-07-6	+	1.31^{m}	.	sto	.	.	.
1261	N-Propyl-N-nitrosourea	丙基亚硝基脲	816-57-9	+	<3.77^{m,P}	.	hmo	hmo	.	.
1262	Propylene	丙烯	115-07-1	+	–	–	–	–	–	–
1263	Propylene glycol	丙二醇	57-55-6	–	–	.	–	–	.	.

1264	Propylene glycol mono-t-butyl ether	1-叔丁氧基-2-丙醇	57018-52-7	+	-	1870^{m}	-	-	liv	liv
1265	1，2-Propylene oxide	环氧丙烷	75-56-9	+	$74.4^{m,v}$	912^{m}	adr nas	mgl nas sto	nas	nas
1266	Propylhydrazine. HCl	正丙基肼盐酸盐	56795-66-5	.	.	45.5^{m}	.	.	lun	lun
1267	Propylthiouracil	丙基硫氧嘧啶	51-52-5	-	13.7^{m}	409	thy	thy	pit（B）	pit（B）
1268	Proquazone	普罗喹宗	22760-18-5	.	.	-	.	.	-	-
1269	Proresid	米托肼	1508-45-8	.	-	.	-	.	.	.
1270	Protocatechuic acid[s]	3，4-二羟基苯甲酸[s]	99-50-3	.	-	.	-	.	.	.
1271	SX purple	酸性红 18	2611-82-7	.	24500	.	tba（B）	tba（B）	.	.
1272	Purpurin	吡啉	81-54-9	.	678	.	ubl	.	.	.
1273	Pyrazinamide	吡嗪酰胺	98-96-4	-	-	-	-	-	-	I
1274	Pyridine	吡啶	110-86-1	-	67.3	24.4^{m}	kid	-	liv	liv
1275	Pyrilamine maleate	吡拉明马来酸盐	59-33-6	.	280^{m}	-	liv	liv	-	-
1276	Pyrimethamine	乙胺嘧啶	58-14-0	-	-	-	-	-	I	-
1277	Quercetin	槲皮素	117-39-5	+	$10.1^{m,v}$	-	kid smi ubl	smi ubl	-	-
1278	Quercetin dihydrate[s]	二水槲皮素[s]	6151-25-3	.	-	.	-	-	.	.

续表

序号	化学物质英文名称	化学物质中文名称	CAS 号	鼠伤寒沙门菌回复突变	TD_{50}/[mg/(kg·d)]		大鼠靶器官		小鼠靶器官	
					大鼠	小鼠	雄性	雌性	雄性	雌性
1279	Quillaia extract	皂树（QUILLAJA SAPONARIA）树皮提取物	68990-67-0	.	-	-	-	-	-	-
1280	Quinapril. HCl	盐酸喹那普利	82586-55-8	.	-	-	-	-	-	-
1281	*p*-Quinone dioxime	1，4-苯醌二肟	105-11-3	+	106	-	-	ubl	-	-
1282	Ramosetron. HCl	盐酸雷莫司琼	132907-72-3	.	-	-	-	-	-	-
1283	C. I. acid red 114	C. I. 酸性红 114	6459-94-5	+	3.89^{m}	.	ezy liv ski	cli ezy lgi liv lun orc ski smi	.	.
1284	C. I. food red 3	C. I. 食品红 3，4-羟基-3-（4-磺酸-1-萘偶氮）-1-萘磺酸二钠盐	3567-69-9	+	-	-	-	-	-	-
1285	C. I. pigment red 3	颜料红 3	2425-85-6	+	1170^{m}	35500	adr	liv	kid thy	-
1286	C. I. pigment red 23	颜料红 23	6471-49-4	+	-	-	-	-	-	-
1287	D & C red no. 5	酸性红 26	3761-53-3	+	$415^{m,P}$	716^{m}	liv	liv	liv	liv
1288	D & C red no. 9	红 9	1342-67-2	+	146	-	liv spl	-	-	-
1289	D & C red no. 10	红 10	1248-18-6	-	-	.	-	-	.	.

1290	FD & C red no. 1	红 1	606554	-	$521^{m,v}$	.	liv	liv	.	.
1291	FD & C red no. 2	红 2	915-67-3	-	1470^{m}	.	hmo（B）	hmo（B）	.	.
1292	FD & C red no. 3	红 3	16423-68-0	-	-	-	-	-	-	-
1293	FD & C red no. 4^{s}	红 4^{s}	4548-53-2	-	8110^{m}	.	hmo（B）	hmo（B）	B-	B-
1294	Food red no. 106	酸性玫瑰红 B	3520-42-1	.	-	.	-	-	.	.
1295	HC red no. 3	4-氨基-2-硝基-*N*-羟乙基苯胺	353194	+	-	-	-	-	-	I
1296	Reserpine	利血平	50-55-5	-	0.306	5.02^{m}	adr	-	tes	mgl
1297	Resorcinol	间苯二酚	108-46-3	-	-	-	-	-	-	-
1298	Retinoic acid	维 A 酸	302-79-4	.	-	-	-	-	-	-
1299	Retinol acetate	维生素 A 醋酸酯	127-47-9	.	125^{m}	.	adr	adr	.	.
1300	Retinol palmitate	维生素 A 棕榈酸酯	79-81-2	-	-	-	-	.	-	.
1301	Retrorsine	倒千里光碱	480-54-6	+	0.862	.	liv	.	.	.
1302	Rhodamine 6G	碱性红 1	989-38-8	-	-	-	-	-	-	-
1303	Riddelliine	瑞氏千里光碱	23246-96-0	+	0.119^{m}	1.97^{m}	hmo liv vsc	hmo liv vsc	vsc	lun
1304	Rifampicin	利福平	13292-46-1	.	-	33.6	-	-	-	liv
1305	Ripazepam	利帕西泮	26308-28-1	.	-	114^{m}	-	-	liv	liv
1306	Rosaniline. HCl^{s}	碱性紫 14^{s}	632-99-5	+	-	.	-	-	.	.

续表

序号	化学物质英文名称	化学物质中文名称	CAS 号	鼠伤寒沙门菌回复突变	TD_{50}/[mg/(kg·d)]		大鼠靶器官		小鼠靶器官	
					大鼠	小鼠	雄性	雌性	雄性	雌性
1307	*p*-Rosaniline. HCl[s]	碱性红 9[s]	569-61-9	+	39.4^{m}	51.5^{m}	ezy liv ski sub thy	ezy sub thy	liv	adr liv
1308	Rotenone	鱼藤酮	83-79-4	–	–	–	–	–	–	–
1309	Rutin sulfate	硫酸芦丁	12768-44-4	.	–	.	–	–	.	.
1310	Rutin trihydrate[s]	芦丁[s]	153-18-4	+	–	.	–	–	.	.
1311	Saccharin	糖精	81-07-2	–	–	–	–	.	–	–
1312	Saccharin，calcium	1，2-苯并异噻唑-3(2H)-酮 1，1-二氧化物钙盐（2∶1）	6485-34-3	.	–	.	–	.	.	.
1313	Saccharin，sodium[s]	糖精钠[s]	128-44-9	–	$2140^{m,v}$	–	ubl	–	–	–
1314	Safrole	黄樟素	94-59-7	–	441^{m}	$51.3^{m,P,v}$	liv	liv（B）	liv	liv
1315	Salbutamol	沙丁胺醇	18559-94-9	.	40^{m}	.	.	meo	.	.
1316	Salicylazosulfapyridine	柳氮磺吡啶	599-79-1	–	1590^{m}	1250^{m}	ubl	kid ubl	liv	liv
1317	Sarcophytol A	（1S，2Z，4E，8E，12E）-5，9，13-三甲基-2-丙-2-基环十四碳-2，4，8，12-四烯-1-醇	72629-69-7	.	.	–	.	.	–	.

1318	Scopolamine hydrobromide trihydrate	东莨菪碱氢溴酸盐三水合物	6533-68-2	–	–	–	–	–	–	–
1319	SDZ 200-110	SDZ 200-110	122784-89-8	.	230m	.	tes	.	.	.
1320	Selenium	硒	7782-49-2	.	.	–	.	.	.	L
1321	Selenium diethyldithiocarbamate	硒四（二乙基二硫代氨基甲酸酯）	5456-28-0	.	.	1.49	.	.	liv	–
1322	Selenium dimethyldithiocarbamate	3，3-二｛[（二甲基氨基）硫代甲酰］硫代｝-*N*，*N*，6-三甲基-1，5-二硫代-2，4-二硫杂-3lambda~4~-硒代-6-氮杂庚烷-1-胺	144-34-3	.	.	–	.	.	–	–
1323	Selenium dioxide	二氧化硒	7446-08-4	.	.	–	.	.	.	L
1324	Selenium sulfide	硫化硒	7446-34-6	+	8.01m	69.3	liv	liv	–	liv lun
1325	Senkirkine	克氏千里光碱	2318-18-5	.	1.7i	.	liv	.	.	.
1326	Sertraline. HCl	盐酸舍曲林	79559-97-0	.	–	–	.	–	–	–
1327	Sesamol	芝麻酚	533-31-3	.	1350m	4490m	sto	sto	sto	sto
1328	Simazine	西玛津	122-34-9	–	.	–	.	.	–	–

续表

序号	化学物质英文名称	化学物质中文名称	CAS 号	鼠伤寒沙门菌回复突变	TD_{50}/[mg/(kg·d)]		大鼠靶器官		小鼠靶器官	
					大鼠	小鼠	雄性	雌性	雄性	雌性
1329	Sodium bicarbonate	碳酸氢钠	144-55-8	.	-	-	-	.	-	.
1330	Sodium bithionolate	2，2′-硫代二（4，6-二氯苯酚）二钠盐	6385-58-6	.	.	-	.	.	-	-
1331	Sodium chloride	氯化钠	7647-14-5	-	-	-	-	.	-	-
1332	Sodium chlorite	亚氯酸钠	7758-19-2	.	-	-	-	-	-	-
1333	Sodium copper chlorophyllin	叶绿素铜钠	28302-36-5	.	-	.	-	-	.	.
1334	Sodium diethyldithiocarbamate trihydrate	二乙基二硫代氨基甲酸钠	148-18-5	-	-	-	-	-	-	-
1335	Sodium hypochlorite	次氯酸钠	7681-52-9	-	-	-	-	-	-	-
1336	Sodium metaphosphate	偏磷酸钠	10361-03-2	.	-	.	-	-	.	.
1337	Sorbic acid	山梨酸	110-44-1	-	-	-	-	-	-	-
1338	Sotalol. HCl	盐酸索他洛尔	959-24-0	.	-	-	-	-	-	-
1339	Soybean lecithin	卵磷脂	8002-43-5	.	-	.	-	-	.	.
1340	Sterigmatocystin[s]	柄曲霉素[s]	10048-13-2	+	$0.152^{m,v}$	0.908^{m}	liv vsc	liv（B）	.	vsc
1341	Stevioside	甜菊糖	57817-89-7	.	-	.	-	-	.	.
1342	Stoddard solvent IIC	石油精	64742-88-7	-	219	-	adr	-	-	-
1343	Streptozotocin	链脲菌素	18883-66-4	+	$0.963^{i,m}$	$0.272^{i,m}$	kid	kid	kid lun	kid lun

1344	Strobane	氯化松节油	8001-50-1	.	.	0.884^{m}	.	.	hmo liv	-
1345	Styrene	苯乙烯	100-42-5	+	23.3	210^{m}	-	mgl	lun	lun
1346	Styrene and b - nitrostyrene mixture	苯乙烯和 b-硝基苯乙烯混合物	mixture	.	-	-	-	-	-	-
1347	Styrene oxide	氧化苯乙烯	96-09-3	+	55.4^{m}	118^{m}	sto	sto	sto	sto
1348	Succinic anhydride	丁二酸酐	108-30-5	-	-	-	-	-	-	-
1349	Sucralose	三氯蔗糖	56038-13-2	.	.	-	.	.	-	-
1350	Sucrose	蔗糖	57-50-1	-	.	-	.	.	-	-
1351	Sucrose acetate isobutyrate	6-*O*-乙酰氧-2，3，4-三（2-甲基丙酰氧）-β-D-呋喃果糖-6-乙酰基-1，3，4-三-*O*-（2-甲基-1-氧丙基）-α-D-吡喃葡糖苷	126-13-6	.	-	-	-	-	-	-
1352	Sulfallate	草克死	95-06-7	+	26.1^{m}	42.2^{m}	sto	mgl	lun	mgl
1353	Sulfamethazine	磺胺二甲嘧啶	57-68-1	-	.	1510^{m}	.	.	thy	thy
1354	Sulfate，sodium	硫酸钠	7757-82-6	.	.	-	.	.	.	-
1355	Sulfisoxazole	磺胺二甲异唑	127-69-5	-	-	-	-	-	-	-

续表

序号	化学物质英文名称	化学物质中文名称	CAS 号	鼠伤寒沙门菌回复突变	TD_{50}/[mg/(kg·d)]		大鼠靶器官		小鼠靶器官	
					大鼠	小鼠	雄性	雌性	雄性	雌性
1356	Sulfite, potassium metabisulphite	焦亚硫酸钾	4429-42-9	.	.	-	.	.	-	-
1357	3-Sulfolene	3-环丁烯砜	77-79-2	-	-	-	-	-	-	-
1358	4, 4′-Sulfonylbisacetanilide	乙酰胺苯砜	77-46-3	.	55.6^{n}	.	.	mgl	.	.
1359	Sulindac sulfone	磺胺砜	59973-80-7	.	-	.	-	.	.	.
1360	Suxibuzone	琥布宗	27470-51-5	.	-	.	-	-	.	.
1361	Symphytine	聚合草素	22571-95-5	.	1.91^{i}	.	liv vsc	.	.	.
1362	T-2 toxin	T-2 毒素（镰刀菌属）	21259-20-1	-	.	0.883	.	.	liv lun	-
1363	Tace (chlorotrianisene)	三对甲氧苯氯乙烯（氯烯雌酚醚）	569-57-3	-	-	.	-	-	.	.
1364	Taltirelin tetrahydrate	他替瑞林四水合物	—	.	-	-	-	-	-	-
1365	Tamoxifen citrate	枸橼酸他莫昔芬	54965-24-1	.	$3.96^{m,P,v}$	4.39^{m}	liv	liv	tes	ova
1366	Tannic acids, pharmaceutical grade (85.69% tannic acids, 8.84% gallic acids)	单宁酸	1401-55-4	+	-	.	-	-	.	.
1367	Tara gum	刺云实胶	39300-88-4	-	-	-	-	-	-	-

1368	Taurine	牛磺酸	107-35-7	-	-	.	-	-	.	.
1369	Tegafur	替加氟	37076-68-9	.	-	-	-	-	-	-
1370	Telodrin	碳氯灵	297-78-9	.	.	-	.	.	-	-
1371	Telone II, technical grade (with 1% epi-chlorohydrin)	1, 3-二氯丙烯，工业级（1%表氯醇）	542-75-6	+	94^{m}	49.6	liv sto	sto	I	lun stoubl
1372	Telone II, technical grade (without epichlo-rohydrin)	1, 3-二氯丙烯，工业级（不含表氯醇）	542-75-6	+	100	118	liv	-	lun	-
1373	Temazepam, pharma-ceutical grade	替马西泮	846-50-4	.	.	-	.	.	-	-
1374	Terbutaline	特布他林	23031-25-6	.	410	.	.	meo	.	.
1375	3, 3′, 4, 4′-Tet-raaminobiphenyl. 4HCl	3, 3′-二氨基联苯胺四盐酸盐	7411-49-6	.	395	288	liv	.	lun	-
1376	2, 3, 5, 6-Tetrachloro-4-nitroani-sole	1, 2, 4, 5-四氯-3-甲氧基-6-硝基苯	2438-88-2	-	-	-	-	-	-	-
1377	2, 2′, 5, 5′-Tetra-chlorobenzidine	2, 2′, 5, 5′-四氯二苯胺	15721-02-5	+	-	-	-	-	.	-

续表

序号	化学物质英文名称	化学物质中文名称	CAS 号	鼠伤寒沙门菌回复突变	TD_{50}/[mg/(kg·d)]		大鼠靶器官		小鼠靶器官	
					大鼠	小鼠	雄性	雌性	雄性	雌性
1378	2, 3, 7, 8-Tetrachlorodibenzo-*p*-dioxin	硫丙磷	1746-01-6	–	0.0000235^{m,v}	0.000156^{m}	orc thy	liv lun	liv	liv thy
1379	2, 4, 5, 4′-Tetrachlorodiphenyl sulfone	三氯杀螨砜	116-29-0	.	.	–	.	.	–	–
1380	1, 1, 1, 2-Tetrachloroethane	1, 1, 1, 2-四氯乙烷	630-20-6	–	–	182^{m}	–	–	liv	liv
1381	1, 1, 2, 2-Tetrachloroethane	1, 1, 2, 2-四氯乙烷	79-34-5	–	–	38.3^{m}	–	–	liv	liv
1382	Tetrachloroethylene	四氯乙烯	127-18-4	–	145^{m}	158^{m}	hmo kid	hmo	hag liv	liv
1383	Tetrachlorvinphos	杀虫畏	961-11-5	–	–	228	–	–^{u}	liv	–^{u}
1384	Tetracycline. HCl	盐酸四环素	64-75-5	–	–	–	–	–	–	–
1385	Tetraethylthiuram disulfide	二硫化四乙基秋兰姆	97-77-8	–	–	–	–	–	–	–
1386	Tetrafluoro-*m*-phenylenediamine. 2HCl	盐酸四氟间苯二胺	63886-77-1	.	–	86.3	–	.	liv	–
1387	1, 1, 1, 2-Tetrafluoroethane	1, 1, 1, 2-四氟乙烷	811-97-2	.	29900	–	tes	–	–	–
1388	Tetrafluoroethylene	四氟乙烯	116-14-3	.	107^{m}	71.9^{m}	kid liv	hmo kid liv vsc	hmo liv vsc	hmo liv vsc

1389	Tetrahydro-2-nitroso-2H-1，2-oxazine	*N*-亚硝基四氢-1，2-噁嗪	40548-68-3	.	24.3	.	tba（B）	tba（B）	.	.
1390	1-*trans*-D^9-Tetrahydrocannabinol	D^9-四氢大麻酚	137125-93-0	-	-	-	-	-	-	-
1391	Tetrahydrofuran	四氢呋喃	109-99-9	-	407	1300	kid	-	-	liv
1392	3，4，5，6-Tetrahydrouridine	四氢尿苷	18771-50-1	.	-	.	-	.	.	.
1393	Tetrakis (hydroxymethyl) phosphonium chloride	四羟甲基氯化磷	124-64-1	-	-	-	-	-	-	-
1394	Tetrakis (hydroxymethyl) phosphonium sulfate	四羟甲基硫酸磷	55566-30-8	-	-	-	-	-	-	-
1395	Tetramethylthiuram disulfide	促进剂 T	137-26-8	+	-	-	-	-	-	-
1396	Tetramethylthiuram monosulfide	一硫化四甲基秋兰姆	97-74-5	.	.	-	.	.	-	-
1397	Tetranitromethane	四硝基甲烷	509-14-8	+	0.447^{m}	1.19^{m}	lun	lun	lun	lun
1398	Thenyldiamine	西尼二胺	91-79-2	.	-	.	-	-	.	.

续表

序号	化学物质英文名称	化学物质中文名称	CAS 号	鼠伤寒沙门菌回复突变	TD_{50}/[mg/(kg·d)]		大鼠靶器官		小鼠靶器官	
					大鼠	小鼠	雄性	雌性	雄性	雌性
1399	Theophylline	茶碱	58-55-9	–	–	–	–	–	–	–
1400	Thiabendazole	噻菌灵	148-79-8	+	–	–	–	–	–	–
1401	Thiamphenicol	甲砜霉素	15318-45-3	.	–	.	–	–	.	.
1402	Thio-tepa	三亚乙基硫代磷酰胺	52-24-4	+	0.164[i,m]	0.223[i,m]	ezy hmo ski	ezy	hmo pre ski	hmo
1403	Thioacetamide	硫代乙酰胺	62-55-5	–	11.5	8.81[m,P]	liv	.	liv	liv
1404	4, 4′ - Thiobis (6 - *tert*-butyl-*m*-cresol)	4, 4′-硫代双（6-特丁基间甲酚）	96-69-5	–	–	–	–	–	–	–
1405	2, 2′-Thiobis (4, 6-dichlorophenol)	硫氯酚	97-18-7	–	.	–	.	.	–	–
1406	Thiocyanate, sodium	硫氰酸钠	540-72-7	.	–	.	–	–	.	.
1407	4, 4′-Thiodianiline	4, 4-二氨基二苯硫醚	139-65-1	+	3.71[m]	33.2[m]	ezy lgi liv thy	ezy thy ute	liv thy	liv thy
1408	6-Thioguanine deoxyriboside	6-巯基-2′-脱氧鸟苷	789-61-7	.	2.1[i]	I	–	ezy	I	I
1409	Thiosemicarbazide	硫代氨基脲	79-19-6	.	–	–	.	–	–	–
1410	Thiouracil	2-硫脲嘧啶	141-90-2	.	11.9[m]	55[m]	thy	thy	liv	liv
1411	Thiourea	硫脲	62-56-6	–	98.5[m]	–	ski	–	.	–
1412	Tilidine fumarate	富马酸替利定	55567-81-2	.	–	–	–	–	–	–

1413	Tilisolol. HCl	盐酸替利洛尔	62774-96-3	.	-	-	-	-	-	-
1414	Tin（II）chloride	无水氯化亚锡	7772-99-8	-	-	-	-	-	-	-
1415	Titanium dioxide	二氧化钛	13463-67-7	-	-	-	-	-	-	-
1416	Titanium oxalate, potassium	草酸钛钾	14481-26-6	.	.	-	.	.	-	-
1417	Titanocene dichloride	二氯二茂钛	1271-19-8	+	-	.	-	-	.	.
1418	*dl*-α-Tocopherol	维生素 E	10191-41-0	.	-	.	-	-	.	.
1419	*dl*-α-Tocopherol acetate	生育酚乙酸酯	7695-91-2	-	-	.	-	-	.	.
1420	*dl* - Tocopherol mixture, natural（a, b, g and d）	生育酚（维生素 E）	1406-66-2	-	.	3610	.	.	liv	.
1421	Tolazamide	妥拉磺脲	1156-19-0	-	-	-	-	-	-	-
1422	Tolbutamide	甲苯磺丁脲	64-77-7	-	-	-	-	-	-	-
1423	Toluene	甲苯	108-88-3	-	3060^{m}	-	orc^{H}	$+^{H}$	-	-
1424	Toluene diisocyanate, commercial grade（2, 4（80%）- and 2, 6（20%）-）	甲苯二异氰酸酯（2, 4-80%, 2, 6-20%）	26471-62-5	+	33.7^{m}	250	pan sub	liv mgl pan sub	-	liv vsc
1425	*o*-Toluenesulfonamide	邻甲苯磺酰胺	88-19-7	-	3960	.	ubl（B）	ubl（B）	.	.

续表

序号	化学物质英文名称	化学物质中文名称	CAS 号	鼠伤寒沙门菌回复突变	TD_{50}/[mg/(kg·d)]		大鼠靶器官		小鼠靶器官	
					大鼠	小鼠	雄性	雌性	雄性	雌性
1426	*m*-Toluidine. HCl	间甲苯胺盐酸盐	638-03-9	-	-	1440^{n}	-	.	liv	-
1427	*o*-Toluidine. HCl	邻甲苯胺盐酸盐	636-21-5	+	43.6^{m}	840^{m}	mgl per splsub ubl vsc	bon mgl ublvsc	vsc	liv vsc
1428	*p*-Toluidine. HCl	4-甲基苯胺盐酸盐	540-23-8	+	-	83.5^{m}	-	.	liv	liv
1429	*p*-Tolylurea	对甲苯基脲	622-51-5	-	-	206	-	-	hmo	-
1430	Toremifene citrate	枸橼酸托瑞米芬	89778-27-8	.	-	.	-	-	.	.
1431	Toxaphene	毒杀芬	8001-35-2	+	-	9.09^{m}	-	-	liv	liv
1432	Tragacanth gum	黄蓍树胶粉	9000-65-1	.	.	-	.	.	-	-
1433	Trenimon	三亚胺醌	68-76-8	.	0.00504^{i}	.	tba	.	.	.
1434	Triamcinolone acetonide	曲安奈德	76-25-5	.	0.053	.	liv	.	.	.
1435	3, 4, 4′-Triaminodiphenyl ether	3，4，4′-三氨基二苯醚	6264-66-0	.	.	13.3	.	.	liv	.
1436	Triamterene	氨苯蝶啶	396-01-0	-	-	60.2^{m}	-	-	liv	liv
1437	Tribromomethane	三溴甲烷	75-25-2	+	648^{m}	-	lgi	lgi	-	-
1438	Tributyl phosphate	磷酸三丁酯	126-73-8	-	191^{m}	1120	ubl	ubl	liv	-
1439	Tricaprylin	三辛酸甘油酯	538-23-8	+	5490	.	pan′	.	.	.
1440	1, 2, 3-Trichloro-4, 6-dinitrobenzene	1，2，3-三氯-4，6-二硝基苯	6379-46-0	.	.	-	.	.	-	-

1441	1, 1, 2-Trichloro-1, 2, 2-trifluoroethane, technical grade	1, 1, 2-三氟三氯乙烷	76-13-1	.	-	.	-	-	.	.
1442	Trichloroacetic acid	三氯乙酸	76-03-9	-	-	584^{m}	-	.	liv	liv
1443	2, 4, 6-Trichloroaniline	2, 4, 6-三氯苯胺	634-93-5	-	-	259	-	.	liv vsc	-
1444	1, 1, 2-Trichloroethane	1, 1, 2-三氯乙烷	79-00-5	-	-	55^{m}	-	-	adr liv	adr liv
1445	1, 1, 1-Trichloroethane, technical grade	1, 1, 1-三氯乙烷	71-55-6	+	-	-	-	-	-	-
1446	Trichloroethylene[s]	三氯乙烯[s]	79-01-6	-	668^{m}	$1580^{m,v}$	tes	-	liv lun	liv lun
1447	Trichloroethylene (without epichlorohydrin)	三氯乙烯（无环氧氯丙烷）	79-01-6	-	-	343^{m}	-	-	liv	liv
1448	Trichlorofluoromethane	氯氟甲烷	75-69-4	-	-	-	-	-	-	-
1449	*N*-(Trichloromethylthio) phthalimide	灭菌丹	133-07-3	+	-	1550^{m}	-	-	smi sto	smi
1450	2, 4, 6-Trichlorophenol	2, 4, 6-三氯酚	88-06-2	-	405	1070^{m}	hmo	-	liv	liv

续表

序号	化学物质英文名称	化学物质中文名称	CAS 号	鼠伤寒沙门菌回复突变	TD_{50}/[mg/(kg·d)]		大鼠靶器官		小鼠靶器官	
					大鼠	小鼠	雄性	雌性	雄性	雌性
1451	2-(2，4，5-Trichlorophenoxy) propionic acid	2，4，5-涕丙酸	93-72-1	.	.	–	.	.	–	–
1452	2，4，5-Trichlorophenoxyacetic acid	2，4，5-三氯苯氧乙酸	93-76-5	–	–	–	–	–	–	–
1453	Trichlorophone	敌百虫	52-68-6	+	–	.	B–	B–	.	.
1454	1，2，3-Trichloropropane	1，2，3-三氯丙烷	96-18-4	+	1.35[m]	0.875[m]	ezy kid orc pan presto	cli ezy mgl orc sto	hag liv sto	hag liv orc sto ute
1455	Tricresyl phosphate	磷酸三甲苯酯	1330-78-5	–	–	–	–	–	–	–
1456	Triethanolamine	三乙醇胺	102-71-6	–	–	100[m]	–	–	tba	tba
1457	Triethylene glycol	三甘醇	112-27-6	+	–	.	–	.	.	.
1458	2，2，2-Trifluoro-*N*-[4-(5-nitro-2-furyl)-2-thiazolyl] acetamide	2，2，2-三氟-*N*-[4-(5-硝基-2-呋喃基)-2-噻唑基] 乙酰胺	42011-48-3	+	6.79	9.98	.	mgl	.	sto
1459	Trifluralin，technical grade	氟乐灵	1582-09-8	+	–	330	–	–	–	liv lun sto
1460	Trimethadione	三甲双酮	127-48-0	.	–	.	–	.	.	.

1461	(±)-7-(3, 5, 6-Trimethyl-1, 4-benzoquinon-2-yl)-7-phenylheptanoic acid	塞曲司特	112665-43-7	.	–	.	–	–	.	.
1462	2, 4, 5-Trimethylaniline	2, 4, 5-三甲基苯胺	137-17-7	+	33.6[m]	6.13	liv	liv lun	–	liv
1463	2, 4, 5-Trimethylaniline. HCl	2, 4, 5-三甲基苯胺盐酸盐	21436-97-5	+	98.5[n]	45.5[m]	liv sub	.	liv lun vsc	liv lun
1464	2, 4, 6-Trimethylaniline. HCl	均三甲苯胺	88-05-1	.	5.17	24.8[m]	liv lun sto	.	liv vsc	liv
1465	Trimethylarsine oxide	三甲基砷氧化物	4964-14-1	.	24.1	.	liv	.	.	.
1466	1, 2, 4-Trimethylbenzene	1, 2, 4-三甲基苯	95-63-6	.	4350	.	+[H]	–	.	.
1467	Trimethylphosphate	磷酸三甲酯	512-56-1	+	–	335	–[u]	–	–	ute
1468	Trimethylthiourea	三甲基硫脲	2489-77-2	–	25.8	–	–	thy	–	–
1469	2, 4, 6-Trinitro-1, 3-dimethyl-5-*tert*-butylbenzene	二甲苯麝香	81-15-2	.	.	127[m]	.	.	hag liv	liv
1470	1, 3, 5-Trinitrobenzene	1, 3, 5-三铌氧基	99-35-4	.	–	.	–	–	.	.

续表

序号	化学物质英文名称	化学物质中文名称	CAS 号	鼠伤寒沙门菌回复突变	TD_{50}/[mg/(kg·d)]		大鼠靶器官		小鼠靶器官	
					大鼠	小鼠	雄性	雌性	雄性	雌性
1471	Trinitroglycerin	硝化甘油	55-63-0	.	183^{m}	.	liv tes	liv	.	.
1472	Triphenyltin acetate	三苯基锡醋酸盐	900-95-8	.	.	–	.	.	–	–
1473	Triphenyltin hydroxide	三苯基氢氧化锡	76-87-9	–	–	–	–	–	–	–
1474	Triprolidine. HCl monohydrate	盐酸曲普利啶	6138-79-0	–	–	–	–	–	–	–
1475	Tris (2-chloroethyl) phosphate	磷酸三（2-氯乙基）酯	115-96-8	–	86.7^{m}	969^{m}	kid	kid	kid liv	hmo sto
1476	Tris-1, 2, 3-(chloromethoxy) propane	1，2，3-三（氯甲氧基）丙烷	38571-73-2	.	.	3.44^{i}	.	.	.	per
1477	Tris (2, 3-dibromopropyl) phosphate	磷酸三（2，3-二溴丙基）酯	126-72-7	+	3.83^{m}	128^{m}	kid lgi	kid	kid lun sto	liv lun sto
1478	Tris- (1, 3-dichloro-2-propyl) phosphate	磷酸三（1，3-二氯异丙基）酯	13674-87-8	+	46.4^{m}	.	kid liv tes	kid liv	.	.
1479	Tris (2-ethylhexyl) phosphate	磷酸三辛酯	78-42-2	–	–	2560	–	–	–	liv
1480	Tris (2-hydroxypropyl) amine	三异丙醇胺	122-20-3	–	–	.	–	.	.	.
1481	*N*-Tritriacontane-16-18-dione	*N*-三十三烷-16，18-二酮	24514-86-1	.	–	.	.	–	.	.

1482	Trp-*p*-1 acetate	3-氨基-1，4-二甲基-5H-吡啶并［4，3-b］吲哚乙酸酯	75104-43-7	+	0.575^{m}	40.7^{m}	liv	liv	liv	liv
1483	Trp-*p*-2 acetate	3-氨基-1-甲基-5H-吡啶［4，3-b］吲哚乙酸酯	72254-58-1	+	6.66^{m}	12.6^{m,v}	liv mgl ubl	cli hmo liv mgl smi vsc	liv	liv
1484	*dl*-Tryptophan	*dl*-色氨酸	54-12-6	.	-	.	-	.	.	.
1485	L-Tryptophan	L-色氨酸	73-22-3	-	-	-	-	-	-	-
1486	Tungstate，sodium	钨酸钠	13472-45-2	.	-	.	-	-	.	.
1487	Turmeric（>98% curcumin）	姜黄素（>98%姜黄素）	458-37-7	-	-	.	-	.	.	.
1488	Turmeric oleoresin（79%~85% curcumin）	姜黄油	8024-37-1	-	-	-	-	-	-	-
1489	Tylosin lactate	泰乐菌素乳酸	11034-63-2	.	.	-	.	.	-	-
1490	Uracil	尿嘧啶	66-22-8	-	671^{m,v}	2750^{m,v}	ubl	ubl	ubl	ubl
1491	Urapidil	乌拉地尔	34661-75-1	.	-	.	-	-	.	.
1492	Urea	尿素	57-13-6	-	-	-	-	-	-	-
1493	Urethane^{s}	氨基甲酸乙酯^{s}	51-79-6	+	41.3	16.9^{m,v}	tba（B）	tba（B）	hmo livlun vsc	lun

续表

序号	化学物质英文名称	化学物质中文名称	CAS 号	鼠伤寒沙门菌回复突变	TD_{50}/[mg/(kg·d)]		大鼠靶器官		小鼠靶器官	
					大鼠	小鼠	雄性	雌性	雄性	雌性
1494	Vanadyl sulfate	氨基甲酸乙酯	27774-13-6	.	–	–	–	.	–	–
1495	Vanguard GF	先锋 GF	mixture	.	.	–	.	.	–	–
1496	Vinblastine	长春质碱	865-21-4	.	–	.	–	.	.	.
1497	Vinyl acetate	乙酸乙烯酯	108-05-4	–	341[m,v]	3920	liv nas thy	liv nas thy ute	–	eso orc sto ute
1498	Vinyl bromide	溴乙烯	593-60-2	+	18.5[m]	.	ezy liv vsc	ezy liv vsc	.	.
1499	Vinyl carbamate	乙烯基氨基甲酸	15805-73-9	.	.	0.124[i,m]	.	.	liv vsc	liv vsc
1500	Vinyl chloride[s]	氯乙烯[s]	75-01-4	+	6.11[m,v]	21.8[m]	ezy kid liv lun nas nrv ski tes vsc	ezy kid liv mgl nas nrv vsc	lun vsc	lun mgl vsc
1501	Vinyl fluoride	氟化乙烯	75-02-5	+	20[m]	8.11[m]	ezy vsc	ezy livvsc	hag livlun vsc	hag lunmgl vsc
1502	Vinyl toluene (65%~71%*m*-and 32%~35% *p*-)	乙烯基甲苯	25013-15-4	–	–	–	–	–	–	–
1503	4-Vinylcyclohexene	靛蓝	100-40-3	–	I	106	I	I	I	ova
1504	Vinylidene chloride	1，1-二氯乙烯	75-35-4	+	–	34.6[m]	–	–	kid lun	lun mgl vsc
1505	Vinylidene fluoride	1，1-二氟乙烯（偏氟乙烯）	75-38-7	+	–	.	–	–	.	.

1506	*N*-Vinylpyrrolidone-2	*N*-乙烯基吡咯烷酮	88-12-0	-	12^{m}	.	liv nas orc	liv nas orc	.	.
1507	FD & C violet no. 1	酸性紫 49	1694-09-3	+	612^{m}	-	-	mgl ski	-	-
1508	Voglibose	伏格列波糖	83480-29-9	.	-	-	-	-	-	-
1509	Watanidipine. 2HCl	盐酸瓦坦地平	133743-71-2	.	-	-	-	-	-	-
1510	Wingstay 100	*N*，*N'*-苯基-甲苯基苯二胺混合物	68953-84-4	.	-	.	-	-	.	.
1511	Xibenolol. HCl	盐酸西贝洛尔	15263-30-6	.	.	-	.	.	-	-
1512	Xylazine. HCl	盐酸甲苯噻嗪	23076-35-9	.	-	.	-	.	.	.
1513	Xylene mixture（50.31% *m*-xylene，26.9% *o*-xylene，22.24% *p*-xylene）	二甲苯混合物（50.31% 间二甲苯，26.9% 邻二甲苯，22.24% 对-二甲苯）	1330-20-7	-	3110^{m}	.	orc^{H}	orc^{H}	.	.
1514	Xylene mixture（60% *m*-xylene，9% *o*-xylene，14% *p*-xylene，17% ethylbenzene）	二甲苯混合物（60% 间二甲苯，9% 邻二甲苯，14% 对二甲苯，17% 乙苯）	1330-20-7	-	-	-	-	-	-	-
1515	2，4-Xylidine. HCl	2，4-二甲基苯胺盐酸盐	21436-96-4	+	-	12.4	-	.	-	lun

续表

序号	化学物质英文名称	化学物质中文名称	CAS 号	鼠伤寒沙门菌回复突变	TD_{50}/[mg/(kg·d)]		大鼠靶器官		小鼠靶器官	
					大鼠	小鼠	雄性	雌性	雄性	雌性
1516	2，5-Xylidine. HCl	2，5-二甲基苯胺盐酸盐	51786-53-9	+	152	626^{m}	sub	.	vsc	liv
1517	C. I. disperse yellow 3	分散黄 3	2832-40-8	+	380	1020	liv	–	–	liv
1518	C. I. pigment yellow 12	颜料黄 12	6358-85-6	–	–	–	–	–	–	–
1519	C. I. pigment yellow 16	颜料黄 16	5979-28-2	.	–	.	B–	B–	B–	B–
1520	C. I. pigment yellow 83	颜料黄 83	5567-15-7	.	–	.	B–	B–	B–	B–
1521	C. I. vat yellow 4	还原黄 4	128-66-5	–	–	10900	–	–	hmo	–
1522	FD & C yellow no. 5	酸性黄 23	1934-21-0	–	–	–	–	–	–	–
1523	FD & C yellow no. 6	食品黄 3	2783-94-0	–	–	–	–	–	–	–
1524	Gardenia yellow	栀子黄色素	94238-00-3	.	.	–	.	.	–	–
1525	HC yellow 4	*N*-[2-(2-羟基乙氧基)-4-硝基苯基] 乙醇胺	59820-43-8	+	–	–	–	–	–	–
1526	Zatosetron maleate	马来酸扎托塞隆	123482-23-5	.	–	.	–	–	.	.
1527	Zearalenone	玉米烯酮	17924-92-4	–	–	39^{m}	–	–	pit	liv pit
1528	Zinc (Ⅱ) acetate dihydrate	醋酸锌	5970-45-6	.	–	.	–	.	.	.
1529	Zinc dibutyldithiocarbamate	二丁基二硫代氨基甲酸锌	136-23-2	.	.	–	.	.	–	–

1530	Zinc diethyldithiocarbamate	二乙基二硫代氨基甲酸锌	14324-55-1	.	.	–	.	.	–	–
1531	Zinc dimethyldithiocarbamate	橡胶硫化促进剂 PZ	137-30-4	+	40.7[m]	–	tba (B) thy	tba (B)	–	–
1532	Zinc ethylenebisthiocarbamate	代森锌	12122-67-7	–	255	–	tba (B)	tba (B)	–	–
1533	Zirconium (IV) sulfate	硫酸锆	14644-61-2	.	.	.	.	.	B–	B–

注：①i：CPDB 中，腹腔注射或静脉注射是阳性试验的唯一途径。

②m：如果 CPDB 中有多个实验为阳性，则报告的 TD_{50} 为该物种中每个阳性实验中最有效的 TD_{50} 值的调和平均值。表中 TD_{50} 值有上标“m”，表示多个阳性试验；如果没有上标“m”，则组中只有一个阳性实验，并为报道的最有效的 TD_{50}。更多信息见：http：//potency. berkeley. edu/td50harmonicmean. html。

③n：CPDB 中该物种未发现阳性结果，差异有统计学意义时，$p<0.1$。

④s：除了大鼠或小鼠外，在表 3、表 4 或表 5 中，也有该化学物质在其他物种，即仓鼠、狗或非人灵长类动物的毒性报告。

⑤u：属于某些 NTP 认为的致癌性证据水平是“阳性”的案例，但值得注意的是“根据技术报告摘要中的描述，对这些实验进行评估特别困难”。

⑥v：不同阳性实验的 TD_{50} 值差异有统计学意义（双侧 $p<0.1$），差异大于 10 倍。

⑦A：对于马兜铃酸来说，肾脏和膀胱是实验中额外的靶点，不足以满足 CPDB 的规则。

⑧H：Maltoni 等将耳道癌、Zymbal 腺癌、口腔癌和鼻腔癌组合在一起，作为“头癌”类别目标位点开展评估。

⑨L：雌性小鼠的乳腺肿瘤病毒阳性（mamma tumor virus positive，MTV+），肿瘤自发率高，组织病理仅限于乳腺。这些研究旨在测量肿瘤潜伏期，但在 CPDB 中并没有给出作者对致癌性的看法。

⑩P：TD_{50} 对种属的调和平均值，包括 TD_{50} 的 99%置信区间上限值，来自于染毒动物 100%肿瘤发生率的靶部位的实验。无法计算位点的 TD_{50}，因为仅可获得汇总发生率数据（无生命统计表）。

⑪<：对于物种中唯一的靶部位，100%的实验动物有肿瘤。报告的数值是 TD_{50} 的 99%置信区间上限值；由于仅有摘要数据，无法计算 TD_{50}。实际的 TD_{50} 值将低于报告中的置信区间上限值。

表 3　CPDB 中化学物质对仓鼠的致癌强度 TD_{50} 及对鼠伤寒沙门菌的致突变作用的汇总

序号	化学物质英文名称	化学物质中文名称	CAS 号	鼠伤寒沙门菌诱变	TD_{50}/[mg/(kg·d)]	靶器官	
						雄性	雌性
1	Acetaldehyde	乙醛	75-07-0	-	565[m]	nas orc	orc
2	2-Acetylaminofluorene	2-乙酰氨基氟	53-96-3	+	17.4	liv	-
3	AF-2	2-（2-呋喃基）-3-（5-硝基-2-呋喃基）丙烯酰胺	3688-53-7	+	164[m]	eso sto	sto
4	3-Aminotriazole	3-氨基-1，2，4-三氮唑	61-82-5	-	-	-	-
5	Benzenediazonium tetrafluoroborate	四氟硼酸重氮苯盐	369-57-3	.	-	-	-
6	Potassium bromate	溴酸钾	7758-01-2	+	533[n]	kid	.
7	Butylated hydroxyanisole	叔丁基-4-羟基苯甲醚	25013-16-5	-	-	-	.
8	Cadmium chloride	氯化镉	10108-64-2	-	-	-	-
9	Cadmium sulphate（1∶1）	硫酸镉	10124-36-4	.	-	-	-
10	Carrageenan，native	角叉（菜）胶	9000-07-1	.	-	-	-
11	[4-Chloro-6-(2，3-xylidino)-2-pyrimidinylthio] acetic acid	匹立尼酸	50892-23-4	.	-	-	.
12	Chloromethyl methyl ether	氯甲基甲基醚	107-30-2	-	16.4	mix	.
13	Chloroprene（99.6% chloroprene）	2-氯-1，3-丁二烯	126-99-8	-	-	-	-
14	Clobuzarit	氯丁扎利	22494-47-9	.	-	-	-

15	Coumarin	香豆素	91-64-5	+	-	-	-
16	*p*，*p′*-DDE	2，2-双（4-氯苯基）-1，1-二氯乙烯	72-55-9	-	202^{m}	liv	liv
17	DDT	2，2-双（对氯苯基）-1，1，1-三氯乙烷（滴滴涕）	50-29-3	-	-	-	-
18	Diallylnitrosamine	二烯丙基亚硝胺	16338-97-9	+	1.54	nas（B）	nas（B）
19	Dieldrin	狄氏剂	60-57-1	-	-	-	-
20	Dimethylcarbamyl chloride	二甲氨基甲酰氯	79-44-7	+	0.625	nas	.
21	1，1-Dimethylhydrazine	1，1-二甲基肼	57-14-7	+	124^{m}	lgi	lgi
22	1，2-Dimethylhydrazine. 2HCl	二甲基肼吡啶	306-37-6	+	0.179^{m}	lgi liv vsc	lgi liv vsc
23	1，4-Dinitroso-2，6-dimethylpiperazine	2，6-二甲基-1，4-二亚硝基-哌嗪	55380-34-2	+	3.1	sto	.
24	Ethyl alcohol	乙醇	64-17-5	-	-	-	.
25	1-Ethylnitroso-3-（2-hydroxyethyl）-urea	1-亚硝基-1-乙基-3-（2-羟基乙基）脲	96724-44-6	.	1.04	.	sto ute vsc
26	1-Ethylnitroso-3-（2-oxopropyl）-urea	1-乙基亚硝基-3-（2-氧代丙基）-尿素	110559-84-7	.	0.443^{m}	sto vsc	sto vsc
27	Formaldehyde	甲醛	50-00-0	+	-	-	.

续表

序号	化学物质英文名称	化学物质中文名称	CAS 号	鼠伤寒沙门菌诱变	TD_{50}/[mg/(kg·d)]	靶器官	
						雄性	雌性
28	Formic acid 2-[4-(5-nitro-2-furyl)-2-thiazolyl] hydrazide	硝呋噻唑	3570-75-0	+	16.6	sto ubl	.
29	Furfural	糠醛	98-01-1	+	-	-	-
30	Glycidol	缩水甘油	556-52-5	+	56.1^{m}	vsc	vsc
31	Griseofulvin	(+)-灰黄霉素	126-07-8	-	-	-	-
32	Hexachlorobenzene	六氯苯	118-74-1	-	4.96^{m}	liv thy vsc	liv vsc
33	Hydrazine	肼(无水)	302-01-2	+	4.16	lgi nas sto thy	.
34	Hydrazine sulfate	硫酸肼	10034-93-2	+	118^{m}	liv	-
35	*N*-Hydroxy-2-acetylaminofluorene	羟基乙酰氨基芴	53-95-2	+	2.1	liv sto	.
36	2-Hydroxyethylhydrazine	2-肼基乙醇	109-84-2	+	-	-	-
37	Isoniazid	异烟肼	54-85-3	+	-	-	-
38	Isonicotinic acid	异烟酸	55-22-1	.	-	-	-
39	Isopropyl-*N*-(3-chlorophenyl) carbamate	氯苯胺灵	101-21-3	.	-	-	-
40	Isopropyl-*N*-phenyl carbamate	苯胺灵	122-42-9	.	-	-	-
41	Lead acetate, basic	盐基性醋酸铅	1335-32-6	.	-	-	-
42	Methapyrilene. HCl	盐酸美沙吡林	135-23-9	-	-	-	.

43	Methotrexate	甲氨蝶呤	59-05-2	-	-	-	-
44	*N*-Methyl-*N*-formylhydrazine	*N*-甲基-*N*-甲酰肼	758-17-8	.	5.8^{m}	gal liv	gal liv
45	Methyl methacrylate	甲基丙烯酸甲酯	80-62-6	-	-	-	-
46	Methylhydrazine	甲基肼	60-34-4	+	11.5^{m}	lgi liv	lgi liv
47	Methylnitrosamino-*N*，*N*-dimethylethylamine	甲基亚硝基氨基-*N*，*N*-二甲基乙基胺	23834-30-2	.	3.83^{m}	liv nas	lun nas
48	4-(Methylnitrosamino)-1-(3-pyridyl)-1-(butanone)	4-（*N*-甲基亚硝胺基）-1-(3-吡啶基）-1-丁酮（NNK）	64091-91-4	.	-	.	-
49	Methylthiouracil	甲基硫脲嘧啶	56-04-2	-	53.4	.	thy
50	Nafenopin	萘酚平	3771-19-5	-	-	-	.
51	Nitrite，sodium	亚硝酸钠	7632-00-0	+	-	-	-
52	*N*-[4-(5-Nitro-2-furyl)-2-thiazolyl] acetamide	2-乙酰氨基-4-(5-硝基-2-呋喃基）噻唑	531-82-8	+	8.91	sto ubl	.
53	*N*-[4-(5-Nitro-2-furyl)-2-thiazolyl] formamide	*N*-[4-(5-硝基-2-呋喃基)-2-噻唑基]-甲酰胺	24554-26-5	+	$<9.77^{P}$	sto ubl	.
54	5-Nitroacenaphthene	5-硝基苊	602-87-9	+	-	.	-

续表

序号	化学物质英文名称	化学物质中文名称	CAS 号	鼠伤寒沙门菌诱变	TD_{50}/[mg/(kg·d)]	靶器官	
						雄性	雌性
55	*N*-Nitroso-2，3-dihydroxypropyl-2-hydroxypropylamine	—	89911-79-5	.	1.59	.	sto
56	Nitroso-2，3-dihydroxypropyl-2-oxopropylamine	—	92177-50-9	.	0.754	.	pan sto
57	*N*-Nitroso-2，3-dihydroxypropylethanolamine	3-[(2-羟基乙基)(亚硝基)氨基]-1，2-丙烷二醇	89911-78-4	.	-	.	-
58	Nitroso-2，6-dimethylmorpholine	*N*-亚硝基-2，6-二甲基吗啉	1456-28-6	+	2^{m}	lun nas orc pan	lun nas orc pan
59	Nitroso-5-methyloxazolidone	5-甲基-3-亚硝基-1，3-噁唑烷-2-酮	79624-33-2	.	0.172	.	sto
60	*N*-Nitroso-*N*-methylurethan	*N*-甲基-*N*-亚硝基氨基甲酸乙酯	615-53-2	+	0.127	eso (B) sto (B)	eso (B) sto (B)
61	*N*-Nitroso-1，3-oxazolidine	3-亚硝基-1，3-噁唑烷	39884-52-1	.	0.798^{m}	liv	sto
62	Nitroso-2-oxopropylethanolamine	亚硝基-2-氧代丙胺	92177-49-6	.	0.997	.	liv pan
63	*N*-Nitroso-2-phenylethylurea	*N*-亚硝基-2-苯基乙基脲	—	.	0.964^{m}	sto vsc	sto vsc
64	1-Nitroso-3，4，5-trimethylpiperazine	1-亚硝基-3，4，5-三甲基哌嗪	75881-18-4	.	1.32	lun sto	.
65	*N*-Nitrosoallyl-2-oxopropylamine	*N*-亚硝基丙烯基-2-氧代丙胺	91308-71-3	.	1.19	.	liv nas
66	*N*-Nitrosoazetidine	亚硝基吖丁啶	15216-10-1	+	7.14	liv	.

67	*N*-Nitrosomethyl-2, 3-dihydroxypropylamine	3-［甲基（亚硝基）氨基］-1，2-丙烷二醇	86451-37-8	.	0. 94	.	nas
68	*N*-Nitrosomorpholine	*N*-亚硝基吗啉	59-89-2	+	3. 57[m]	liv nas orc	liv nas orc
69	*N'*-Nitrosonornicotine	*N'*-亚硝基鸟嘌呤	53759-22-1	.	10. 8[m]	nas	nas
70	*N'*-Nitrosonornicotine-1-*N*-oxide	*N'*-亚硝基去甲烟碱-*N*-氧化物	78246-24-9	.	–	–	–
71	*N*-Nitrosopiperidine	*N*-亚硝基哌啶	100-75-4	+	83. 3[m]	liv nas orc	liv nasorc
72	*N*-Nitrosopyrrolidine	*N*-亚硝基吡咯烷	930-55-2	+	14. 2[m]	liv	liv
73	1-(2-Oxopropyl) nitroso-3-(2-chloroethyl) urea	1-(2-氧代丙基) 亚硝基-3-(2-氯乙基) 尿素	110559-85-8	.	0. 338[m]	vsc	vsc
74	2-Oxopropylnitrosourea	2-氧代吡喃亚硝酸盐	89837-93-4	.	0. 13[m]	vsc	vsc
75	Phenethyl isothiocyanate	2-苯基乙基异硫代氰酸酯	2257-09-2	.	–	.	–
76	Phenobarbital	苯巴比妥	50-06-6	+	–	–	.
77	Phenyl-*b*-naphthylamine	*N*-苯基-2-萘胺	135-88-6	–	–	–	–
78	Praziquantel	吡喹酮	55268-74-1	–	–	–	–
79	Protocatechuic acid	3，4-二羟基苯甲酸	99-50-3	.	–	.	–
80	Quercetin dihydrate	槲皮素	6151-25-3	.	–	–	–
81	Rosaniline. HCl	碱性品红	632-99-5	+	–	–	–
82	*p*-Rosaniline. HCl	碱性红 9	569-61-9	+	–	–	–
83	Rutin trihydrate	芦丁	153-18-4	+	–	–	–

续表

序号	化学物质英文名称	化学物质中文名称	CAS 号	鼠伤寒沙门菌诱变	TD_{50}/[mg/(kg·d)]	靶器官	
						雄性	雌性
84	Tetrafluoroborate, sodium	氟硼酸钠	13755-29-8	.	-	-	-
85	Trichloroethylene	三氯乙烯	79-01-6	-	-	-	-
86	Urethane	氨基甲酸乙酯	51-79-6	+	65.2^{m}	lgi ski sto	adr lgi ski sto thy
87	Vinyl chloride	氯乙烯	75-01-4	+	39.4^{m}	ezy sto vsc	mgl ski sto vsc

注：①m：如果 CPDB 中有多个实验为阳性，则报告的 TD_{50} 为该物种中每个阳性实验中最有效的 TD_{50} 值的调和平均值。表中 TD_{50} 值有上标“m”，表示多个阳性试验；如果没有上标“m”，则组中只有一个阳性实验，并为报道的最有效的 TD_{50}。更多信息见：http：//potency.berkeley.edu/td50harmonicmean.html。

②n：CPDB 中该物种未发现阳性结果，差异有统计学意义时，$p<0.1$。

③p：TD_{50} 对种属的调和平均值，包括 TD_{50} 的 99%置信区间上限值，来自于染毒动物 100%肿瘤发生率的靶部位的实验。无法计算位点的 TD_{50}，因为仅可获得汇总发生数据（无生命统计表）。

④<：对于物种中唯一的靶部位，100%的实验动物有肿瘤。报告的数值是 TD_{50} 的 99%置信区间上限值；由于仅有摘要数据，无法计算 TD_{50}。实际的 TD_{50} 值将低于报告中的置信区间上限值。

表 4　CPDB 中化学物质对猴的致癌强度 TD_{50} 及对鼠伤寒沙门菌的致突变作用的汇总

序号	化学物质英文名称	化学物质中文名称	CAS 号	鼠伤寒沙门菌诱变	TD_{50}/［mg/（kg·d）］		靶器官	
					恒河猴	食蟹猴	恒河猴	食蟹猴
1	2-Acetylaminofluorene	2-乙酰氨基氟	53-96-3	+	–	.	–	.
2	2，7-Acetylaminofluorene	二乙酰氨基芴	304-28-9	+	–	–	–	–
3	Adriamycin	阿霉素	23214-92-8	+	–	–	–	–
4	Aflatoxin B_1	黄曲霉毒素 B_1	1162-65-8	+	0.0082	0.0201	gal liv vsc	gal liv vsc
5	Arsenate，sodium	砷酸钠盐	7631-89-2	.	.	–	.	–
6	Azathioprine	硫唑嘌呤	446-86-6	+	–	–	–	–
7	Cycasin and methylazoxymethanol acetate	苏铁素和甲基偶氮甲醇醋酸酯	mixture	.	$0.0657^{m,v}$	19.4	kid liv	liv
8	Cyclamate，sodium	环己基氨基磺酸钠	139-05-9	.	–	–	–	–
9	Cyclophosphamide	环磷酰胺	50-18-0	+	–	–	–	–
10	DDT	2，2-双（对氯苯基）-1，1，1-三氯乙烷	50-29-3	–	–	–	–	–
11	*N*，*N*-Dimethyl-4-aminoazobenzene	溶剂黄 2	60-11-7	+	–	.	–	.
12	IQ	2-氨基-3-甲基-3H-咪唑并喹啉	76180-96-6	+	.	0.374	.	liv
13	Melphalan	美法仑	148-82-3	+	–	0.0701	–	tba
14	3′-Methyl-4-dimethylaminoazobenzene	3′-甲基-4-二甲氨基偶氮苯	55-80-1	+	–	.	–	.

续表

序号	化学物质英文名称	化学物质中文名称	CAS 号	鼠伤寒沙门菌诱变	TD_{50}/［mg/（kg·d）］		靶器官	
					恒河猴	食蟹猴	恒河猴	食蟹猴
15	*N*-Methyl-*N'*-nitro-*N*-nitrosoguanidine	1-甲基-3-硝基-1-亚硝基胍	70-25-7	+	-	.	-	.
16	3-Methylcholanthrene	3-甲基胆蒽	56-49-5	+	-	-	-	-
17	2-Naphthylamine	2-萘胺	91-59-8	+	5. 74	.	ubl	.
18	*N*-Nitroso-*N*-methylurea	1-甲基-1-亚硝基脲	684-93-5	+	7. 18	4. 52	eso	eso
19	*N*-Nitrosodiethylamine	亚硝基-二乙基胺	55-18-5	+	0. 0536[m,v]	0. 00725[m,v]	liv	liv
20	*N*-Nitrosodimethylamine	*N*-亚硝基二甲胺	62-75-9	+	-	.	-	.
21	*N*-Nitrosodipropylamine	二丙基亚硝胺	621-64-7	+	0. 0121[i]	.	liv	.
22	*N*-Nitrosopiperidine	*N*-亚硝基哌啶	100-75-4	+	2. 76[m]	12. 1	liv	liv
23	Norlestrin	醋炔诺酮（炔雌醇片，避孕药）	8015-12-1	.	-	.	-	.
24	Procarbazine. HCl	盐酸甲基苄肼	366-70-1	-	4. 21	14. 8	hmo	hmo
25	Saccharin，sodium	糖精钠	128-44-9	-	-	-	-	-
26	Sterigmatocystin	柄曲霉素	10048-13-2	+	.	0. 127	.	liv
27	Urethane	氨基甲酸乙酯	51-79-6	+	65. 2	52. 8	liv smi vsc	lun pan vsc

注：①i：CPDB 中，腹腔注射或静脉注射是阳性试验的唯一途径。

②m：如果 CPDB 中有多个实验为阳性，则报告的 TD_{50} 为该物种中每个阳性实验中最有效的 TD_{50} 值的调和平均值。表中 TD_{50} 值有上标“m”，表示多个阳性试验；如果没有上标“m”，则组中只有一个阳性实验，并为报道的最有效的 TD_{50}。更多信息见：http：//potency. berkeley. edu/td50harmonicmean. html。

③v：不同阳性实验的 TD_{50} 值差异有统计学意见（双侧 $p<0.1$），差异大于 10 倍。

表 5　CPDB 中化学物质对其他物种的致癌强度 TD_{50}及对鼠伤寒沙门菌的致突变作用的汇总

实验动物	化学物质中文名称	化学物质英文名称	CAS 号	鼠伤寒沙门菌诱导	TD_{50}/［mg/（kg·d）］	靶器官
Tree shrews（树鼩）	Aflatoxin B_1	黄曲霉毒素 B_1	1162-65-8	+	0.0269	liv
Bush babies（灌丛婴猴）	*N*-Nitrosodiethylamine	亚硝基-二乙基胺	55-18-5	+	0.0122^{i}	nas
Dogs（狗）	Chloroform	三氯甲烷	67-66-3	-	-	-
	3，3′-Dichlorobenzidine	3，3′-二氯联苯胺	91-94-1	+	$<1.78^{P}$	liv ubl
	Lynestrenol	利奈孕醇	52-76-6	.	0.58	mgl
	4，4′-Methylene-bis（2-chloroaniline）	4，4′-二氨基-3，3′-二氯二苯甲烷	101-14-4	+	2.12	liv ubl
	FD & C red no. 4	胭脂红 SX	4548-53-2	-	-	-

注：①i：CPDB 中，腹腔注射或静脉注射是阳性试验的唯一途径。

②P：TD_{50}对种属的调和平均值，包括 TD_{50}的 99%置信区间上限值，来自于染毒动物 100%肿瘤发生率的靶部位的实验。无法计算位点的 TD_{50}，因为仅可获得汇总发生率数据（无生命统计表）。

③<：对于物种中唯一的靶部位，100%的实验动物有肿瘤。报告的数值是 TD_{50}的 99%置信区间上限值；由于仅有摘要数据，无法计算 TD_{50}。实际的 TD_{50}值将低于报告中的置信区间上限值。

参考文献

Gold, Zeiger, eds. Handbook of Carcinogenic Potency and Genotoxicity Databases. Boca Raton: CRC Press, 1997.

附录三

WHO 对卷烟烟气有害成分致癌强度 T_{25}的推导

1 乙醛

以 Woutersen 的研究进行乙醛的 T_{25}推导，试验对象为 Wistar 大鼠，染毒方式为慢性吸入。雌雄大鼠各 105 只，分为四组。四组的乙醛暴露剂量分别为 0ppm（对照组）*，750ppm，1500ppm 和 3000ppm。试验为期 28 个月，暴露时间为 6h/d，5d/周。减去对照组实际暴露剂量后，低剂量试验组和中等剂量试验组实际暴露剂量分别为 735ppm 和 1412ppm。对于高剂量试验组，0~141d 实际暴露剂量为 3033ppm；142~210d 实际暴露剂量为 2167ppm；211~238d 实际暴露剂量为 2039ppm；239~300d 实际暴露剂量为 1433ppm；301~312d 实际暴露剂量为 1695ppm；313~359d 实际暴露剂量为 1472ppm；从 360d 起，实际暴露剂量为 977ppm。逐步降低高剂量试验组暴露剂量的原因是，乙醛毒性较大，易导致大鼠发育迟缓、呼吸系统病变甚至死亡。

所有高剂量试验组大鼠在 100 周后全部死亡。各组大鼠鼻腔鳞状上皮细胞癌发生率为：雄性的对照组 1/49（2%），低剂量试验组 1/52（2%），中等剂量试验组 5/53（9%），以及高等剂量试验组 15/49（31%）；雌性的对照组 0/50（0%），低剂量试验组 0/48（0%），中等剂量试验组 5/53（9%），以及高剂量试验组 17/53（32%）。各组大鼠鼻腺癌发生率为：雄性的对照组 0/49（0%），低剂量试验组 16/52（31%），中等剂量试验组 31/53（59%），以及高等剂量试验组 21/49（43%）；雌性的对照组 0/50（0%），低剂量试验组 6/48（13%），中等剂量试验组 26/53（49%），以及高剂量试验组 21/53（40%）。

1.1 研究小结

物种，品系，性别：大鼠，Wistar，雄性和雌性。

染毒途径：吸入。

终点指标：鼻腺癌。

---

* 735ppm = 735×44.1/24.45（转换系数）mg/m^3 = 1326mg/m^3。

试验周期：104 周（默认值）。

1.2　临界剂量

735ppm = 735×44.1/24.45（转换系数）mg/m^3 = 1326mg/m^3。

一周内日均吸入量：6L/h×6h×5d/7d = 25.7L/d；对于体重 450g 大鼠，日均吸入剂量：1350mg/m^3×25.7L/d×1000/450kg = 75.8mg/(kg 体重・d)；暴露时间持续 24 个月，观察时间持续 28 个月，28 月内日均吸入剂量：75.8mg/(kg 体重・d)×28/24×28/24 = 102.1mg/(kg 体重・d)。

1.3　临界剂量下肿瘤发生率增加的百分比

对照组：0%。

染毒剂量 102.1mg/(kg・d)：31%。

净增值：31%。

1.4　T_{25}值计算

$$T_{25} = 25/31 \times 102.1\text{mg/(kg} \cdot \text{d)} = 82.4\text{mg/(kg} \cdot \text{d)} \qquad \text{(式 1)}$$

2　丙烯腈

生物动力学公司（Biodynamics Inc.）1990 年曾开展丙烯腈慢性毒性研究。剂量组雌雄 Fischer 344 大鼠共 1000 只，平均分配于 5 个剂量组，经饮水暴露 1，3，10，30［该暴露剂量相当于 2.5mg/(kg・d)］，100ppm 的丙烯腈。对照组雌雄 Fischer 344 大鼠各 200 只。试验周期预计为 2y，分别在第 6，12，18 个月对试验组（每种性别 10 只）和对照组（每种性别 20 只）大鼠进行解剖检查。由于试验组大鼠存活率偏低，试验提前结束。从 3ppm 剂量起，各试验组大鼠肿瘤（大脑和脊柱星形细胞瘤、外耳道腺瘤）发生率显著提高（对照组肿瘤发生率为 3/200，30ppm 剂量下肿瘤发生率为 10/99），且肿瘤发生率与暴露剂量存在相关性。雌性大鼠暴露 100ppm 剂量时，乳腺癌发生率显著提高。

2.1　研究小结

物种，品系，性别：大鼠，Fischer 344，雄性和雌性。

染毒途径：经饮水摄入。

终点指标：大脑和脊柱星形细胞瘤。

试验周期：104 周。

2.2　临界剂量

临界剂量为：2.5mg/(kg・d)。

2.3　临界剂量下肿瘤发生率增加百分比

对照组：3/200（0.2%）。

染毒剂量0.04mg/(kg·d)：10/99（10%）。

净增：[(10/99−3/200)×100]/(1−3/200)=9%。

2.4　T_{25}值计算

$$T_{25}=25/9\times 2.5\text{mg/(kg·d)}=6.9\text{mg/(kg·d)} \quad \text{（式2）}$$

3　1−萘胺

以Clayson的研究进行1−萘胺的 T_{25} 推导，小鼠经饮用0.01%1−萘胺盐酸（经多步重结晶去除2−萘胺）的水溶液染毒。试验组和对照组的雌雄性小鼠共计61只，试验为期84周。对于雄性小鼠，试验组肝癌发生率为4/18（22%），对照组肝癌发生率为4/24（17%）；对于雌性小鼠，试验组肝癌发生率为5/43（11%），对照组肝癌发生率为0/36（0%）。

3.1　研究小结

物种，品系，性别：小鼠，品系未知，雌性和雌性。

染毒途径：经饮水摄入。

终点指标：肝癌。

试验周期：84周。

3.2　临界剂量

0.01%=0.1mg/mL，雌性小鼠体重25g，每日饮水5mL：0.1×5×1000/25mg/(kg·d)=20mg/(kg·d)。

3.3　临界剂量下肿瘤发生率增加百分比

对照组：0%。

染毒剂量20mg/(kg·d)：11%。

净增：11%。

3.4　T_{25}值计算

$$T_{25}=25/11\times 20\text{mg/(kg·d)}\times 84/104\times 84/104=29.7\text{mg/(kg·d)} \quad \text{（式3）}$$

4　2−萘胺

以Bonser的研究进行2−萘胺的 T_{25} 推导，23只DBA小鼠和25只IF小鼠经灌胃染毒2−萘胺，以花生油作为溶剂，2−萘胺的剂量为240mg/（kg·周）或400mg/(kg·周)，试验为期90周。结果显示，50%的DBA小鼠肝部出现肿瘤。仅注射花生油的对照组，肝部未出现肿瘤。

4.1　研究小结

物种，品系，性别：小鼠，DBA，性别未知。

染毒途径：灌胃。

终点指标：肝癌。

试验周期：90 周。

4.2　临界剂量

240mg/(kg·周)=240/7[mg/(kg·d)]=34.3mg/(kg·d)，默认染毒和观察周期 104 周，34.3×90/104×90/104［mg/(kg·d)］=25.7（kg·d）。

4.3　临界剂量下肿瘤发生率增加百分比

对照组：0%。

染毒剂量 25.7mg/(kg·d)：50%。

净增：50%。

4.4　T_{25}值计算

$$T_{25}=25/50\times25.7\text{mg/(kg·d)}=12.8\text{mg/(kg·d)} \quad （式 4）$$

5　苯

美国国家毒理学计划（National Toxicology Program，NTP）曾对苯的慢性毒性做了研究，WHO 以此研究进行苯的 T_{25}推导。以 B6C3F1 小鼠作为试验对象，每组雌雄小鼠各 50 只，共 4 组。通过灌胃染毒含 0，25，50，100mg/(kg·d）苯的玉米油。试验持续 103 周，每周染毒 5 次。在剂量≥25mg/(kg·d）时，雌雄小鼠恶性淋巴瘤发生率均显著提高；当雌性小鼠染毒剂量≥100mg/(kg·d)，雄性小鼠染毒剂量≥50mg/(kg·d）时，外耳道腺瘤发生率显著提高；当雌性小鼠染毒剂量≥50mg/(kg·d)，雄性小鼠染毒剂量≥100mg/(kg·d）时，肺泡和细支气管腺瘤与癌症发生率显著提高；当雄性小鼠染毒剂量≥25mg/(kg·d)时，哈氏腺瘤发生率显著提高；染毒剂量为 0，25，50，100mg/(kg·d）时，雄性小鼠包皮腺鳞状细胞癌发生率分别为 0/21、5/28、19/29（66%）和 31/35；雌性小鼠染毒剂量≥50mg/(kg 体重·d）时，乳腺癌发生率显著提高。

5.1　研究小结

物种，品系，性别：小鼠，B6C3F1，雄性和雌性。

染毒途径：灌胃。

终点指标：包皮腺鳞状细胞癌以及其他癌症。

试验周期：104 周，染毒 103 周。

5.2 临界剂量

50mg/(kg · d)，5d/周，一周内日均染毒剂量为 50mg/kg × 5/7 = 35.7mg/(kg · d)；104 周内日均染毒剂量 = 35.7mg/kg×103/104 = 35.4mg/(kg · d)。

5.3 临界剂量下肿瘤发生率增加百分比

对照组：0/21（0%）。

染毒剂量 35.4mg/(kg · d)：19/29（66%）。

净增：66%。

5.4 T_{25} 值计算

$$T_{25} = 25/66 \times 35.4\text{mg}/(\text{kg} \cdot \text{d}) = 13.4\text{mg}/(\text{kg} \cdot \text{d}) \quad \text{（式 5）}$$

6 苯并[a]芘

以 Thyssen 的研究进行苯并[a]芘 T_{25} 的推导。以雄性叙利亚仓鼠作为试验对象，分为 4 组，每组 24 只，经吸入染毒 0，2.2，9.5，46.5mg/m^3 苯并[a]芘的空气，即染毒剂量分别为 0，29，127，383mg/只。所有叙利亚仓鼠平均存活周期为 96.4 周，高剂量试验组的存活周期较短（59 周）。中等剂量试验组中，有 34.6%的叙利亚仓鼠呼吸道发生肿瘤，有 26.9%的叙利亚仓鼠上消化道发生肿瘤。对照组和低剂量试验组的叙利亚仓鼠未出现肿瘤。

6.1 研究小结

物种，品系，性别：仓鼠，叙利亚仓鼠，雄性。

染毒途径：吸入。

终点指标：呼吸道肿瘤。

试验周期：对照组、低剂量试验组和中等剂量试验组平均试验周期为 96.4 周。

6.2 临界剂量

657d（96.4 周）内染毒总量为 127mg = 0.19mg/(只 · d)，雄性仓鼠体重默认值 125g，日染毒剂量 = 0.19mg×1000/125 = 1.5mg/(kg · d)。

6.3 临界剂量下肿瘤发生率增加百分比

对照组：0/24（0%）。

染毒剂量 1.5mg/(kg · d)：9/26（34.6%）。

净增：34.6%。

6.4 T_{25} 值计算

$$T_{25} = 25/34.6 \times 1.5\text{mg}/(\text{kg} \cdot \text{d}) = 1.1\text{mg}/(\text{kg} \cdot \text{d}) \quad \text{（式 6）}$$

7 1，3-丁二烯

以 Melnick 的研究进行 1，3-丁二烯的 T_{25} 推导，以 8~9 周龄 C57Bl/6×C3HF1（简称 B6C3F1）小鼠作为研究对象，分为 3 组，每组雌雄小鼠各 70 只。小鼠经吸入暴露 0，625，1250ppm1，3-丁二烯的空气。试验为期 2 年，6h/d，5 次/周。暴露剂量最低的两个试验组试验结果见表 1。

表 1　B6C3F1 小鼠经吸入暴露 1，3-丁二烯后的肿瘤发生率

肿瘤类型	0ppm		6.25ppm		20ppm	
	雄性	雌性	雄性	雌性	雄性	雌性
肺泡或细支气管腺瘤或癌症	22/70（31%）	4/70（6%）	23/60（38%）	15/60*（25%）	20/60（33%）	19/60*（32%）
所有类型恶性淋巴瘤	4/70（6%）	10/70（14%）	3/70（4%）	14/70（20%）	8/70（11%）	18/49*（26%）
血管和心脏肉瘤	0/70（0%）	0/70（0%）	0/70（0%）	0/70（0%）	1/70（1%）	0/70（0%）
前胃乳头状瘤或癌症	1/70（1%）	2/70（3%）	0/70（0%）	2/70（3%）	1/70（1%）	3/70（4%）

注：* 表示 $P<0.01$。

7.1　研究小结

物种，品系，性别：小鼠，B6C3F1，雄性和雌性。

染毒途径：吸入。

终点指标：肺泡或细支气管腺瘤或癌症。

试验周期：104 周。

7.2　临界剂量

6.25ppm＝(6.25×2.21)/1000mg/m^3＝13.8μg/m^3；每日吸入空气 2.5L/h×6h×5/7＝15L×5/7＝10.7L/d；39g 小鼠每日吸入剂量＝13.8μg/m^3×10.7L/d×1000/39kg＝3.8mg/(kg·d)。

7.3　临界剂量下肿瘤发生率增加百分比

对照组：4/70（6%）。

染毒剂量 3.8mg/(kg·d)：15/60（25%）。

净增：[(25/100－6/100)/(1－6/100)]×100＝20。

7.4　T_{25} 值计算

$$T_{25}=25/20\times3.8\text{mg}/(\text{kg}\cdot\text{d})=4.8\text{mg}/(\text{kg}\cdot\text{d}) \quad (式7)$$

8　镉

以 Takenaka 的研究进行镉的 T_{25} 推导，以 6 周龄的 SPF Wistar（TNO/W75）大鼠为试验对象，分为 3 组，每组 40 只。镉以氯化镉气雾剂（与质量中值对应的空气动力学直径为 0.55μm；几何直径标准差为 1.8μm）形式染毒，大鼠经吸入染毒的剂量分别为 12.5，25，50μg/m³。染毒周期 18 个月，23h/d，7d/周，染毒结束后继续观察 13 个月。对照组为 41 只大鼠，吸入经过滤的空气。试验结束后，解剖检查所有大鼠。结果显示，大鼠体重和存活率不受镉暴露剂量影响。与对照组（0/38）相比，试验组大鼠恶性肺部肿瘤（通常为腺癌）发生率均显著提高，且发生率与镉暴露剂量存在相关性（12.5μg/m³，6/39［15%］；25μg/m³，20/38［53%］；50μg/m³，25/35［71%］）。试验组大鼠肺内多发性肿瘤较为普遍；有些肿瘤出现转移或扩散。同时，试验组大鼠腺瘤样增生发生率也显著提高。

8.1　研究小结

物种，品系，性别：大鼠，SPF Wistar，雄性。

染毒途径：吸入。

试验周期：18 个月，23h/d，7d/周，染毒结束后继续观察 13 个月。

8.2　临界剂量

25μg/m³；每 23h 吸入体积 = 0.06m³×23 = 0.138m³；雄性大鼠体重以 500g 计；每日暴露剂量：0.138×25μg/0.5kg = 6.9μg/kg。

8.3　临界剂量下肿瘤发生率增加百分比

对照组：0%。

染毒剂量 6.9μg/(kg·d)：53%。

净增：53%。

8.4　T_{25} 值计算

$$T_{25}=25/53\times6.9\times18/24\times31/24=3\mu\text{g}/(\text{kg}\cdot\text{d}) \quad (式8)$$

9　邻苯二酚

以 Tanaka 的研究进行邻苯二酚的 T_{25} 推导，以 6 周龄雄性 Wistar 大鼠、WKY 大鼠、Lewis 大鼠和 Sprague-Dawley 大鼠作为试验对象，每个品系为一组，且设对照组，每组为 20 只或 30 只。试验组大鼠的食物中添加 0.8% 的邻苯二酚，对照组不添加，试验周期 104 周。对于 WKY 大鼠和 Sprague-Dawley 大鼠，试验组胃腺癌发生率显著高于对照组。试验组中，Sprague-Dawley 大鼠、Wistar 大鼠和 WKY 大鼠的乳头状瘤发生率分别为 6/30、2/30 和 1/30；Sprague-Dawley 大鼠和 Wistar 大鼠的癌症发生率均为 1/30；各品系大鼠对照组乳头状瘤和癌症发生率均为零。所有品系大鼠试验组胃腺瘤发生率在 97%～100%，对照组为零。试验组中，Sprague-Dawley 大鼠、Lewis 大鼠、WKY 大鼠和 Wistar 大鼠的胃腺癌发生率分别为 23/30、22/30、20/30 和 3/30，对照组为零。

9.1　研究小结

物种，品系，性别：大鼠，Wistar、WKY、Lewis 和 Sprague-Dawley，雄性。

染毒途径：经食物摄入。

终点指标：胃腺癌。

试验周期：104 周。

9.2　临界剂量

食物中含量 0.8%＝8000mg/kg，雄性大鼠每日食物消耗量以 20g 计，体重以 500g 计，每日染毒剂量：(8000mg/kg×0.02kg)/0.5kg＝320mg/(kg・d)。

9.3　临界剂量下肿瘤发生率增加百分比

对照组：0/20（0%）。

染毒剂量 320mg/(kg・d)：23/30（77%）。

净增：77%。

9.4　T_{25}值计算

$$T_{25}=25/77\times320\text{mg}/(\text{kg}\cdot\text{d})=104\text{mg}/(\text{kg}\cdot\text{d}) \quad \text{（式 9）}$$

10　甲醛

以 Swenberg 和 Kerns 的研究进行甲醛的 T_{25} 推导。选用 7 周龄 Fischer 344 大鼠为试验对象，每组分别有 119～120 只雄性大鼠和 120 只雌性大鼠，共计 4 组。每组甲醛（纯度>97.5%）暴露剂量分别为 0，2.0，5.6，14.3ppm（即 0，2.5，6.9，17.6mg/m^3），采用全身暴露。甲醛暴露持续 24 个月，6h/d，5d/周，之后继续观察 6 个月。在 0ppm 和 2.0ppm 暴露剂量下，大鼠鼻腔未出现恶性肿瘤；在 5.6ppm 暴露剂量下出现两例鼻腔鳞状细胞癌（119 只雄性大鼠中的一只，116 只雌性大鼠中的一只）；在 14.3ppm 暴露剂量下出现 107 例

鼻腔鳞状细胞癌（117 只雄性大鼠中的 51 只，115 只雌性大鼠中的 52 只）（$p<0.01$）；在 14.3ppm 暴露剂量下还出现 5 例鼻腔癌（包括癌症、未分化癌、肉瘤和癌肉瘤），其中两例同时出现鼻腔鳞状细胞癌。与对照组相比，试验组大鼠（雄性和雌性总计）息肉状腺瘤发生率显著增加（$p=0.02$）。低剂量试验组的雌性大鼠息肉状腺瘤发生率只是稍微增加；类似地，中等剂量试验组的雄性大鼠息肉状腺瘤发生率也只是稍微增加。

甲醛和鼻腔癌之间的剂量-效应曲线呈高度非线性相关，因此无法计算甲醛的 T_{25}值。

11　对苯二酚

NTP 曾对对苯二酚的慢性毒性做了研究，WHO 以此研究进行苯的 T_{25}推导。以 7~9 周龄 Fischer 344 大鼠为试验对象，分为 3 组，每组雌雄大鼠各 65 只。经灌胃染毒对苯二酚，剂量分别为 0，25，50mg/kg。试验为期 103 周，每周染毒 5 次。在大鼠 111~113 周龄时解剖检查。对于雄性大鼠，对照组、低剂量组和高剂量组肾腺瘤发生率分别为 0/55（0%）、4/55（7%）（$p=0.069$）和 8/55（14.5%）（$p=0.003$）。对于雌性大鼠，对照组、低剂量组和高剂量组的单核细胞白血病发生率分别为 9/55（16%）、15/55（27%）（$p=0.048$）和 22/55（40%）（$p=0.003$）。

11.1　研究小结

物种，品系，性别：大鼠，Fischer 344，雄性。

染毒途径：灌胃。

终点指标：肾管状腺瘤。

试验周期：103 周。

11.2　临界剂量

50mg/(kg·d)，每周染毒 5 次，持续染毒 104 周：50mg/(kg·d)×5/7×103/104=35.4mg/(kg·d)。

11.3　临界剂量下肿瘤发生率增加百分比

对照组：0/55（0%）。

染毒剂量 35.4mg/(kg·d)：8/55（14.5%）。

净增：14.5%。

11.4　T_{25}值计算

$$T_{25}=25/14.5\times35.4\text{mg/(kg·d)}=61.0\text{mg/(kg·d)} \quad (式 10)$$

12 异戊二烯

以 Cox 的研究进行异戊二烯的 T_{25} 推导。以 B6C3F1 小鼠为试验对象，分为 7 组，每组雌雄小鼠各 50 只。全身暴露异戊二烯，剂量分别为 0，10，70，140，280，700，2200ppm（即 0，28，200，400，800，2000，6160mg/m³）。暴露持续时间为 20，40，80 周三个梯度，每天暴露时间设有 4h 和 8h 两个梯度，每周暴露 5 次，之后持续观察至试验结束（第 96 周或 104 周）。对于暴露剂量≥140ppm 且暴露持续时间≥40 周的雄性小鼠试验组，肺部、肝脏、心脏、脾脏和哈氏腺的肿瘤发生率显著提高。对于雌性小鼠，暴露时间持续 80 周后，哈氏腺瘤［对照组 2/49，10ppm 为 3/49，70ppm 为 8/49（$p<0.005$）］和垂体腺瘤［对照组 1/49，10ppm 为 6/46，70ppm 为 9/49（$p<0.05$）］的发生率均显著提高。

12.1 研究小结

物种，品系，性别：小鼠，$B6C3F_1$，雄性和雌性。

染毒途径：吸入。

终点指标：垂体腺瘤。

试验周期：80 周。

12.2 临界剂量

200mg/m³，8h/d 下吸入量为 $=0.0018m^3/h\times8h\times5/7=0.0103m^3$，雌性小鼠体重以 25g 计，一周内日均暴露剂量为：(0.103×200) mg/0.025kg = 82.3mg/(kg·d)，104 周内日均暴露剂量 = 82.3mg/(kg·d)×80/104 = 63.3mg/(kg·d)。

12.3 临界剂量下肿瘤发生率增加百分比

对照组：1/49（2%）。

染毒剂量 63.3mg/(kg·d)：9/49（18%）。

净增：$[(18/100-2/100)/(1-2/100)]\times100=16.7$。

12.4 T_{25}值计算

$$T_{25}=25/16.7\times63.3mg/(kg\cdot d)=94.8mg/(kg\cdot d) \quad (式 11)$$

13 铅

在以大鼠为试验对象的若干毒理学研究中，醋酸铅均可诱导肾脏生成肿瘤。其中一项试验是如下开展的：用含有醋酸铅的食物饲喂 Wistar 大鼠，醋酸铅浓度为 0.1%和 1%，染毒周期是 24 个月和 29 个月。共设两个对照组，

每组24~30只大鼠。低剂量试验组肾脏肿瘤（四种癌症）发生率为11/32（34%）；高剂量试验组肾脏肿瘤（六种癌症）发生率为13/24（54%）；对照组肾脏肿瘤发生率为零。

13.1 研究小结

物种，品系，性别：大鼠，Wistar，雄性和雌性。

染毒途径：经食物。

终点指标：肾脏肿瘤。

试验周期：29个月。

13.2 临界剂量

1000mg/kg食物，默认饲喂量18.8g/d（雄性和雌性均值），默认体重425g（雄性和雌性均值），日均给药量=1 000mg/kg×0.0188kg×1 000/425=44.2mg/(kg·d)；2年内日均给药量=44.2mg/(kg·d)×29/24=53.4mg/(kg·d)。

13.3 临界剂量下肿瘤发生率增加百分比

对照组：未发现有肾脏肿瘤生成（对照组未报道）。

染毒剂量54.3mg/(kg·d)：11/32（34%）。

净增：34%。

13.4 T_{25}值计算

$$T_{25}=25/34\times53.4\text{mg}/(\text{kg}\cdot\text{d})=39.3\text{mg}/(\text{kg}\cdot\text{d}) \quad (式12)$$

14 NNK

以Belinsky的研究进行NNK的T_{25}推导。以雄性Fischer大鼠作为试验对象，将NNK溶于三辛酸甘油酯中，经皮下注射，注射剂量为0，0.03，0.1，0.3，1.0，10，50mg/kg，每周注射3次，连续注射20周，在第104周解剖检查。肺癌发生率数据如下：2.5%（对照组），6.7%（0.03mg/kg），10.0%（0.1mg/kg），13.3%（0.3mg/kg），53.3%（1.0mg/kg），73.3%（10mg/kg），73.3%（10mg/kg）以及87.1%（50mg/kg）。随着剂量增加，肿瘤发生率呈显著升高趋势，各注射剂量下肺泡增生发生率依次为2.5%，16.4%，16.0%，40.0%，73.3%，93.3%，93.5%。

14.1 研究小结

物种，品系，性别：大鼠，Fischer，雄性。

染毒途径：皮下注射。

终点指标：肺腺瘤和肺癌。

试验周期：20 周。

14.2 临界剂量

0.03mg/kg 体重，每周注射 3 次，每周日均染毒剂量为：0.03mg/kg×3/7=00.013mg/(kg·d)，2 年内日均染毒剂量为：12.9μg/(kg·d)×20/104=2.5μg/(kg·d)。

14.3 临界剂量下肿瘤发生率增加百分比

对照组：1/40（2.5%）。

染毒剂量 2.5μg/(kg·d)：4/60（6.7%）%。

净增：[(6.7/100−2.5/100)/(1−2.5/100)]×100=4.3。

14.4 T_{25}值计算

$$T_{25}=25/4.3\times2.5\mu g/(kg\cdot d)=0.015mg/(kg\cdot d) \quad (式13)$$

15 NNN

以 Hoffmann 的研究进行 NNN 的 T_{25}推导。以 7 周龄雄性 Fischer 大鼠作为试验对象，对照组和试验组各 20 只。经饮水暴露 200mg/L NNN，每周染毒 5 次，持续染毒 30 周（染毒总量约为 630mg）。处死濒死或 11 个月后仍然存活的大鼠，除有互残或自残行为的大鼠外，其余均进行解剖检查。试验组被解剖的 12 只大鼠的食管部位均出现肿瘤（11 例乳头状瘤，3 例癌症），除此之外还观察到 1 例咽部乳头状瘤和 3 例鼻腔癌（已侵袭大脑）。对照组未发现肿瘤。

15.1 研究小结

物种，品系，性别：大鼠，Fischer，雄性。

染毒途径：经饮水。

终点指标：食道乳头状瘤和食道癌。

试验周期：给药持续 30 周，11 个月后解剖。

15.2 临界剂量

210d 给药总量为 630mg，雄性大鼠体重以 500g 计，210d 内日均染毒剂量=630/210×1000/500kg=6.0mg/(kg·d)，24 个月内日均染毒剂量=6.0mg/(kg·d)×210/728×11/24=0.8mg/(kg·d)。

15.3 临界剂量下肿瘤发生率增加百分比

对照组：0%。

染毒剂量 0.4mg/(kg·d)：12/12（100%）。

净增：100%。

15.4　T_{25}值计算

$$T_{25}=25/100\times0.4mg/(kg\cdot d)=0.2mg/(kg\cdot d) \quad (式 14)$$

参考文献

[1] Biodynamics, Inc. A twenty-four month oral toxicity/carcinogenicity study of arcrylonitrile administered in the drinking water to Fischer 344 rats. Division of Biology and Safety Evaluation, East Millstone, New Jersey, under project No 77 - 1746 for Monsanto Company, St Louis, Missouri, 1990.

[2] Bonser G. M., et al. The carcinogenic properties of 2-amino-1-naphthol hydrochloride and its parent amine 2-naphthylamine. British Journal of Cancer, 1952, 6: 412-424.

[3] Clayson D. B., Ashton M. J.. The metabolism of 1-naphthylamine and its bearing on the mode of carcinogenesis of the aromatic amines. Acta Unio International Contra Cancrum, 1963, 19: 539-542.

[4] Cox L. A., Bird M. G., Griffis L.. Isoprene cancer risk and the time pattern of dose administration. Toxicology, 1996, 113: 263-272.

[5] Hoffmann D., Raineri R., Hecht S. S., et al. A study of tobacco carcinogenesis XIV. Effects of *N′*-nitrosonornicotine and *N′*-nitrosoanabasine in rats. J Natl Cancer Inst, 1975, 55: 977-979.

[6] Kerns W. D., et al. Carcinogenicity of formaldehyde in rats and mice after long-term inhalation exposure. Cancer Research, 1983, 43: 4382-4392.

[7] Melnick R. L., Huff J., Chou B. J., Miller R. A.. Carcinogenicity of 1, 3-butadiene in C57Bl/6× C3HF1 mice at low exposure concentrations. Cancer Res, 1990, 50: 6592-6599.

[8] National Toxicology Program NTP toxicology and carcinogenesis studies of hydroquinone (CAS No. 123-31-9) in F344/N rats and B6C3F1 mice (gavage studies). Research Triangle Park, North Carolina. (NTP TR 366), 1989.

[9] National Toxicology Program Toxicology and carcinogenesis studies of benzene (CAS No. 71-43-2) in F344/N rats and B6C3F1 mice (gavage studies). Research Triangle Park, North Carolina, 1986. (NTP TR 289; National Institutes of Health Publication No. 86-2545).

[10] Swenberg J. A., et al. Induction of squamous cell carcinomas of the rat nasal cavity by inhalation exposure to formaldehyde vapor. Cancer Research, 1980, 40: 3398-3402.

[11] S. A. Belinsky, J. F. Foley, C. M. White, et al. Dose-response relationships between O^6-methylguanine formation in Clara cells and induction of pulmonary neoplasia in the rat by 4-

(methylnitrosamino) -1- (3-pyridyl) -1-butanone. Cancer Research, 1990, 50: 3772-3780.

[12] Takenaka S., et al. Carcinogenicity of cadmium chloride aerosols in W rats. Journal of the National Cancer Institute, 1983, 70: 367-373.

[13] Tanaka H., et al. Rat strain differences in catechol carcinogenicity to the stomach. Food and Chemical Toxicology, 1995, 33: 93-98.

[14] Thyssen J., et al. Inhalation studies with benzo (a) pyrene in Syrian golden hamsters. Journal of the National Cancer Institute, 1981, 66: 575-577.

[15] Van Esch G. J., van Genderen H., Vink H. H.. The induction of renal tumours by feeding of basic lead acetate to rats. British Journal of Cancer, 1962, 16: 289-297.

[16] Woutersen R. A. et al. Inhalation toxicity of acetaldehyde in rats. III. Carcinogenicity study. Toxicology, 1986, 41: 213-231.

缩略语

英文全称	中文全称	英文简称
average daily oral exposure	日均暴露量	ADE
acceptable daily intake	每日容许摄入量	ADI
adjustment factors	调整因子	AF
as low as reasonably achievable	尽可能低	ALARA
Agency for Toxic Substances and Disease Registry	美国有毒物质和疾病登记署	ATSDR
biologically based dose-response	以生物学为基础的剂量-反应关系模型	BBDR
benchmark dose	基准剂量	BMD
95% lowerconfidence limit of benchmark dose	BMD 的 95%可信区间的下限	BMDL
benchmark dose software	基准剂量统计软件	BMDS
body weight	体重	BW
California Environmental Protection Agency	美国加利福尼亚州环境保护局	CAl EPA
Chemical Abstracts Service	化学文摘	CAS
China Health and Nutrition Survey	中国健康与营养调查	CHNS
Cooperation Centre for Scientific Research Relative to Tobacco	国际烟草科学研究合作中心	CORESTA
University of California's (Berkeley) carcinogenic potency database	美国加利福尼亚大学（伯克利分校）致癌效能数据库	CPDB

The Carcinogenic Potency Database	致癌强度数据库	CPDB
carcinogenic potency factor, cancer potency factor	致癌强度因子	CPF
Commission on Risk Assessment and Risk Management	风险评估和风险管理委员会	CRARM
cancer risk index	癌症危险指数	CRI
cancer slope factor	癌症斜率因子	CSF
default breathing rate	默认的呼吸频率	DBR
Department of Energy	美国能源部	DOE
European Commission	欧洲委员会	EC
exposure duration	抽烟时间	ED
exposure frequency	抽烟频率	EF
European Food Safety Authority	欧洲食品安全局	EFSA
Environmental Protection Agency	美国国家环境保护局	EPA
Environmental Tobacco Smoke	环境烟草烟气	ETS
The United States Federal Food, Drug, and Cosmetic Act	《美国联邦食品，药品和化妆品法》	FD&C
Food and Drug Administration	食品药品监督管理局	FDA
Food Quality Protection Act	《食品质量保护法》	FQPA
Federal Trade Commission	美国联邦贸易委员会	FTC
Health Canada Intense	加拿大卫生部深度	HCI
hazard index	危害指数	HI
gighly influential scientific assessment	高度影响科学评估	HISA
harmful and potentially harmful constituents	有害及潜在有害成分	HPHCs
hazard quotient	危害商	HQ
International Agency for Research on Cancer	国际癌症研究机构	IARC
indirect dietary residential exposure assessment model	间接膳食的居民暴露评估模型	IDREAM

integrated exposure uptake biokinetic	暴露吸收生物动力学模型	IEUBK
incremental lifetime cancer risk	终生致癌风险度增量	ILCR
International Programme on chemical safety	国际化学品安全司	IPCS
integrated risk information system	综合风险信息系统	IRIS
influential scientific information	影响科学信息	ISI
International Organization for Standardization	国际标准化组织	ISO
in vitro bioacessibility	砷的体外生物可获取性	IVBA
lifetime average daily dose	终生日平均剂量	LADD
lifetime acceptable daily intake	终生平均每天摄入量	LADI
lowest published lethal dose	最低致死剂量	LD_{L0}
load balance and multie quality of service optimization ge-netic algorithm	多维服务质量约束的网格负载均衡优化任务调度算法	LGGA
lowest observed adverse effect level	有害作用的最小剂量	LOAEL
mouse lymphoma assay	小鼠淋巴瘤试验	MLA
maximum likelihood estimate	最大似然估计值	MLE
margin of exposure	暴露范围	MOE
minimum risk level	最小危险水平	MRL
main stream smoke	主流烟气	MS
mamma tumor virus positive	乳腺肿瘤病毒阳性	MTV+
Nicotinamide adenine dinucle-otide	还原型辅酶	NADH
National Academy of Sciences	国家科学院	NAS
National Cancer Institute	国家癌症研究院	NCI
non-cancer risk index	非癌症危险指数	NCRI
National Health and Nutrition Examination Surveys	全国健康和营养调查	NHANES

National Institute of Environmental Health Sciences	国家环境卫生科学研究所	NIEHS
no observed adverse effect level	未观察到有害作用的剂量	NOAEL
National Research Council	国家研究理事会	NRC
no significant risk levels	无重大风险水平	NSRL
National Toxicology Program	国家毒理学计划	NTP
Office of Environment Health Hazard Assessment	环境健康风险评估办公室	OEHHA
physiologically based pharmacokinetic	以生理学为基础的药物代谢动力学模型	PBPK
positive matrix factorization	正矩阵分解	PMF
point of departure	起始点	POD
population threshold	群体阈值	PT
quantitative risk assessment	量化风险度评价模型	QRA
rapid alert system	快速警报系统	RASFF
Registation, Evaluation, Authorisation and Restriction of Chemicals	《关于化学品注册、评估、许可和限制规定》	REACH
chronic reference exposure levels	慢性参考暴露水平	REL
reference exposure levels	参考暴露水平	RELs
reference concentration	参考浓度	RfC
reference dose	参考剂量	RfD
Rijksinstituut voor Volksgezondheid en Milieu	荷兰国家公共卫生及环境研究院	RIVM
regional removal management levels	地区移除管理等级	RMLS
average number of cigarettes smoked per day	平均每天抽吸烟支数	SR
side stream smoke	侧流烟气	SS
signal transducers and activators of transcription	信号传导及转录激活因子	STAT

smokeless tobacco products	无烟气烟草制品	STPs
transparency, clarity, consistency, reasonableness	透明度、清晰、一致性、合理性	TCCR
Toxicodynamics	毒物效应动力学	TD
median toxic dose	半数中毒剂量	TD_{50}
tolerable daily intake or concentration	每日容许摄入量/浓度	TDI/TDC
toxicity equivalency factors	毒性当量因子	TEFs
tolerable intake	容许摄入量	TI
Toxicokinetics	毒物代谢动力学	TK
World Health Organization Study Group on Tobacco Product Regulation	世界卫生组织烟草管制科学咨询委员会/世界卫生组织烟草制品管制小组	TobReg
total particle phase	总粒相物	TPM
Tobacco Products Scientific Advisory Committee	烟草产品科学咨询委员会	TPSAC
Tobacco-Specific Nitrosamines	烟草特有的亚硝胺	TSNAs
theoretical upper-bound estimates	理论上限评估法	TUBES
uncertainty factors	不确定系数	UFs
United States Environmental Protection Agency	美国环境保护署	US EPA
uninformative variable elimination	无信息变量删除	UVE
World Health Organization	世界卫生组织	WHO
World Health Organization Framework Convention on Tobacco Control	《世界卫生组织烟草控制框架公约》	WHO FCTC
weight of evidence	证据权重	WOE
wet total particle phase	湿总粒相物	WTPM